国家中等职业教育改革发展
示范校核心课程系列教材

拖拉机构造与维修实训指导及常见故障分析

Tuolaji Gouzao yu Weixiu Shixun Zhidao ji Changjian Guzhang Fenxi

许学义　主编

中国农业大学出版社
CHINA AGRICULTURAL UNIVERSITY PRESS

内 容 简 介

本教材是针对目前中等职业学校农机专业拖拉机构造与维修课程教学而编写的，主要是与拖拉机构造与维修课程教学配合的实践性指导教材，突出教学的实践性、基础性、通用性、先进性，结合简单的理论讲解，让学生在动手实践的同时掌握拖拉机结构知识、培养拖拉机维修技能。

本教材以国内常用拖拉机为载体，将拖拉机的结构、使用维护、维修及常见故障诊断分析有机结合，使学生在掌握拖拉机结构拆装的基础上做到举一反三。

本教材分为实训指导和常见故障分析两大部分，实训指导共有关于内燃机、电气、底盘的十二个实训项目，常见故障分析列举了内燃机故障、底盘故障、电气故障等内容。

本教材可用于农机专业拖拉机构造与维修课程实训教学，也可供农民工的拖拉机维护、维修培训使用。

图书在版编目(CIP)数据

拖拉机构造与维修实训指导及常见故障分析/许学义主编.—北京：中国农业大学出版社，2016.3(2021.2重印)

ISBN 978-7-5655-1503-3

Ⅰ.①拖… Ⅱ.①许… Ⅲ.①拖拉机-构造-中等专业学校-教材②拖拉机-车辆修理-中等专业学校-教材 Ⅳ.①S219

中国版本图书馆CIP数据核字(2016)第017199号

书　　名 拖拉机构造与维修实训指导及常见故障分析
作　　者 许学义　主编

策划编辑	赵　中	**责任编辑**	洪重光
封面设计	郑　川	**责任校对**	王晓凤
出版发行	中国农业大学出版社		
社　　址	北京市海淀区圆明园西路2号	**邮政编码**	100193
电　　话	发行部 010-62818525，8625	**读者服务部**	010-62732336
	编辑部 010-62732617，2618	**出　版　部**	010-62733440
网　　址	http://www.cau.edu.cn/caup	**E-mail**	cbsszs@cau.edu.cn
经　　销	新华书店		
印　　刷	涿州市星河印刷有限公司		
版　　次	2016年4月第1版　2021年2月第2次印刷		
规　　格	787×980　16开本　14.5印张　266千字		
定　　价	37.00元		

国家中等职业教育改革发展示范校核心课程系列教材
建设委员会成员名单

编 写 人 员

主　编：许学义

副主编：要保新　边占山　李　欣　刘昱红

序言

职业教育是“以服务发展为宗旨，以促进就业为导向”的教育，中等职业学校开设的课程是为课程学习者构建通向就业的桥梁。无论是课程设置、专业教学计划制定、教材选择和开发，还是教学方案的设计，都要围绕课程学习者将来就业所必需的职业能力形成这一核心目标，从宏观到微观逐级强化。教材是教学活动的基础，是知识和技能的有效载体，它决定了中等职业学校的办学目标和课程特点。因此，教材选择和开发关系着中等职业学校的学生知识、技能和综合素质的形成质量，同时对中等职业学校端正办学方向、提高师资水平、确保教学质量也显得尤为重要。

2015 年国务院颁布的《关于加快发展现代职业教育的决定》提出：“建立专业教学标准和职业标准联动开发机制，推进专业设置、专业课程内容与职业标准相衔接，形成对接紧密、特色鲜明、动态调整的职业教育课程体系”等要求。这对于探索职业教育的规律和特点，推进课程改革和教材建设以及提高教育教学质量，具有重要的指导作用和深远的历史意义。

目前，职业教育课程改革和教材建设从整体上看进展缓慢，特别是在“以促进就业为导向”的办学思想指导下，开发、编写符合学生认知和技能形成规律，体现以应用为主线，符合工作过程系统化逻辑，具有鲜明职教特色的教材等方面还有很大差距。主要是中等职业学校现有部分课程及教材不适应社会对专业技能的需要和学校发展的需求，迫切需要学校自主开发适合学校特点的校本课程，编写具有实用价值的校本教材。

校本教材是学校实施教学改革对教学内容进行研究后开发的教与学的素材，是为了弥补国家规划教材满足不了教学的实际需要而补充的教材。抚顺市农业特产学校经过十多年的改革探索和两年的示范校建设，在课程改革和教材建设上取得了一些成就，特别是示范校建设中的 18 本校本教材现均已结稿付梓，即将与同行和同学们见面。

本系列教材力求以职业能力培养为主线，以工作过程为导向，以典型工作任务和生产项目为载体，对接行业企业一线的岗位要求与职业标准，用新知识、新技术、新工艺、新方法，来增强教材的实效性。同时还考虑到学生的起点水平，从学生就业够用、创业适用的角度，使知识点及其难度既与学生当前的文化基础相适应，也更利于学生的能力培养、职业素养形成和职业生涯发展。

本套校本教材的正式出版，是学校不断深化人才培养模式和课程体系改革的结果，更是国家示范校建设的一项重要成果。本套校本教材是我们多年来按农时季节、工作程流、工作程序开展教学活动的一次理性升华，也是借鉴国内外职教经验的一次探索，这里面凝聚了各位编审人员的大量心血与智慧。希望该系列校本教材的出版能够补充国家规划教材，有利于学校课程体系建设和提高教学质量，能为全国农业中职学校的教材建设起到积极的引领和示范作用。当然，本系列校本教材涉及的专业较多，编者对现代职教理念的理解不一，难免存在各种各样的问题，希望得到专家的斧正和同行的指点，以便我们改进。

该系列校本教材的正式出版得到了蒋锦标、刘瑞军、苏允平等职教专家的悉心指导，同时，也得到了中国农业大学出版社以及相关行业企业专家和有关兄弟院校的大力支持，在此一并表示感谢！

教材编写委员会

2015年8月

前言

《拖拉机构造与维修实训指导及常见故障分析》教材是按照我校农机专业教学计划编写的，该教材作为拖拉机构造与维修课程辅助教材，指导学生把拖拉机构造与维修教学理论与实训教学结合起来，增强学生实践能力。学生通过实训，搞清拖拉机主要部分的构造，即这些部分是由哪些零部件组合起来的，各零部件之间的对应位置关系是怎样的；这些零部件组合起来以后是如何实现其功能的；以及其功能不正常时是如何检查和调整恢复的。

《拖拉机构造与维修实训指导及常见故障分析》教材由抚顺市农业特产学校农机专业教师许学义、要保新、李欣、边占山、刘昱红等编写，全书分为实训指导和常见故障分析两大部分内容，其中，边占山编写了第一部分实训指导中的实训一至实训六，许学义编写实训七至实训九，要保新编写实训十至实训十二；许学义、李欣、刘昱红编写了第二部分常见故障分析。许学义、赵卫莉负责全书的统筹、编审工作。由于时间紧、任务重、缺乏经验，编辑过程中或多或少存在错误和不足，希望提出宝贵意见。

编　者

2015 年 12 月

实训注意事项

学生实训进行设备拆装是实验性的，不是生产性的，并且实训所用设备经过多次反复拆装，无法保证正常的技术状态，所以拆装实训不要求规范化。例如，发动机拆装中不要求曲柄连杆机构各部分的配合间隙符合装配规范，只要求零件位置装对即可。同样，拆装中也不要求清洗零件、夹装纸垫和填注润滑油等。实训时注意以下事项：

1. 对复杂的和较复杂的仪器、设备必须了解其原理、使用范围和操作方法后才能操作使用，严禁乱搬乱动。开动机器和接通仪器、设备的电源必须经指导教师检查同意后方能进行，以免损坏仪器设备。

2. 使用量程可调节的仪器、设备时，应预计测量值的范围选择量程，如预计困难时，可先用大量程测，再逐渐缩小，不要反过来先用小量程测，不够时再扩大。例如使用拉力表或拉力传感器时，就应该这样做。

3. 工具要正确使用，不要用夹钳代替扳手，螺丝刀代替凿子，扳手代替手锤。使用扳手时尽量不用、少用活扳手。

4. 要注意人身安全，一般情况下不要靠近裸露的机器高速旋转部分；不要让身体的任务部分处在机器运动零件可能到达的位置；不要触摸有高电压的导线或机件。使用工具操作时，要注意防止工具脱落造成损伤。为了确保安全，实验时要穿紧袖紧腰的工作服，女同志要盘卷好发辫并戴上帽子。

5. 要注意仪器、设备的安全。要遵守操作规程，不要蛮干。

6. 拆卸前要仔细观察总成、部件，拟订合适的拆卸步骤。拆卸时要注意零件原来的位置和状态，以便安装时正确返回。

7. 拆卸时不要丢失零件，尤其要注意一些小弹簧和球阀，不要崩掉和滚掉。

8. 拆装时尽可能不要弄坏各种垫片和垫圈（为避免把垫片弄坏，有些该加垫片的地方均未加垫片）。

9. 有些选配的偶件或零件，拆装时要注意其选配关系。

10. 严禁出于好奇心理，任意损害零件或仪器、设备，如要试验某种设想，应请示指导教师，在教师指导下进行。

11. 拆装虽不要求规范化，但应尽可能接近规范要求，如注意零件表面的清洁等。

目录

第一部分　实训指导

第二部分 拖拉机常见故障现象分析

第一部分

实训指导

实训一　发动机总体拆装

实训项目说明

本教学实训项目要求掌握拖拉机发动机总体拆装过程，了解发动机总体构造，掌握发动机的工作原理，同时掌握各系统的拆卸与装配技能。技能训练时以校内实训室为依托，理实结合，教、学、做一体化。结合多媒体教学观察引导学生自主学习，并通过布置综合性思考题的方式，巩固学生的基础知识和基本技能。

基本知识

发动机（内燃机）是拖拉机的动力源，内燃机的工作状况直接影响拖拉机的动力性和经济性，为提高拖拉机的使用性能和寿命，必须对内燃机定期进行维护保养和维修。维护保养和维修人员应熟练地掌握内燃机的基本构造、工作原理和维护保养及维修知识。

一、内燃机的组成

内燃机是由许多机构和系统组成的复杂机器。即使同一类的内燃机，其具体构造也有很大的差异，但就其总体功能而言，基本上都是由曲柄连杆机构、配气机构、供给系、润滑系、冷却系、启动系组成的。

二、各机构的功能

（一）曲柄连杆机构

由汽缸体-曲轴箱组、活塞连杆组和曲轴飞轮组三部分组成。主要功能是将活塞的往复运动转变为曲轴的旋转运动，把内燃机作用在活塞顶部的力转变为曲轴的转矩，实现燃料热能转变为机械能的过程。

（二）配气机构

由进气门、排气门、挺柱、推杆、摇臂、凸轮轴、凸轮轴正时齿轮等组成。功能是使空气及时充入汽缸并及时从汽缸排出废气。

（三）供给系

由柴油箱、输油泵、柴油滤清器、空气滤清器、进气管、排气管、排气消声器、喷油嘴等组成。

（四）润滑系

由机油泵、集滤器、限压阀、润滑油道、机油滤清器、机油细滤器、油底壳、油泵、机油冷却器等组成。功能是将润滑油以一定的压力送到相对运动的零件表面，以减少它们之间的摩擦阻力，减轻机件的磨损，同时起到冷却摩擦零件、清洗零件摩擦表面的作用。

（五）冷却系

由散热器、水泵、风扇、分水管、汽缸体放水阀以及汽缸体和汽缸盖内铸出的空腔（水套）组成。功能是把受热机件的热量散到大气中去，以保证内燃机的正常工作。

（六）启动系

由蓄电池、发电机、启动机、启动开关、蓄电池、继电器等组成，功能是使静止的内燃机启动并转入正常运转状态。

三、内燃机的工作原理

为使内燃机产生动力，必须先将燃料和空气供入汽缸，经点火后使之燃烧产生热能，以气体为工作介质推动活塞，通过连杆使曲轴旋转，使热能转化为机械能，最后将燃烧后的废气排出汽缸。至此，内燃机完成一个工作循环。此循环周而复始地进行，内燃机便产生连续的动力。

四行程内燃机每个工作循环中的活塞行程分别为进气冲程、压缩冲程、做功冲程和排气冲程。

（一）进气冲程

进气门打开，排气门关闭，通过曲轴旋转带动活塞从上止点向下止点运动，汽缸内的容积逐渐增大，压力降低而形成真空，将可燃性混合气体吸入汽缸。由于进气系统的阻力，进气终了时汽缸内气体的压力略低于大气压，为 0.075～0.09 MPa，温度为 370～400 K。它不同于汽油机的是，进入汽缸的不是可燃混合气而是纯空气。直至活塞到达下止点时，进气门关闭，停止进气。

(二)压缩冲程

为使吸入汽缸内的混合气体迅速燃烧，释放出更多的热量，使内燃机发出更大的功率，必须在混合气燃烧前对其进行压缩，使其容积变小，温度升高。为此，进气终了前便进入压缩冲程。在此冲程中进、排气门均关闭，曲轴推动活塞由下止点向上止点移动完成该冲程。

(三)做功冲程

在压缩冲程末，高压油嘴喷出高压燃油与空气混合，在高温、高压下混合气体迅速燃烧，使气体的温度、压力迅速升高而膨胀，从而推动活塞由上止点向下止点运动，再通过连杆驱动曲轴转动做功，至活塞到下止点时，做功结束。

(四)排气冲程

在做功冲程结束时，排气门被打开，曲轴通过连杆推动活塞由下止点向上止点运动，废气在自身剩余压力和活塞的推力作用下，被排出汽缸，直至活塞到达上止点时，排气门关闭，排气结束。排气冲程终了时由于燃烧室容积存在，汽缸内还存少量废气，气体压力因排气门和排气管的阻力仍高于大气压力，可自动排除。

实训指导

一、实训内容要求

拆卸与安装 4105 柴油机，测量活塞与汽缸，轴与轴承的间隙；调整气门间隙。

1. 通过对 4105 柴油机的拆卸与安装，掌握发动机的一般构造，了解各零部件所在位置、相互配合关系，熟悉各零部件的构造、作用。

2. 着重搞清润滑系、冷却系的油、水流动路线及其主要机件的构造、作用。

3. 了解拆卸与安装发动机的一般程序和技术要求。

4. 掌握气门间隙的调整方法。

二、实训设备、仪器和工具

1. 4105 柴油机	1 台
2. 扳手	1 套
3. 套筒扳手	1 台

4. 大活扳手　1个
5. 螺丝刀(大、小)　各1个
6. 手锤　1个
7. 克丝钳　1个
8. 扭力扳手　1个
9. 厚薄规外径千分尺25～50 mm、50～75 mm、75～100 mm、100～125 mm，内径千分尺(50～125 mm)　各1个
10. 活塞环钳子　1个
11. 气门弹簧压板　1个
12. 汽缸套拆装工具　1组
13. ϕ1 mm金属丝　1 m
14. 润滑油　50 mL
15. 新、旧棉纱　少量

三、实训步骤

(一)发动机拆装的一般原则

1. 发动机是一部结构复杂、制造精度高的机器，拆卸前应弄清发动机各部分构造特点，避免盲目拆卸。

2. 拆卸前应清除机器外部寄存的尘土、油垢和其他杂物，避免沾污零件或落入机体内部。

3. 拆卸和安装都要有一定的顺序，按照“由内而外，逐级拆卸”的原则，即先将装在机体周围各系统的机件、零部件等卸掉，然后拆卸机体内的曲柄连杆机构；不能从机体上一个零件一个零件地往下拆卸，而应按机器—总成—部件—零件的顺序来拆，例如拆卸风扇水泵总成时，一定把它们作为一个整体一起从机体上卸下，绝不能先拆下风扇，再拆下皮带轮……安装时顺序相反。

(二)拆装发动机的注意事项

1. 严格遵照发动机拆装原则，选用合适的工具——有些机件还需使用专用工具拆装各零部件，尽量避免敲打。必须敲打时也应垫木块或金属棒(最好是铝、铅等软金属)，不能直接用铁锤打击零件表面。

2. 要正确使用工具，轻拿轻放，注意安全。例如，在取下或装上汽缸盖时切勿将手伸过汽缸盖下端面与机体上平面间来提拿，对于重量大的汽缸盖可先在机体上平面与汽缸盖下垫以木块，分两步取下汽缸盖。

3. 注意勿损坏零件的加工面，宜将这些类零部件整齐有序地放在工作台上或以适当位置放在地上。为避免装错和小零件的丢失，在拆看完某个机件或装置后应随即按原样装好。

4. 安装前应将零部件表面的尘垢擦掉，运动件的摩擦面要特别注意用清洁棉纱擦净，涂以少量润滑油。（注：实训中最后一组在安装发动机时向摩擦面涂油，其他组可不必。）

5. 在安装形状、尺寸相同的零件时切忌"张冠李戴"。例如将活塞环装入环槽内时要注意环的顺序和环的方向，尤其对非矩形环和多孔镀铬的第一环绝不能装错。再如，轴承盖和轴瓦的安装，不仅相互间不能装错，而且同一轴承内的上下轴瓦也不能装错。

6. 活塞、连杆、活塞销的安装。活塞销与活塞销孔的配合在常温下有微量的过盈，装配时不能用锤子硬行打入，宜将活塞放在 80～100℃ 的油或水中加热，然后将配合面涂少许润滑油。注意对好活塞与连杆的配合方向，迅速、准确地将活塞销推入活塞销孔和连杆衬套中。活塞销端的锁环在销孔的环槽内应能转动，开口朝向活塞顶。

7. 活塞连杆组由机体上部装入，连杆通过汽缸时注意连杆大端易将汽缸内壁划碰出伤痕。装入前将活塞方位对准，避免在汽缸内转动活塞。各活塞环切口互相错开 90°～180°。切口不要对着汽缸壁受侧压力最大之处。

8. 拧紧重要连接件螺栓时对其操作方法和拧紧力矩是有一定要求的，而不是将任一个螺栓紧到拧不动后再随意紧另一个。

(1)在紧固两个以上的连接螺栓时，当螺母或螺钉拧靠上后，以 2 次或 3 次交替拧紧。对于由许多螺栓固定的汽缸盖，其螺母的拧紧顺序各发动机都有规定。图 1-1-1 为 4105 柴油机整体式汽缸盖的螺母拧紧顺序。基本原则是从中间向四周依次交替拧紧。

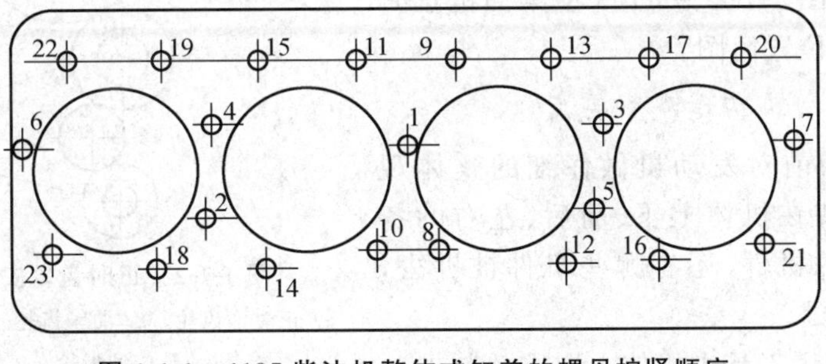

图 1-1-1　4105 柴油机整体式缸盖的螺母拧紧顺序

对于多支点曲轴主轴承的紧固有一定顺序，先是拧紧中间主轴承螺母，然后再交替拧紧两端螺母，例如，四位五支点的曲轴拧紧顺序为3—2—4—1—5，六缸七支点曲轴为4—3—5—2—6—1—7。

(2)曲柄连杆机构的重要连接螺栓拧紧力矩各发动机都有规定(表1-1-1)，必须用扭力扳手按规定力矩拧紧螺母，然后锁好开口销或垫片。(注：拆装用的发动机其轴瓦配合全部搞乱，已非原始装配状态，以能转动曲轴为准，不要求非得拧紧到规定的力矩值。)

(3)安装有较多螺钉固定的零部件时，宜先将全部螺钉拧入螺孔中，然后再依次交替拧紧。

表1-1-1　主要螺栓拧紧力矩　　kgf·m

发动机(柴油机)型号	汽缸盖螺栓	主轴承螺栓	连杆盖螺栓	飞轮螺栓
195	20～22	—	10～12	—
4105	8～9	16～18	10～12	10～12
4115	17～19	20～22	14～16	7～9
4125A	22～25	35～40	19～21	12～13

9. 在安装主轴承盖和连杆盖时，每紧好一个轴承都要检查紧度是否合适，紧度与轴承间隙有关。当用两手扳动飞轮接盘时，曲轴能转动即为合适。每装完一个缸的活塞连杆组后，还要转动曲轴检查有无卡住现象。曲柄连杆机构装完后一般以60～100 N·m(6～10 kgf·m)的力矩能转动曲轴，紧度即为合适。

10. 安装正时齿轮时要注意对准齿轮上的记号。图1-1-2为4105型柴油机正时齿轮的安装位置简图。

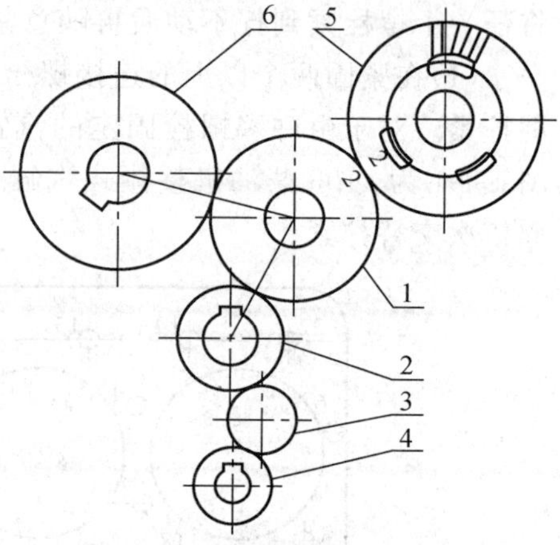

图1-1-2　正时齿轮安装位置

1. 正时惰齿轮　2. 曲轴齿轮　3. 中间齿轮　4. 机油泵传动齿轮　5. 喷油泵传动齿轮　6. 凸轮轴齿轮

(三)发动机构造观察要点

1. 拆卸前对发动机做仔细的整体观察，识别安装在机体上下、前后、左右的各系统、机构的机件，还有哪些机件被拆去，其位置在何处。

2. 用专用工具由机体上取出并装上一个或两个汽缸套，由汽缸盖上拆下并装上一或两个缸的气门，取下并装上一或两个活塞上的活塞环。掌握拆装方法，观看零部件的构造，搞清它们的正确装配关系。活塞和连杆可不分解开，但要弄清它们的构造特点、燃烧室形式(4105 为复合式燃烧室)等。辨认进排气门、进排气管道，从凸轮轴到气门间有哪些零部件，其构造和相互关系，在发动机上的位置。

3. 润滑系是构造观察的重点，一定要动手拆装机件，结合实物弄懂构造、作用，仔细找出润滑油的流动路线，可利用细金属丝查找机体上油道的连通关系。必须具体搞清润滑油从油底壳经过哪些机件、阀门而进到主油道，经哪些孔道而达到各个摩擦面间的；各摩擦面是属于飞溅润滑还是压力润滑；压力油是连续供给还是间歇供给，怎样判断其间歇时间长短；润滑完了的油如何回到底壳去；图 1-1-3 绘出了 4105 柴油机油底壳到主油道的油路简图。

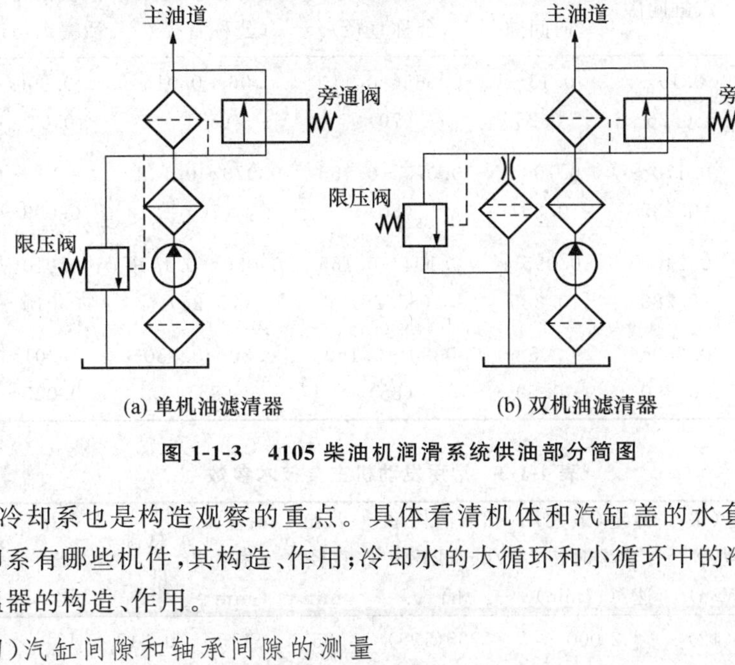

图 1-1-3 4105 柴油机润滑系统供油部分简图

4. 冷却系也是构造观察的重点。具体看清机体和汽缸盖的水套及相连的水孔；冷却系有哪些机件，其构造、作用；冷却水的大循环和小循环中的冷却水流通路线；节温器的构造、作用。

(四)汽缸间隙和轴承间隙的测量

曲柄连杆机构和配气机构有许多配合间隙，当间隙超过极限后必须重新调整、修配或更换。为加深对某些重要配合间隙的认识和记忆，掌握测量方法，要求用外径千分尺、内径千分尺(量缸表)测量一两个汽缸间隙及一两个主轴承或连杆轴承间隙。

1. 汽缸间隙是指垂直于活塞销孔方向的活塞裙部外径与活塞在止点时对应于活塞裙部测量位置的汽缸内径之差值。

2. 选择轴承的测量部位时要避开分解面和油槽、油孔。具体测量位置如图1-1-4所示。在轴向长度内选测两个位置，每个位置测出互相垂直的两个直径，以平均值计。

常用发动机的主要配合间隙值列于表1-1-2。表1-1-3给出这些发动机的主要技术数据。其他发动机的可查看说明书。

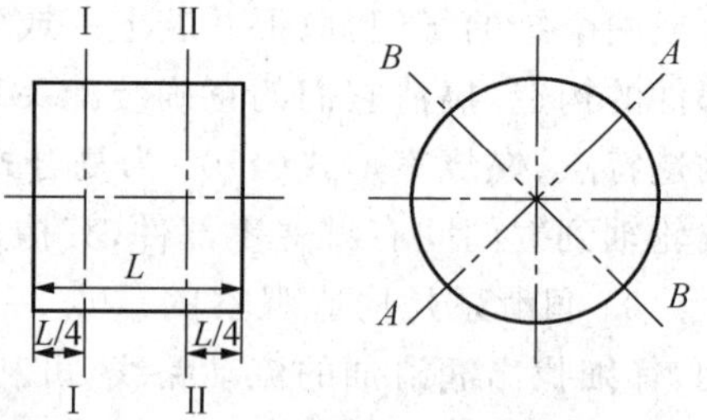

图 1-1-4 轴承的测量部位

表 1-1-2 曲柄连杆机构主要配合间隙 mm

发动机(柴油机)型号	汽缸间隙	曲轴轴向间隙	主轴承间隙(公称直径)	连杆轴承间隙(公称直径)	活塞销与活塞销孔 活塞销与连杆衬套
195	0.19～0.26	0.15～0.25	0.065～0.110 (70)	0.06～0.015 (65)	0.006～0.06 0.01～0.046
4105	0.170～0.235	0.100～0.257	0.070～0.155 (80)	0.070～0.138 (70)	0～－0.02 0.008～0.028
4115	0.240～0.280	0.095～0.385	0.104～0.165 (85.25)	0.090～0.151 (75.25)	－0.010～－0.002 0.010～0.034
4125A	0.250～0.290	0.05～0.50	0.90～0.160 (85)	0.80～0.150 (85)	－0.01～－0.02 0.025～0.055

表 1-1-3 常用发动机主要技术参数

发动机型号	标定(最大)功率/(kW/s)	标定(最大)功率时转速/(r/min)	燃油消耗率/[g/(kW·h)]	汽缸直径/mm	活塞冲程/mm	总排量/L	压缩比	工作顺序
195	8.8(12)	2 000	＜265(195)	95	115	0.815	19	—
4105	持续 31.6 (39.7)12 h 35.8(44) 11 h39 (48.5)	1 500(2 000)	＜251(185)	105	120	4.156	17	1—3—4—2
4115	40.5(55)	1 500	＜265(195)	115	130	5.4	16.5	1—3—4—2
4125A	55(75)	1 500	＜272(200)	125	152	7.46	16	1—3—4—2

(五)气门间隙的调整方法

气门间隙的测量部位在气门杆端与摇臂大端之间,调整部位是摇臂小端的调整螺钉,气门间隙因调整时发动机的冷热状态不同而有些差异,一般在热状态下的气门间隙比冷状态下的小 0.03～0.05 mm。大多数发动机的排气门间隙比进气门的大 0.05 mm。

调整气门间隙必须是在气门完全关闭状态下进行,因而对于柴油机一定要减压机构处于不减压的位置。下述调整气门间隙的方法步骤都是着眼于方便、迅速、准确。

• 检查并使减压机构操纵手柄处于不减压(发动机工作)位置;

• 打开气门室罩盖;

• 摇转曲轴,使Ⅰ缸活塞停在压缩终了上止点(或供油、点火)的位置。

(1)4105 柴油机飞轮外缘上有曲轴旋转角度+30 度的刻线。将曲轴停在飞轮上 0 度刻线与飞轮外壳上的指针位置对齐,此时Ⅰ、Ⅳ缸活塞正处于上止点。

(2)确定压缩过程中了的上止点。在其他柴油机上可将Ⅰ缸火花塞卸掉。堵以纸或棉纱团,也可以手指按火花塞孔,待转动曲轴到压缩过程纸团便被吹出或手指感到空气的压力,当飞轮与飞轮外壳两记号对正即Ⅰ缸的终了上止点。在柴油机上卸下喷油器很不方便,可通过气门、摇臂或推杆动作来判断Ⅰ缸体是什么工作过程。

1. 按规定的气门间隙值(表 1-1-4)检查并调整Ⅰ缸的进、排气门间隙。在厚薄规中选出与规定间隙值相等厚度的规片插于气门杆端与摇臂大端球面间,通过拉动规片检查其松紧度判定间隙的大小。当规片在两端面间滑动时手感过松或过紧即说明间隙过大或过小。调整方法是先拧松摇臂小端上调整螺钉的锁紧螺母,随后用螺丝刀拧进或拧出调整螺钉使其间隙减小或增大,当在间隙中拉动规片来回移动时既不松也不卡死,略有紧度则为合适。然后拧紧锁紧螺母。特别注意拧动锁紧螺母时调整螺钉不能随之转动,否则会使间隙变小,所以必须一手用螺丝刀抵住调整螺钉,一手拧进锁紧螺母。关键在于持螺丝刀那只手用的反力,如果合适,则调整螺丝既不随锁紧螺母转动也不逆转,调整好后再用规片复查一次,如不合适应重新调整。

2. 其余气门间隙的调整。

(1)调好Ⅰ缸进、排气门间隙后,将曲轴沿正常旋转方向摇转并停在 180°、360°、540°三个位置上,依工作顺序 1—3—4—2 用相应的方法调整Ⅲ缸、Ⅳ缸、Ⅱ缸的进、排气门间隙。

表 1-1-4 配气机构主要间隙配气相位(CA)

发动机(柴油机)型号	凸轮轴轴向间隙/mm	气门间隙(冷)/mm		配气相位/(°)			
				进气门		排气门	
		进气门	排气门	上止点前	下止点后	下止点前	上止点后
195	0.2	0.35	0.35	17	43	43	17
4105	0.1～0.3	0.30	0.35	14.5	45.5	45.5	45.5
4115	0.25	0.30	0.35	10	46	56	10
4125A	0.25	0.30	0.35	8	22	46	14

(2)上面(1)中方法调完四个缸气门间隙需摇转曲轴四次,麻烦费时,通常是摇转曲轴两次将所有气门间隙调完,如 4105 柴油机摇转曲轴对好Ⅰ缸压缩终了上止点后可调整第 1、2、4、5 四个气门,然后将曲轴沿正常旋转方向摇转一圈,再调整第 3、6、7、8 等气门的间隙。

3. 在装有可调式减压机构的柴油机上,应在调完各气门间隙后,摇转曲轴之前将减压机构间隙(气门压缩量)同时调好。

4. 气门间隙全部调好后,可启动发动机,从发动机工作情况和声音判断气门工作是否正常。

5. 将卸掉的机件复位。

(六)正确使用工具

在拆装中一定要正确使用工具,注意安全。常用工具有扳手、钳子、手锤等等,专用工具是为完成常用工具难以实现拆装而特定的,注意事项如下。

1. 某些机件需由专用工具拆装的则一定使用专用工具,不能随意用常用工具,如用起子撬、锤子撬、钳子夹等。

2. 不乱用工具,“顺手摸个啥就用啥”不行。如实训注意事项中提到的禁止以钳子代替扳手,以扳手当手锤,以螺丝刀当凿子等。

3. 扳手规格与被拧螺母大小一致,尽量少用活扳手,以免将六角扭圆。

4. 紧固螺母或螺钉时不能随便用加力套管延长扳手,通常扳口在 30 mm 以上的有时采用加力套管。

5. 应稳妥使用工具,注意工具拿持方法,避免工具和手的油污,工具运动轨迹内不能有人身和障碍物,以免发生碰伤事故。

思考题

1. 曲柄连杆机构和配气机构中有哪些配合件严格要求不许装错其位置和方向？如果装错了会出现什么后果？

2. 曲柄连杆机构和配气机构中有哪些重要配合间隙？各正常(标准)间隙值一般为多少？间隙不正确会对发动机工作有何影响？

3. 活塞销在常温下装配时，要用油浴加热活塞。那么其配合间隙是否过盈？工作起来之后呢？为什么？

4. 发动机工作一定时期后，气门与气门座接触面磨损，气门间隙是增大了还是减小了？当检查气门间隙时，一般情况间隙是大了还是小了？

5. 气门间隙过大过小对发动机工作有什么影响？气门完全关闭是何含义？

6. 能否通过摇转两次曲轴，将六缸发动机 12 个气门的间隙全部调完，怎么调整？

7. 冷却系的大循环、小循环的差别是什么？冷却水是怎么流通的？

8. 拆装的发动机中润滑系油路是怎样连通和分布的？有哪些阀？各起什么作用？是怎样连通的？

9. 机油压力过高过低有何害处？产生的原因是什么？

10. 机油和冷却水的温度正常值为多少摄氏度？过高过低有何害处？产生的原因是什么？

实训二　柴油机曲柄连杆机构

实训项目说明

通过本教学实训项目，主要掌握发动机曲柄连杆机构的结构和拆装过程，了解曲柄连杆机构的拆装工艺及各装配参数要求，同时掌握曲柄连杆机构的工作原理。技能训练时以校内实训室为依托，理实结合，教、学、做一体化。结合多媒体教学观察引导学生自主学习，并通过布置综合性思考题的方式，巩固学生的基础知识和基本技能。

基本知识

曲柄连杆机构是发动机的主要运动机构。其功用是将活塞的往复运动转变为曲轴的旋转运动。曲柄连杆机构由活塞组、连杆组和曲轴飞轮组等零部件组成。

曲柄连杆机构的作用是将汽缸内燃料燃烧后产生的高压气体作用在活塞顶上的膨胀压力转变为曲轴旋转的转矩，不断输出动力。

(1)将气体的压力变为曲轴的转矩。

(2)将活塞的往复运动变为曲轴的旋转运动。

(3)将燃烧作用在活塞顶上的力转变为曲轴的转矩，以向工作机械输出机械能。

实训指导

一、实训内容要求

1. 活塞连杆组的构造与维修。

2. 曲轴飞轮组的拆装。

二、实训设备、仪器和工具

1. 4105 柴油机	1 台
2. 扳手	1 套
3. 套筒扳手	1 台
4. 大活扳手	1 个
5. 螺丝刀(大、小)	各 1 个
6. 手锤	1 个
7. 克丝钳	1 个
8. 扭力扳手	1 个
9. 汽缸套拆装工具	1 组
10. ϕ1 mm 金属丝	1 m
11. 润滑油	50 mL
12. 新、旧棉纱	少量

三、实训步骤

(一)活塞连杆组的构造与拆装

1. 活塞连杆组的构造　活塞连杆组由活塞、活塞环、活塞销、连杆等机件组成,如图 1-2-1 所示。

2. 活塞连杆组的装配　活塞与连杆的装配通常采用热装法。将活塞放入水中加热至 353～373 K ,取出后迅速擦净,并涂以机油,插入活塞销座孔和连杆衬套中,然后装入销环。装配时注意:活塞与连杆的缸序和安装方向不得错乱,要按照装配标记进行安装,如图 1-2-2 所示。如标记不清或不能确认时,可结合连杆的结构加以识别。

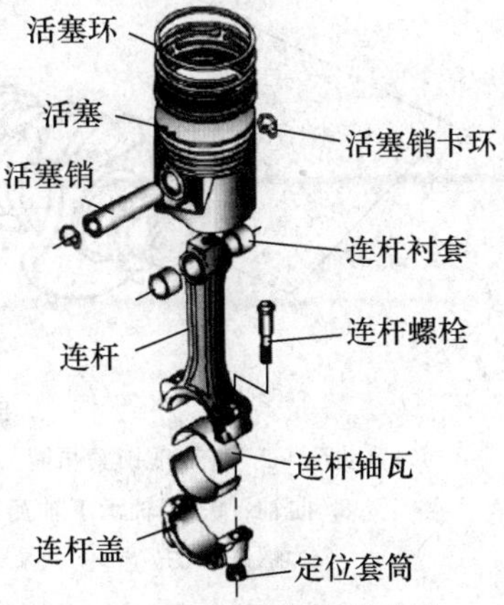

图 1-2-1　活塞连杆组的构造

安装活塞环时,应采用专用工具,如图 1-2-3 所示。要特别注意各道环的类型、规格、顺序及安装方向,并注意各道环的开口交错布置。

(二)曲轴飞轮组

1. 曲轴飞轮组的构成　曲轴飞轮组主要由曲

轴、飞轮以及其他不同功用的零件和附件组成。其零件和附件的种类、数量取决于发动机的结构和性能要求。典型的实例如图 1-2-4 所示。

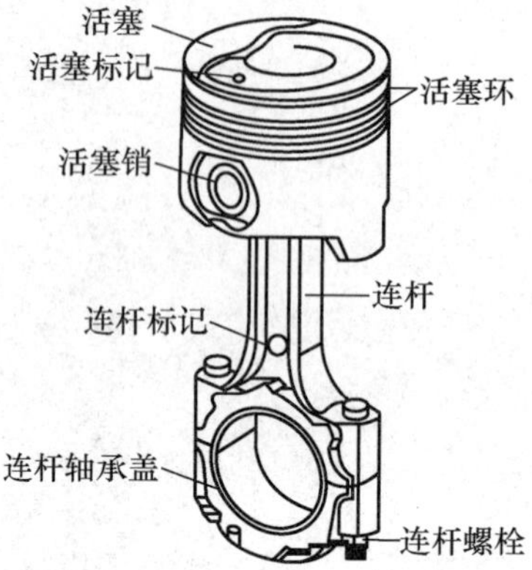

图 1-2-2 活塞连杆组的装配标记

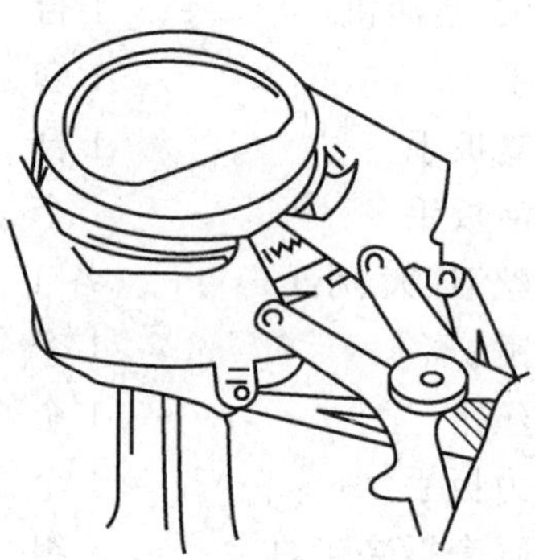

图 1-2-3 活塞连杆组的装配

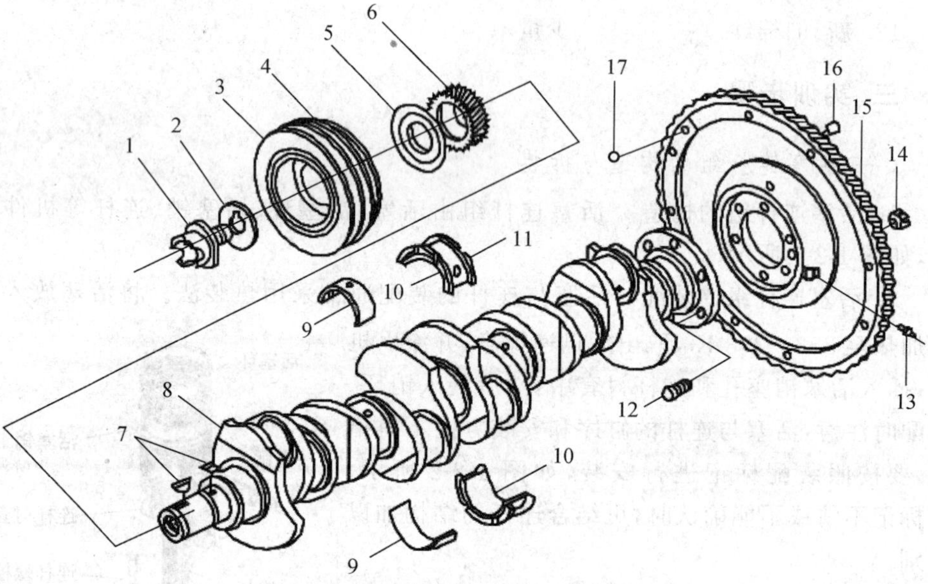

图 1-2-4 曲轴飞轮组的组成

1. 启动爪 2. 启动爪锁紧垫圈 3. 扭转减振器 4. 带轮 5. 挡油片 6. 正时齿轮 7. 半圆铆 8. 曲轴 9. 主轴承下轴瓦 10. 中间主轴瓦 11. 止推片 12. 螺柱 13. 润滑脂嘴 14. 螺母 15. 齿环 16. 圆柱销 17. 第一缸、第六缸活塞处在止点时记号(钢球)

2. 曲轴飞轮组装配时的间隙调整　为了适应发动机正常工作的需要，曲轴必须留有合适的轴向间隙。若间隙过小，则会使机件因受热膨胀而卡死；若轴向间隙过大，曲轴工作时将产生轴向窜动，不仅会加速汽缸的磨损，活塞连杆组也会不正常磨损，还会影响配气相位和离合器的正常工作。因此，曲轴装到汽缸体上之后，应检查其轴向间隙。

曲轴轴向间隙的检查可采用百分表或塞尺进行。将百分表触头顶在曲轴平衡重上，用撬棒前后撬动曲轴，观察表针摆动数值，此数值即曲轴轴向间隙，如图 1-2-5 所示。用撬棒将曲轴撬向一端，再用塞尺检查推力轴承和曲轴止推面之间的间隙，此数值即曲轴轴向间隙，如图 1-2-6 所示。

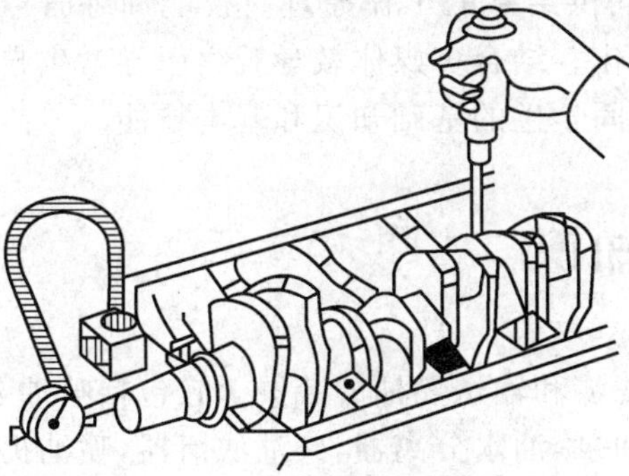

图 1-2-5　利用百分表测曲轴轴向间隙

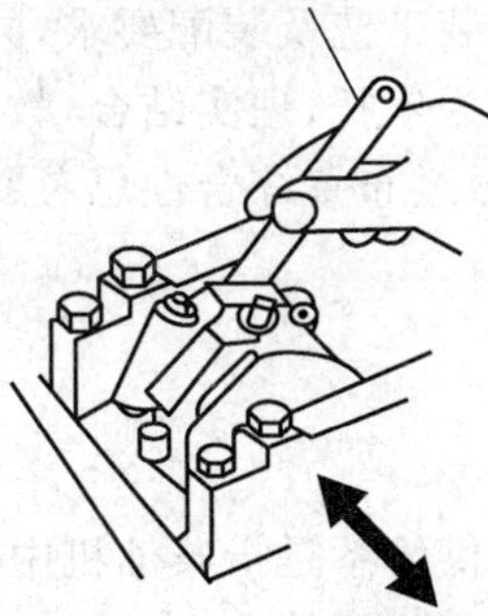

图 1-2-6　利用塞尺测曲轴轴向间隙

思考题

1. 活塞连杆组由活塞、活塞环、连杆和用来连接活塞与连杆的活塞销组成。其连接关系如何？装配工艺有何要求？

2. 曲轴飞轮组由曲轴、飞轮及其他零部件组成。这些零部件各起什么作用？

实训三　供给系统的拆装与调整

实训项目说明

通过本教学实训项目，主要掌握发动机供给系的组成结构和拆装过程，了解供给系的拆装工艺及装配要求，同时掌握不同供给系的工作原理。技能训练时以校内实训室为依托，理实结合，教、学、做一体化。结合多媒体教学观察引导学生自主学习，并通过布置综合性思考题的方式，巩固学生的基础知识和基本技能。

基本知识

燃油供给系是指柴油机中用于贮存、滤清和输送燃油的装置。它包括喷油泵、喷油器和调速器等主要部件及柴油箱，输油泵，油水分离器，柴油滤清器，喷油提前器和高、低压油管等辅助装置。燃油系统的作用主要有：

1. 在适当的时刻将一定数量的洁净柴油增压后，以适当的规律喷入燃烧室。喷油定时和喷油量各缸相同且与柴油机运行工况相适应。喷油压力、喷注雾化质量及其在燃烧室内的分布与燃烧室类型相适应。

2. 在每一个工作循环内，各汽缸均喷油一次，喷油次序与汽缸工作顺序一致。

3. 根据柴油机负荷的变化自动调节循环供油量，以保证柴油机稳定运转，尤其要稳定怠速，限制超速。

4. 储存一定数量的柴油，保证车辆的最大续驶里程。

实训指导

一、实训内容要求

1. 通过对实际车辆的整体观察，了解空气供给和燃料供给系统的组成，主要零部件的名称、作用和连接关系，特别是柴油机燃油供给系统的油路的连接和走向。在实训报告中要求画出东方红-75 和宁波-25 拖拉机燃油供给系统的油路走向图。

2. 通过对内燃机供给系典型零部件的观察和拆装研究，使学生了解其结构特点及工作原理。掌握拆装技术要领，提高实践动手能力。具体目标如下：

(1)了解各种空气滤清器、燃油滤清器的结构、特点和工作原理。了解拆装注意事项。认清它们的技术质量对内燃机使用寿命的影响，加深对内燃机过滤装置维护保养重要性的认识。

(2)了解输油泵的结构特点和工作原理。

(3)了解废气涡轮增压器的结构、特点和使用注意事项。

(4)了解喷油泵的类型结构特点和工作原理。

(5)掌握Ⅰ、Ⅱ号泵的拆装工艺，配置要领。特别要注意柱塞偶件、出油阀偶件的正确安装和油量调节拉杆移动灵活性的检查。

(6)了解喷油器的结构特点，喷油嘴装配要领。了解喷油器喷雾质量及喷油压力的检查方法，能正确调整喷油开启压力。

(7)了解化油器的构造，熟悉化油器在汽车上各种工况下是如何工作的。

3. 在实验台上对喷油泵进行动态实验。观察喷油泵在各种不同工况的状态下，调速器内各种弹簧与力盘互相作用和位置关系；各种工况下油量调节拉杆的位置和循环供油量。进一步加深喷油泵工作原理及对柴油机操控调节作用的认识。

4. 通过对宁波-25 拖拉机供油前角的检查与调整，了解柴油机供油正时的调整原理和方法。并观察供油正时调整前后的发动机工作响声和排烟变化。体会一下柴油机供油正时的正确与否对柴油机燃烧和性能的影响。

二、实训设备、仪器和工具

1. 实验室内大、小型拖拉机	若干台
2. 宁波-25 拖拉机(供油正时检查调整用)	1 台
3. 喷油泵试验台(动态观察用)	1 台
4. 喷油器试验器	1 台
5. Ⅱ号泵总成	2 个
6. 解剖的Ⅱ号泵总成	1 个
7. 各种类型喷油泵(Ⅰ、Ⅳ、A、PW、VE)	各 1 个
8. 各种类型空气滤清器	各 1 个
9. 各种类型燃油滤清器	各 1 个

10. 各种类型喷油器总成	各1个
11. 各种类型输油泵	各1个
12. 增压器	1个
13. 化油器	若干
14. 台钳	1个
15. 常用拆装工具	1套

三、实训步骤

(一)对车辆的整体观察

1. 对解剖的链轨拖拉机的观察重点

(1)油箱的内部构造,特别注意出油孔和放油孔的区别,通气孔的作用等。

(2)通过燃油油路的走向研究,了解油箱、过滤器、输油泵、喷油泵和喷油器连接的相互位置关系。从整体上认识柴油机燃油喷射系统的组成。

(3)燃油供给系统低压油路与高压油路的组成,喷油器安装位置,喷油器回油管的作用等。

(4)喷油泵凸轮轴与发动机曲轮轴的传动关系。输油泵的动力来源。

(5)空气供给系统的组成,注意观察解剖的三级滤清器的构造和过滤空气的途径。

2. 其他车辆的观察重点

(1)观察不同车辆的燃油供给系统的组成,喷油泵、输油泵、过滤器等零部件的连接关系和油路走向。总结出柴油机燃油供给系统有几种油路流程方案。

(2)汽油机供给系统的组成。特别注意空气滤清器与化油器的位置关系。

(二)典型零部件的拆装与结构研究

1. 滤清器的拆装

(1)空气滤清器的拆装　对于农用车辆而言,工作环境一般较恶劣,若空气不经过过滤直接进入汽缸,则会导致活塞环与汽缸壁的过早磨损。本来正常能使用几千小时的机器,由于滤清器的失效仅能使用几百小时就会产生烧机油,动力明显下降的现象。也就是说,空气滤清器的滤清效果直接影响到发动机的使用寿命,在车辆使用中对空气滤清器的维护与保养工作显得尤为重要。

对油浴式滤清器,油池内的油需要保持一定的液面高度,液面过低会影响滤清效果,而过高则会被气流带入汽缸内破坏正常的燃烧,严重时会产生飞车故障。油池和滤网要经常清洗。

对空气滤清器注意滤芯不要受潮,浸湿和破损。为延长纸质滤芯的使用寿命,一般情况下在汽车每行驶 12 000 km 进行一次维护,即取出滤芯用手轻拍,或用压缩空气从里向外吹去积灰。组装时要注意滤芯两侧的密封胶垫不能缺少。

(2)柴油滤清器的拆装　柴油滤清器的作用是除去燃油中固体杂质和水分。防止燃油装置的快速磨损和锈蚀。柴油滤清器有多种形式,可分为粗滤清器和细滤清器,目前广泛采用纸质滤清器。纸质滤清器分为更换滤芯式和一次性滤清器。一次性滤清器是将滤芯和壳体做成一体,更换非常方便。更换滤芯式滤清器在更换滤芯时要注意不能把滤芯两端的密封胶圈丢失。如果缺少密封胶圈,滤清器将失去作用。喷油泵的柱塞偶件会过早磨损。喷油泵的供油能力下降,车辆将出现启动困难,加速缓慢,动力不足等故障现象。

2. 输油泵的拆装　着重弄清楚输油泵是怎样完成输油任务及自动调节输油量的。拆装注意事项:

(1)进、出油阀和弹簧妥善保管,防止丢失,安装时要恢复原有状态。

(2)对膜片式输油泵,进、出油阀的安装位置不能装反。

3. 涡轮增压器的拆装

(1)增压器　增压器一般由涡轮、中间支撑体和压气机三部分组成。

①涡轮由涡轮隔热板、涡轮、叶轮组成。其作用是将发动机的排气能量传递给压气机,使压气机叶轮能高效的工作。

②压气机由压气机壳、扩压器及压气机叶轮组成。其主要作用是将新鲜空气压缩进入到发动机汽缸中。

③中间支撑体由中间壳浮动轴承、直推轴承等组成。其作用是保证涡轮轴的动力可靠高效地传给压气机。

④转子部件由涡轮叶轮、压气机叶轮、密封套等零件装在一根轴上构成,如图 1-3-1 所示。由于增压器转速极高,要求转子有良好的平衡精度。涡轮叶轮是在高温、高速下工作,其材料应具有良好的高温机械性能和抗燃气腐蚀性能。轴在工作时承受弯曲、扭转产生的交变应力,需用韧性好、疲劳强度高的合金钢材料制造。

⑤转子的动平衡精度和轴承结构是小型高速废气涡轮增压器可靠工作的关键。径向轴承式涡轮增压器是很重要的零部件,如图 1-3-2 所示。由于增压器工作转速高达 2 000 r/min,轴颈的线速度可达 50 m/s 以上。因此,要求轴承不仅有良好的承载能力,还要有良好的散热性能。

现代车用涡轮增压器采用浮动轴承。浮动轴承就是套在轴承上的浮动环。环与轴以及与轴承座之间都有间隙,并在间隙中充满具有一定压力的润滑油。当轴转动时,通过润滑油的摩擦力作用带动浮动轴承旋转。从而降低轴与轴承间的相

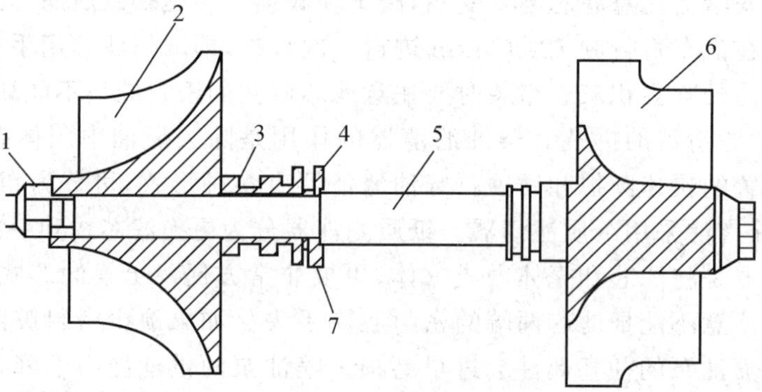

图 1-3-1 涡轮增压器转子

1. 盖形螺母 2. 压气机叶轮 3. 密封装置 4. 止推轴承 5. 转子轴 6. 涡轮叶轮 7. 止推环

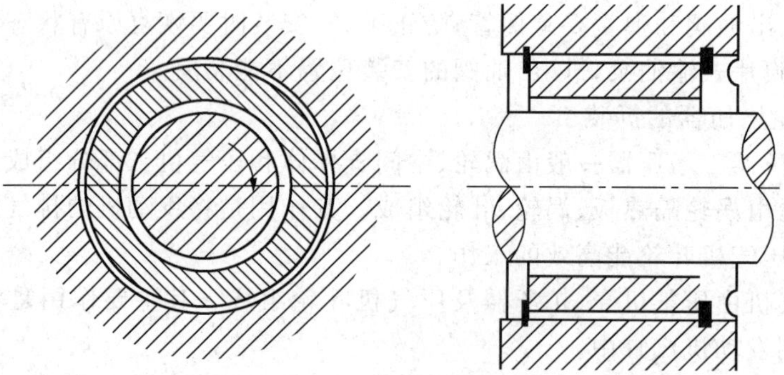

图 1-3-2 浮动轴承原理图

对速度。开始浮动轴承转速几乎为转子转速的 1/2,随着转速的增加,浮动轴承转速慢慢滞后,其转速达到一定值时,浮动轴承转速将保持不变。

推力轴承一般设置在压气机端,承受着涡轮叶轮上的燃气作用力与压气机叶轮上的空气作用力。推力轴承产生的摩擦损失约占涡轮增压器全部摩擦损失的 25%～35%。摩擦不但产生大量热量,而且使增压器的机械效率降低。推力轴承有单独的润滑油路,保证润滑与冷却。轴向间隙为 0.1～0.2 mm。

⑥轴承的润滑与冷却:轴承在高速下工作,会产生大量的热量,涡轮又是处在高温下工作,也会将热量传给轴承。因此,涡轮端轴承工作条件更为恶劣,需要良好的润滑和冷却。

目前车用增压器轴承的润滑与冷却都采用内燃机润滑系统的机油。不再单独设置润滑系,从内燃机机油滤清器出来的机油分出一路进入涡轮增压器中间体上方的机油进口处，到主油道，然后并联进入两个浮动轴承和推力轴承，流入中间体下部，再回到内燃机油底壳。

⑦密封装置：为阻止机油窜入涡轮和压气机的气体流通部位以及高压空气和高温燃气窜入润滑油道内，在中间体内设有既能封油又能封气的密封装置。目前多采用活塞环密封。

活塞环分别装在涡轮和压气机端的密封环槽中，和轴不直接接触。活塞环可用单环或双环。

(2)增压车辆使用注意事项

①发动机启动后，不允许立即高速运转，需要短时间预热(怠速运转3～5 min)，使机油运转畅通，防止涡轮增压器在缺油下高速运转。尤其是在寒冷冬季更要注意这一点。

②车辆下坡行驶，不允许关闭发动机，以免在高温下轴承缺油冷却而烧毁轴承。

③停车前，不允许立即关机，须在怠速下运转3～5 min进行短时间冷却，防止增压器在高温过热情况下，导致轴承咬死，密封环烧坏及轴承壳体变形。

④机油滤清器、空气滤清器都要注意正确及时保养，如果它们失效将直接影响增压器的使用寿命。

4. 喷油泵的种类和泵型 了解实验室现有的各种类型的喷油泵的结构及特点。喷油泵主要有直列泵和分配泵两大类。

(1)直列泵

①国产Ⅰ、Ⅱ号系列泵：其结构特点为上下体分开式，各分泵装在上体内，拨叉式油量调节机构。采用飞球式压力弹簧全程调速器，设有杠杆系统。结构简单，制造、维修、拆装方便。其缺点是整体刚度差，不适于强化要求。Ⅰ号泵主要用于小型拖拉机和农用汽车上。Ⅱ号泵用于中型拖拉机上。

②BQ、IW泵：该两种泵型是为了满足我国中、小缸径高速柴油机而开发的，是Ⅰ号泵的替代产品。这两种泵结构与P型泵相似，泵体采用全封闭式结构，分泵采用各部分零件组成一个整体单元，用倒挂法兰结构方式分别压装在泵体的各分泵座孔内，从而大大增加了泵体的总体刚度，结构紧凑轻巧，主要用于农用汽车上。

③A与AD泵：AD泵是A型泵的加强泵，其结构为整体式，泵体由铝合金铸成，侧面开有调整检视窗口。采用齿圈-齿杆式油量调节机构，各分泵的柱塞及出油阀等均以泵体为基体分别装在泵体内。该泵属于最典型的传统结构。由于它具有调试方便，工作可靠，传动平稳，整体刚度比上、下体分开式油泵好等特点，所以至今仍广泛应用于汽车和工程机械中。

④P 与 PW 泵:这种类型喷油泵基本上脱离了传统的 A 型泵的结构,采用整体密封式结构,泵体不开侧面窗口,分泵的柱塞及出油阀和压帽等组成一个独立单元,用倒挂的法兰结构方式分别压装在泵体的各分泵座孔中。从而在不增加泵体尺寸的同时,大大提高了泵体的刚度。为增大柱塞直径,提高供油能力,提高供油速率及喷射压力创造了有利条件。更适应于高速强化柴油机以及排放要求。PW 泵是在 P 型泵的基础上考虑拆装方便性改进而成的。

(2)分配泵　分配泵的结构与直列泵有很大的区别,直列泵的柱塞数和柴油机的汽缸数目相同,油泵凸轮轴旋转一周各缸柱塞分别供油一次。而分配泵的柱塞只有一个或两对以下,油泵凸轮旋转一周,柱塞要泵油多次(泵油次数和汽缸数目相等),轮流向各缸供油。目前广泛使用的两种类型分配泵的结构见图 1-3-3。

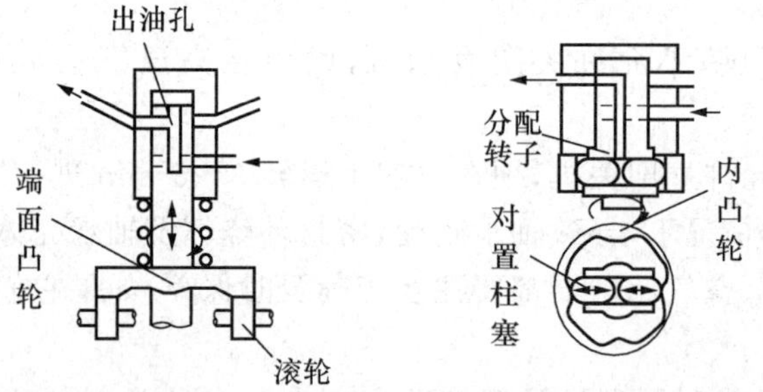

(a) 单柱塞端面凸轮式　(b) 对置柱塞凸轮转子式

图 1-3-3　分配泵的结构与种类

①VE 泵(单柱塞式分配泵):是目前世界上产量最大的分配泵,工作原理如图 1-3-3(a)所示。与端面凸轮连在一起的柱塞在旋转的同时又做上下往复运动。柱塞偶件同时起泵油和配油的作用。端面凸轮的凸轮数与发动机汽缸数相同,凸轮旋转一周,柱塞分别向各缸供油一次。同时,柱塞每一转中其侧面的一个出油孔轮流与柱塞套上的分配孔(出油孔)相通(分配孔的数目同发动机的汽缸数目相同)。而每一个分配孔与一个缸的喷油器相连。这样就能向各缸按一定顺序供油。由于该泵体积小,重量轻,容易安装各种附加机构,所以在中、小柴油汽车中大量使用。

②内凸轮式转子分配泵(DPA、DM):如图 1-3-3(b)所示,由主动轴驱动的转子内布置了和转子相垂直的一对对置柱塞,内凸轮固定在分配泵壳体内。由于转子的旋转,对置柱塞受凸轮顶动而进行压油。并由分配转子中心油道至分配孔分配到各缸口。对置柱塞吸油过程是通过转子的旋转,在离心力的作用下使柱塞向外移动将油吸进柱塞腔,故该泵没有柱塞回位弹簧。该泵的另一个特点是通过改变通向进油腔的油量来控制油泵的供油量,柱塞只起泵油作用。故柱塞耐磨性好,

使用寿命长。以上两种类型的分配泵均采用液力提前器，故在泵内设有滑片式输油泵，泵内充满柴油，一是起润滑作用，二是冷却作用。分配泵对柴油及柴油过滤装置有严格要求，过滤器要有除水功能。

5. Ⅰ、Ⅱ号泵的拆装　重点掌握柱塞偶件及出油阀偶件的拆装技术要领；掌握柱塞的滑动性及供油调节拉杆移动灵活性的检查。

柱塞偶件和出油阀偶件是喷油泵中最精密的偶件。柱塞偶件的配合间隙仅有0.001～0.002 mm，通过配对研磨加工而成。因此，套筒与柱塞、阀座与阀芯没有互换性。这就要求在拆装过程中注意不得串换。

(1)柱塞偶件及出油阀偶件与泵体的分解

①打开喷油泵的侧盖板。均匀地旋松喷油泵上下体的固定螺母。稍用力压住上泵体，然后拧下固定螺母。

②应使泵体平放(侧口朝上)，再将上体缓慢拉出，并防止柱塞掉落碰伤和顺序混乱。

③从上泵体取出柱塞、柱塞弹簧和弹簧座，柱塞要按照原有顺序摆好。

④将上泵体夹在台钳上，拧下出油阀压帽，依次取出减容体、出油阀弹簧、出油阀偶件，松开各缸柱塞套定位螺钉，自下而上推出柱塞套。将取出的柱塞套随即与原配柱塞组合，以防错乱。

(2)柱塞偶件及出油阀偶件与泵体的装配

①在装配前要用清洁的柴油清洗精密偶件，并认真检查柱塞偶件相互之间的滑动性。

②将柱塞套放入上体内使其定位槽对准泵体上的定位螺钉，拧入定位钉进行定位，这时柱塞套不能转动，但能在轴线方向有一定的活动范围。

③将上泵体夹在台钳上，装入出油阀、密封垫、出油阀弹簧和减容体，再拧上出油阀压帽。在拧紧出油阀压帽时，要分两次拧紧即：拧紧—松开—拧紧，最后拧紧力矩有一定的要求(Ⅰ号泵：40～50 N·m、Ⅱ号泵：60～70 N·m)。拧紧力矩过松密封性不好，过紧将导致柱塞套变形，使柱塞滑动性变差或转不动。

④将各缸柱塞对号入座，分别检查其滑动性，柱塞在柱塞套内转至任何位置时，上下均滑动自如。否则要找出原因并加以解决。

⑤再分别抽出柱塞，套入弹簧下座、柱塞弹簧并插入柱塞套内。

⑥上下体合拢：摆好柱塞调节臂位置，使之对准拨叉槽，将上泵体水平倾斜缓慢装入下泵体(要注意调节臂不要偏离槽口)。然后将泵体立起，下压上泵体带上紧固螺母，对角线均衡拧紧。

⑦检查油量调节拉杆的移动灵活性。上下泵体装好后，要检查拉杆移动的灵

活性。转动凸轮轴使某缸柱塞到达上止点附近时，扳动油量调节拉杆，不应有卡阻现象。同样方法分别检查其他缸柱塞在上止点时拉杆移动灵活性。总之，凸轮轴在任何位置时，供油拉杆都应移动自如、灵活。

6. 喷油器的拆装与调试　喷油器是柴油机燃油喷射系统的终端部件，直接安装在柴油机的汽缸盖上。喷油器的技术状态直接影响柴油机的燃烧质量，影响柴油机的动力性、经济性及尾气排放。喷油器中最重要的部件是喷油嘴，又称针阀偶件，是燃油喷射系统三大精密偶件之一。一般可分为孔式喷油嘴和轴针式喷油嘴。孔式用于直喷式柴油机，轴针式用于分隔式燃烧室柴油机。

喷油嘴头部伸入发动机燃烧室，在高温、高压和燃气腐蚀条件下工作，而且本身内部的运动件又受到高速流动燃油的冲击及燃油中微小机械杂质的反复冲刷，因此极易磨损和被腐蚀，是柴油机燃油系中出故障最多的部件之一。

(1)喷油器的拆装

①分解：将喷油器夹在台钳上，卸下调压螺钉护帽，并拧松调压螺钉。然后将喷油器倒夹在台钳上，拧上喷油嘴压帽，取出喷油嘴。再从喷油器体上拧下调压螺钉，取出调压弹簧、顶杆等零件。

②装配：先用清洁柴油清洗喷油嘴，检查轴针的滑动性，喷油器体的油道也要冲洗干净。将喷油器体夹持在台钳上，装上喷油嘴和压帽，压帽的拧紧力矩有严格要求(对常用S系列针阀偶件大外圆为直径17 mm的拧紧力矩为60～80 N・m)。然后再装入顶杆、调压弹簧、调压螺钉等零件。

(2)喷油器的试验与调整　喷油器要用专用试验器调试。喷油器试验器是通过手压杠杆推动柱塞泵产生高压，用以模拟喷油泵的供油状态。油压由压力表指示。喷油器调试的内容有喷油器开启压力的调整；针阀偶件密封性的检查；喷油雾化质量的检查。

①喷油器开启压力的调整：缓慢地压动喷油器校验器手柄，观察喷油器开始喷油时压力表的指示值。如不符合要求，可以通过改变调压弹簧预紧力来调整。改变调压弹簧预紧力的方法有调整调压螺钉和更换调整垫片厚度两种方法。不同型号的喷油嘴有不同的喷油压力。孔式喷油嘴开启压力在17 MPa以上，轴针式喷油嘴在12～15 MPa。

②喷雾质量的检查：孔式喷油嘴要求喷射时应有清脆的响声，喷雾分布要符合要求，油雾细化度及均匀性要求较高，断油要干净利落。对轴针式喷嘴主要观察喷柱形状及锥角，喷射开启时也要有清脆的响声。

③密封性的检查：针阀圆锥密封面密封性检查：观察喷油嘴喷射前后，喷孔处不应有渗油或滴油现象。如有此现象说明针阀圆锥密封面密封性不良。

针阀圆柱导向面密封性检查:将试验器油压打到一定高度,然后加压手柄保持不动,此时观察压力表示值降低的速度。密封性好的压力值降低得很慢,如压力值降低得很快,同时察看调压螺钉处,如有回油渗出,说明密封性很差。

喷油器体下端面与针阀偶件端面的密封性检查:在作上述密封性检查过程中,观察喷油嘴压帽与喷油器体的接合部位是否有油渗出,此处渗油,说明喷油器与针阀偶件端面的接合面密封不好。可拆下喷油嘴对喷油器体端面进行研磨修理。

7. 化油器的拆装　化油器的拆装重点是结合化油器在农用车各种工况下的工作过程,研究主供油系统、省油器、加速泵,各种空气量孔及油气通道走向具体结构。了解化油器是如何满足柴油机各种工况要求的。目前生产的小排量汽油机几乎全部采用电喷供油系统,更好满足汽油机动力性、经济性和排放要求。我们目前了解化油器的意义和目的不在于化油器本身,而在于通过了解化油器能使我们直观地了解柴油机在各种工况下,混合气及浓度的要求。加深对柴油机的工作原理及特点的认识。

(三)喷油泵动态试验与观察

动态实验是在喷油泵试验台上进行的。试验台的主轴为无级变速,可正、反转,设有喷油泵循环供油量计量装置,可装夹各种类型的喷油泵。从喷油泵制造厂家出厂的每台喷油泵都经过严格的调试。经过修理的喷油泵也必须在试验台上进行调式才能使用。

动态观察研究的对象:解剖的 n 号泵(配 4115 柴油机)。

启动工况:观察调速器内部结构,分析启动油量是怎样增加的。油量调节拉杆所处的位置。测定启动油量。

标定工况:观察调速器起作用点,哪些弹簧起作用,起主要作用的是哪根弹簧,并测试标定油量。

部分负荷工况:主要观察调速器起作用时的转速变化,体会全程调速器的调速作用。

校正工况:观察调速器内部结构,分析校正油量是怎样增加的。并测量校正油量。

怠速工况:观察调速器中哪些弹簧起调速作用,在 250 r/min 上下升降试验台转速,观察油量调节拉杆的移动变化情况,并测定怠速油量。

上述观察与测试后,比较一下启动油量、标定油量、校正油量、怠速油量的大小,并排序。

(四)柴油机供油正时的检查与调整

1. 供油提前角与喷油提前角　燃油被喷入汽缸后不是立刻着火燃烧,而是要经过一个滞燃期之后才能着火燃烧。为此，必须将燃油在活塞压缩行程上止点前开始喷入。从喷油器喷油开始到活塞到达上止点时曲轴所转过的角度称为喷油提前角。

由于柴油机喷油提前角的检测较困难，所以常用供油提前角(是指从喷油泵供油开始到活塞压缩到上止点时的曲轴所转过的角)，由于喷油泵供油始点容易观察到，故检查与调整供油提前角较方便。一般柴油机使用说明书中给出的都是供油提前角。供油提前角对柴油机燃烧过程和各项性能指标影响极大。在柴油机维修、使用中是必须检查调整的内容。

2. 供油提前角的调整方法　喷油泵凸轮轴与发动机的曲轴是通过齿轮连接的。齿轮的相互啮合位置是按特殊标迹进行装配，是不允许随变变动的。所以，调整供油提前角的途径：一是调整凸轮轴与油泵驱动齿轮相对位置(即转动喷油泵凸轮轴法)，二是调整喷油泵与机体的相互位置(即转动喷油泵法)。采用哪种方法取决于喷油泵凸轮轴与驱动齿轮的连接形式以及喷油泵与机体的连接形式而定。

(1)转动凸轮轴法

①油泵驱动齿轮与可调花键盘连接，花键与凸轮轴定位连接。铁牛-55、铁牛-650，东方红-802拖拉机均采用此形式的连接。拧下紧固花键接盘螺栓，转动花键接盘可调整供油提前角。此结构缺点不能无级调整，每级调整可改变供油提前角3°。

②油泵驱动齿轮与可调法兰盘连接，法兰盘与凸轮轴定位连接。宁波-25、山泰-25拖拉机采用此结构。驱动齿轮轮毂上有3个弧形孔槽，由3个螺栓穿过弧形孔相与法兰盘紧固为一体。调整时，松开三个紧固螺栓，转动法兰可改变供油提前角。此结构可进行无级调整。

③联轴器连接：驱动齿轮与主动按盘连接，被动接盘与凸轮轴定位连接。上柴135系列柴油机，解放系列载重汽车配置的110系列柴油机，东风载货汽车配置的105系列柴油机均采用此结构。调整时，松开主被动接盘上的两个紧固螺钉，转动被动接盘(被动接盘上有两个对称的弧形孔槽)可改变供油提前角。由于联轴器设置在发动机机体外部，故调整供油时间特别方便。

以上三种结构均采用转动凸轮轴的方法调整供油提前角。调整时应注意：顺着喷油泵凸轮轴工作旋转方向转动凸轮轴增大供油提前角，反之则减小供油提前角。

(2)转动喷油泵泵体法　当喷油泵凸轮轴直接与驱动齿轮定位连接时，应采取转动喷油泵泵体的方法改变供油时间。此种结构是在喷油泵体上有一个法兰接盘，法兰接盘有3个(或4个)弧形槽孔。调整时松开3个(或4个)紧固螺栓和高压油管压紧螺帽，转动喷油泵泵体，可改变供油提前角，目前，小型拖拉机和农用汽车大部分采用此结构。

3. 供油提前角的检查与调整实践操作　车型为宁波-25 拖拉机，该车配置 295 柴油机，供油提前角为 17°±2°。

该车喷油泵凸轮轴与驱动齿轮采用可调法兰盘连接。可用转动凸轮轴法进行供油提前角的调整。另外，由于该车喷油泵与机体采用可调法兰盘连接，故又可用转动喷油泵泵体法来调整。

(1)拆下喷油泵第 1 缸高压油管。然后在出油阀紧座上装上专用的定时观察管，该管内径为直径 2 mm。

(2)使发动机处于减压状态，用摇把转动曲轴，同时观察管，使管内充满柴油时停止转动。将定时管内的柴油用手指弹去少许。

(3)继续慢慢转动曲轴(使柱塞进行下一个循环供油)，同时观察玻璃管内液面，当液面出现瞬时波动(表明柱塞将进、回油孔关闭，供油开始)，此时应立刻停止转动曲轴。然后察看飞轮上的刻度。飞轮上的对应角度即供油提前角。如供油提前角不在 17°±2°范围内，需要进行调整。

(4)松开喷油泵与机体的连接螺栓螺母，转动喷油泵可进行调整。该泵凸轮轴的工作旋转方向为顺时针旋转(从驱动端看)，如果供油时间偏晚(＜17°)，则需逆时针方向转动喷油泵。如果供油时间偏早(＞17°)，则应顺时针转动喷油泵。如果转动喷油泵法不方便，可以采用转动凸轮轴法。即松开驱动齿轮轮毂上的三个紧固螺钉转动凸轮轴调整供油时间。

(5)调整完后，重新检查供油时间。若不在允许范围内，则需要重新调整。在车辆使用中，经常是根据车辆发动机出现的故障现象来判断供油正时是否正常。供油提前角偏早发动机就会出现较大的敲缸声。偏晚发动机会出现声音沉闷，冒烟和发动机温度过高等现象。根据故障现象判断供油时间是偏早还是偏晚，作适当供油正时调整，如果是单存供油正时问题，故障会消除。

思 考 题

1. 在保养柴油滤清器时要特别注意什么?

2. 柱塞式输油泵与膜片式输油泵的动力来源及安装位置有何区别? 在柴油机燃油系统中它们分别与哪种类型的喷油泵相匹配?

3. 装配柱塞偶件时要注意些什么?

4. 在装配喷油泵过程中为什么要强调认真检查供油拉杆移动的灵活性？如出现卡滞情况，车辆可能会出现什么故障？

5. 柱塞磨损较严重时，车辆会出现哪些故障现象？

6. 增压发动机为什么不能长时间怠速运转？

7. 对增压发动机而言，若空气滤清器或机油滤清器失效，将对增压器产生什么影响？

8. 在化油器中，真空省油器与机械省油器有什么区别？

9. 供油提前角和喷油提前角有何区别？供油提前角是否大于喷油提前角？

10. 供油提前角偏大（偏早）柴油机将产生哪些故障现象？供油提前角偏小（偏晚）将产生哪些故障现象？

实训四　启动系统

实训项目说明

因发动机不能自行由静止转入工作状态，必须用外力转动曲轴，直到曲轴达到发动机开始燃烧所必需的转速，保证混合气的形成、压缩和点火能够顺利进行。发动机由静止转入工作状态的全过程，称发动机的启动。完成发动机启动过程所需的一系列装置称发动机启动装置。通过本教学实训项目，主要掌握发动机启动系的组成和拆装过程，了解启动系的拆装工艺及装配要求，同时掌握启动系的工作原理。技能训练时以校内实训室为依托，理实结合，教、学、做一体化。结合多媒体教学观察引导学生自主学习，并通过布置综合性思考题的方式，巩固学生的基础知识和基本技能。

基本知识

柴油发动机常用的启动方式有启动机启动和手摇启动两种。手摇启动结构简单，但加重了驾驶人员的劳动强度，而且操作不便，故很少采用。目前绝大多数发动机都采用启动机启动。

启动机又分为电动机和汽油机两种，一般情况启动装置由直流电动机（或汽油机）、操纵机构和离合机构三大部分组成。目前柴油发动机普遍采用串激直流电动机作为启动电机，因为这种电动机在低速时转矩很大，随转速的升高，其转矩逐渐减小，这一特性非常适合发动机启动的要求。

实训指导

一、实训内容要求

1. 熟悉内燃机的启动条件与启动方式。

2. 掌握柴油机用汽油机启动系的构造、工作原理与调整。

3. 掌握电启动系中电动机、传动装置及操纵装置的构造、工作原理与调整。

4. 熟悉典型柴油机启动系辅助装置的构造和工作原理。

5. 掌握典型柴油机的启动方法。

二、实训设备、仪器及工具

1. 机械式操纵机构电启动机	1套
2. 电磁式操纵机构的电动机	1套
3. 电启动机摩擦片式离合器	1套
4. 滚柱式单向传动装置	1套
5. AK-10(或类似型号)单缸两冲程启动汽油机	1套
6. 东方红-75/802启动系系统传动机构	1~2套
7. 热胀式、电磁式火焰预热器、预热塞	各1套
8. 减压装置模型或实物	1~2套
9. 典型柴油机	1~2台
10. 常用工具	1套

三、实训步骤

(一)预备知识

1. 内燃机启动的实质是什么?

2. 内燃机启动的条件有哪些?

3. 内燃机启动方法有哪几种?

(二)典型柴油机启动系的构造、工作原理及调整

通过观察及拆装掌握x-1o(或类似型号)启动汽油机及其传动机构的结构、工作原理及调整。

1. 启动汽油机的构造及工作原理　通过观察和拆装,掌握单缸两冲程汽油机的进、排气方式,明确缸壁上三对孔的名称、作用及起作用时间,进而掌握单缸二冲程汽油机的工作原理。

2. 启动汽油机在启动过程中可能出现的问题及其解决方法　由于小汽油机是两冲程内燃机,有时在点火系统和化油器均正常的情况下,由于混合气成分不合适,汽油机仍不能正常启动,为此在汽缸盖上设有加油阀,曲轴箱底部没有放油螺塞,试分析其作用。

3. 小汽油机启动系的传动机构　传动机构包括离合-制动器、变速箱及自动分离机构。

离合器是杠杆加压摩擦片式离合器，通过观察和拆装掌握离合-制动器的结构(重点分析主、从动部件及其与轴的安装关系)，在使用过程中若离合器间隙发生变化，应如何调整？变速箱在离合-制动器和自动分离机构的中间位置，通过观察和拆装掌握其传动路线和变速叉锁定弹簧的结构。并搞清楚为什么这种启动装置的变速器设两个挡位？

自动分离机构在传动机构的最后部位。通过观察和拆装主要掌握自动分离机构的结构及工作原理，搞清楚自动分离机构是如何实现自动分离的，重点进行关键部件的受力分析。若自动分离转速不符合规定转速，应如何调整？

4. 柴油机用汽油机启动的启动系统的总体结构及相互安装关系　搞清楚启动系统在发动机(或车辆)上的安装位置及传动关系。分析启动汽油机输出齿轮分别驱动何零部件。

(三)电启动机的构造工作原理及调整方法

1. 电动机的构造和工作原理　拆开电动机，观察电动机的内部线路，包括励磁绕组、炭刷、整流子的连接以及电枢绕组的线路，复习电动机的工作原理。

2. 操纵装置的构造及工作原理

(1)熟悉机械式操纵装置的构造，结合有关辅助资料掌握其工作原理，并结合实际掌握其操作过程。

(2)熟悉电磁式操纵装置的构造，并结合有关资料(教材、挂图等)掌握吸拉线圈、保持线圈的绕向及接线方法。掌握启动机工作过程中吸拉线圈与保持线圈的电流方向及其效果，分析两线圈的作用及分别设置的必要性。

拆装后，不但应对电磁式操纵机构的电启动机的结构和原理有较清楚的了解，而且应能结合给定实物(蓄电池、启动开关、发动机等)正确接线和操作。

3. 单向传动装置的构造和工作原理　明确电启动系统中设置单向传动装置的必要，通过观察和拆装掌握滚柱式及摩擦离合器式单向传动装置的构造、在电启动机上安装位置及其工作原理。

4. 电启动机的调整部位　为了保证电启动机能正常传动主发动机，小齿轮与飞轮齿圈啮合，这就要求小齿轮与飞轮圈就先啮合，然后再给启动机通电，对于电磁操纵机构的电启动机小齿轮与飞轮齿圈啮合时能以低压小电流，齿轮啮合后启动机正常转动，启动主发动机。为了满足这些要求，电启动机上设有调整部位。通过观察和拆装，找出这些调整部位，并说明其调整方法及效果。

（四）启动的辅助装置

由于柴油发动机压缩压比较大，混合气点火条件较高。因此，有些柴油机在启动时需辅助装置。发动机启动辅助装置包括减压机构和预热装置。

柴油机是靠压缩终了时的高温来点燃混合气的。在低气温条件下，为使压缩终了时的温度尽快升高，往往采用预热装置，加热进入汽缸的气体。目前采用的预热装置一般有两种，一种是在进气管路中装设火焰预热器，燃烧一部分燃油，靠其热量加热进入汽缸的清洁空气，提高进气温度，从而使启动更容易；另一种是用预热塞加热进入汽缸的空气。二者都是安装在发动机的进气管内部。

1. 热胀式火焰预热器　主要部件是一阀总成，其外绕有电阻丝，启动时接通电热丝的电路，电热丝加热阀体总成，由于阀壳体与阀芯是用不同材料制成的，两者的受热膨胀量不同，使球阀打开，燃油可以流出，与高温电热丝接触即燃烧，产生高温燃气加热周围空气被吸入汽缸。

2. 电磁式火焰预热器　启动时，接通电磁线圈和电热丝的电路，电磁线圈通电后将阀门打开，燃油流出，与高温电热丝接触而燃烧，与热胀式火焰预热器原理相同，只是阀芯开启动力不同。

3. 预热塞　实质是一电阻式加热器，启动时，接通电热塞的电路，直接利用电热丝通电后放出的热量来加热进入汽缸的空气。

（五）启动典型柴油机

有条件情况下，可以选择东方红-75或铁牛-55型拖拉机，按要求启动汽油机，并使柴油机正确启动。不但熟悉汽油启动机的构造、原理、在发动机上的安装位置，而且能结合实际车辆进行具体操作，熟悉操作过程，锻炼动手能力。

启动的具体操作步骤可参阅有关发动机的使用说明书，其基本要点如下：

1. 启动前对发动机的燃油量、润滑油量及冷却水量进行常规检查。

2. 将有关操纵手柄置于正确的位置。

(1)柴油机减压手柄置于减压位置，柴油机油门手柄置于最小油门位置。

(2)启动机传动装置的自动分离机构手柄放在小齿轮与飞轮齿圈啮合位置，变速杆（如有的话）放在低速位置（置于高速位置是否可以?），离合器手柄放在分离位置。

(3)将拖拉机的主变速杆置于空挡位置。

3. 在启动机上作好启动准备。

(1)接通打开汽油箱开关，接通油路，并使化油器浮子室中充满汽油。

(2)打开化油器进气口盖，微开阻风门，打开节气门。

4. 启动汽油启动机。

(1)将启动绳正确绕在启动飞轮上,用启动绳拉转飞轮,使汽油启动机着火。

(2)汽油机转动后,立即全开阻风门,关小节气门,预热汽油启动机,预热好后,全开节气门,使汽油机处于额定功况下工作。

5. 带动柴油机。

(1)汽油启动机工作平稳后,把传动机构的离合器手柄扳到"结合"位置,使启动机带动柴油机转动。

(2)根据启动机运转是否稳定,操作减压手柄逐步使柴油机半减压(如有此位置的话)、不减压,带动柴油机运转。若是用低速转,待运转平稳后,用高速(如有的话)按减压、半减压、不减压的顺序带动柴油机。这项操作可根据发动机的状态和所处的环境灵活运用。

(3)如在高速情况下,稳定汽油启动机可平稳驱动柴油机转动,这时开大柴油机油门,将减压手柄置于不减压位置,柴油机即可启动。

6. 柴油机启动后,切断汽油启动机的油路或电路,使汽油启动机熄火,然后关好化油器进气口盖和油箱开关,启动结束。

四、注意事项

(1)启动前一定先检查,并将各手柄置于相应的位置。

(2)拉动启动绳时,要求用力要稍大些,且用力持续均匀,一次快速将启动绳拉出,避免出意外。

(3)启动汽油机后,不要忙于接合离合器,要观察汽油机运转情况,在接合离合器和低-高速转换时也要注意启动汽油机和柴油机的工作情况,灵活判断采取的工作步骤。

(4)启动结束后,不要忘记收尾工作。

思考题

1. 试述发动机启动系的作用,发动机的启动条件。

2. 发动机的启动方式有哪几种?

3. 试述电启动系统构成,分类。

4. 试述机械式电启动系统的结构、工作原理及其调整。

5. 试述电磁式操纵机构电启动机的工作原理(三种工况的电流情况及其效

果)，长圆孔的作用。启动系电磁开关中的保持线圈有时会烧毁，这样在启动时将会出现什么现象？

6. 试述柱式超越离合器结构及工作原理。

7. 试述单缸两冲程汽油机的结构、工作原理及其调整。

8. 试述离合-制动器的结构、工作原理。离合器间隙的调整方法是什么？

9. 试述变速器的结构、原理。

10. 试述自动分离机构的结构、原理，自动分离转速的调整方法。自动分离转速过高、过低将会出现什么现象？

11. 人力启动系统有几种形式？人力启动系统如何防止动力反传？

12. 启动辅助装置的作用是什么？启动辅助装置有哪些？

实训五　柴油机润滑系统

实训项目说明

发动机工作时，摩擦表面（如曲轴轴颈与轴承，凸轮轴轴颈与轴承，活塞环与汽缸壁，正时齿轮副等）之间以很高的速度做相对运动，金属表面之间的摩擦不仅增大发动机内部的功率消耗，使零部件工作表面迅速磨损；摩擦所产生的热量还可能使某些工作零件表面熔化，导致发动机无法正常运转。因此为保证发动机的正常工作，必须对发动机内相对运动部件表面进行润滑，也就是在摩擦表面覆盖一层润滑剂（机油或油脂），使金属表面之间间隔一层薄的油膜，以减小摩擦阻力、降低功率损耗、减轻磨损，延长发动机使用寿命。通过本教学实训项目，主要掌握发动机润滑系工作原理和组成，了解润滑系附件的拆装工艺及装配要求，技能训练时以校内实训室为依托，理实结合，教、学、做一体化。结合多媒体教学观察引导学生自主学习，并通过布置综合性思考题的方式，巩固学生的基础知识和基本技能。

基本知识

发动机工作时，摩擦表面之间以很高的速度做相对运动，若不对这些表面进行润滑，它们之间将发生强烈的摩擦。金属表面之间的干摩擦不仅增加发动机的功率消耗，加速零件工作表面的磨损，而且还可能由于摩擦产生的热将零件工作表面烧损，致使发动机无法运转。

润滑系统的功用就是在发动机工作时连续不断地把数量足够、温度适当的洁净机油输送到全部传动件的摩擦表面，并在摩擦表面之间形成油膜，实现液体摩擦。从而减小摩擦阻力、降低功率消耗、减轻机件磨损，以达到提高发动机工作可靠性和耐久性的目的。

润滑系统的基本任务就是将清洁的、具有一定压力的、温度适宜的机油不断供给运动零件的摩擦表面，使发动机能够正常工作。为此，压力润滑系统中必须具有为进行压力润滑和保证机油循环而建立足够油压的机油泵、贮存机油的容器（一般利用油底壳贮油）、由润滑油管以及在发动机机体上加工出来的一系列润滑油道组成的循环油路。油路中还必须有限制最高油压的装置——限压阀，它可以附于机油泵中，也可以单独设置。

实训指导

一、实训内容要求

1. 润滑系统的组成与润滑系统的油路。
2. 润滑系统的主要零部件。
3. 润滑系统的故障诊断与检修。

二、实训设备、仪器和工具

1. 4105 柴油机	1台
2. 扳手	1套
3. 套筒扳手	1台
4. 大活扳手	1个
5. 螺丝刀(大、小)	各1个
6. 手锤	1个
7. 克丝钳	1个
8. 扭力扳手	1个
9. 润滑油	50 mL
10. 新、旧棉纱	少量

三、实训步骤

（一）发动机的润滑方式

1. 压力润滑　对于曲轴轴承、凸轮轴轴承等承受载荷大、运动速度高的零部件，润滑系统利用机油泵，将具有一定压力的润滑油连续不断地送到摩擦表面间隙中，使之在零件表面形成具有一定强度的油膜，以保证零部件间的润滑。

2. 飞溅润滑　利用飞溅起的润滑油油滴和油雾，对裸露在外的摩擦表面进行润滑，如汽缸壁、活塞销、配气机构的一些零部件等。

3. 定期润滑　定期对一些零部件加注润滑脂，进行润滑，如水泵轴承、发电机轴承等。

(二)润滑系统的组成

润滑系统主要由以下部件组成，如图 1-5-1 所示。

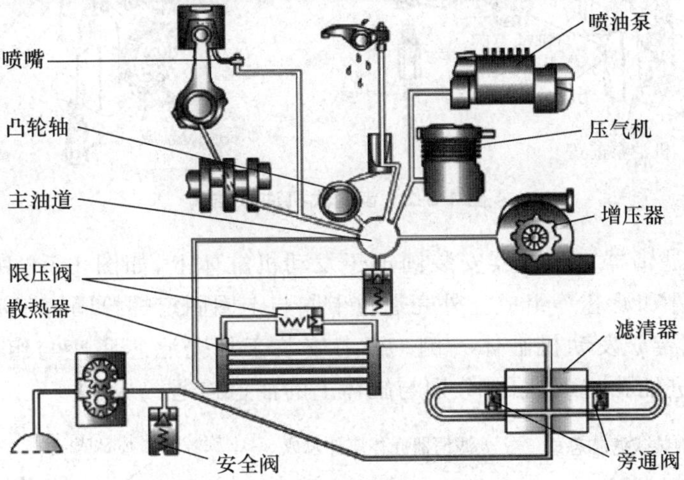

图 1-5-1　润滑系统的组成

1. 机油泵　用来在润滑系统油路内建立起足够的油压，使润滑油在润滑系统内不断循环，对零部件进行润滑。

2. 油底壳　用来储存机油，对机油进行散热。

3. 机油滤清器　机油经过一段时间使用后，会产生一些油泥，外界的杂质和零部件的磨屑也会进入机油。机油滤清器对机油进行过滤，防止油泥与杂质进入油道，以避免造成发电机磨损或者堵塞油道。

4. 机油冷却器　大型柴油机的热负荷较大，机油温度较高，必须设有机油冷却器或者散热器对机油进行冷却散热。

5. 主油道　发动机缸体上铸有主油道，通过主油道可将机油送到各摩擦表面间隙处。

为保证润滑系统正常工作，润滑系统还设有各种阀类，如限压阀、旁通阀等。

(三)机油泵、机油滤清器、机油冷却器、曲轴箱通风系统的拆装

1. 机油泵　机油泵的结构分成齿轮式和转子式两种。机油泵通常安装在发动机曲轴箱内，有些重型柴油机的机油泵安装在发动机缸体外。图 1-5-2 为齿轮式机油泵结构示意图。

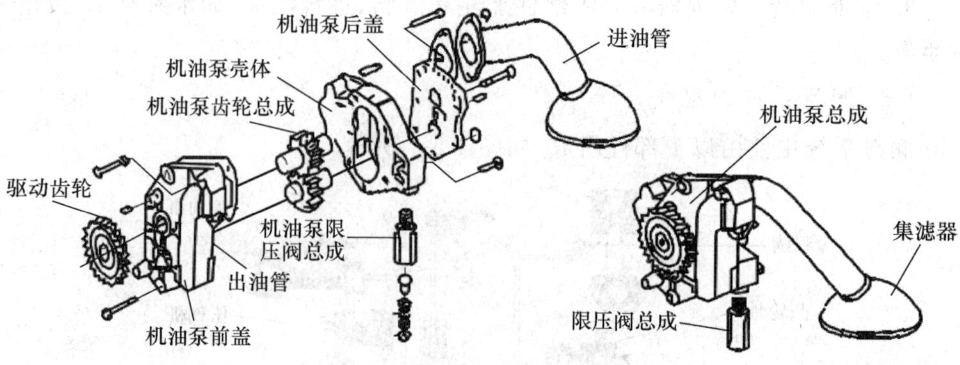

图 1-5-2 齿轮式机油泵结构

2. 机油滤清器 滤清器安装固定于发动机缸体上，如图 1-5-3 所示，由外壳、滤清器座组件和滤芯等组成。外壳通过卡圈与卡圈固定螺栓固定于滤清器座组件上，组件则固定于发动机缸体一侧。滤芯安装于外壳滤芯底座与组件端面之间。组件上设有进油孔与出油孔，分别与缸体上的油道连通。

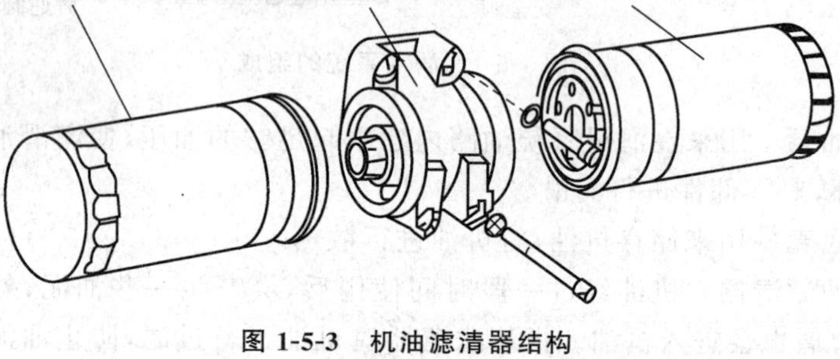

图 1-5-3 机油滤清器结构

3. 机油冷却器 大功率的柴油机由于热负荷大，在滤清器与主油道之间设有机油冷却器，利用冷却系统的冷却液对机油进行冷却，以防止机油温度过高。

机油冷却器固定在发动机缸体一侧，如图 1-5-4 所示，由芯子和壳体组成。芯子由很多散热管和散热片组成，与两端的进、出水腔连通。冷却系统的冷却液在冷却管内流动，机油在管外流动。从机油泵输出的机油进入冷却器，经过冷却的机油从冷却器输出，并进入主油道。

4. 曲轴箱通风系统 发动机在工作过程当中，汽缸内的混合气、燃烧后的废气等不可避免地会通过汽缸间隙漏入曲轴箱内。这些气体对机油的污染很大，会造成机油的使用寿命下降。曲轴箱通风系统将空气引入曲轴箱，并将曲轴箱内的

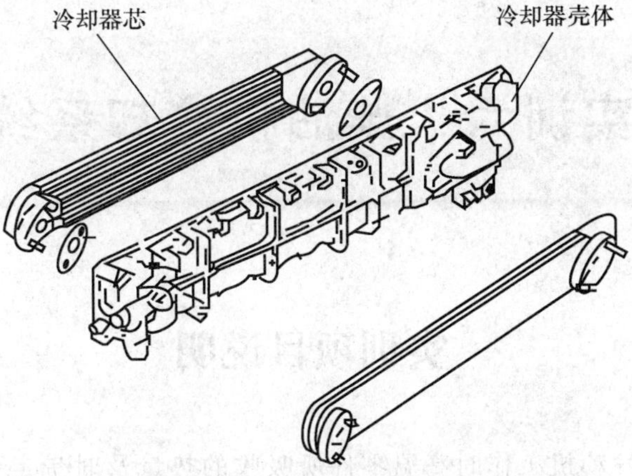

图 1-5-4 机油冷却器的结构

有机气体排出，如图 1-5-5 所示。

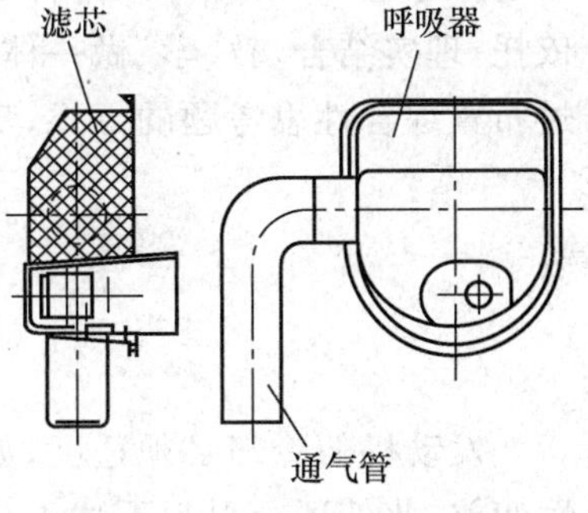

图 1-5-5 曲轴箱通风系统

润滑系统的主要部件是机油泵。实验时主要是对机油泵进行检修。将机油泵拆卸下来后，应对轮齿啮合间隙、泵体间隙、齿轮端面与泵盖之间的间隙和泵轴间隙等进行测量。即便有一项不合格，也应更换相应零部件。机油泵装合后，可以在试验台上对机油泵的泵油量和泵油压力进行检查。机油泵的泵油压力可以通过调整限压阀弹簧弹力进行调整。

四、注意事项

1. 实验时仔细观察润滑系统的组成及工作过程。

2. 拆装时正确使用各种工具。

思 考 题

1. 说出润滑系统的组成与润滑系统的油路。

2. 润滑系统的主要零部件有哪些？

实训六　柴油机冷却系统

实训项目说明

冷却系是将发动机工作时高温零件所吸收的热量及时带走，使它们保持在正常的温度范围内工作的装置。通过本教学实训项目，主要掌握发动机冷却系组成和工作原理，了解冷却系附件的拆装工艺及装配要求，技能训练时以校内实训室为依托，理实结合，教、学、做一体化。结合多媒体教学观察引导学生自主学习，并通过布置综合性思考题的方式，巩固学生的基础知识和基本技能。

基本知识

发动机的冷却必须适度，如果冷却过度，将使传热损失增加，发动机燃油经济性变差，此外还会引起下述不良后果：燃油蒸发雾化不良，燃烧恶化；低温下机油黏度增大，使摩擦损失增大；温度过低还会使气缸的腐蚀磨损加剧。这些问题都将导致发动机输出的有效功率下降，经济性变坏，使用寿命减少。现代发动机中，冷却系统带走的热量约等于发动机燃料实际放热量的1/4～1/3。

实训指导

一、实训内容要求

1. 冷却系统的组成与工作过程。
2. 冷却系统的主要零部件。
3. 冷却系统的故障诊断与检修。

二、实训设备、仪器和工具

1. 4105 柴油机　　1 台
2. 扳手　　1 套
3. 套筒扳手　　1 台
4. 大活扳手　　1 个
5. 螺丝刀(大、小)　　各 1 个
6. 手锤　　1 个
7. 克丝钳　　1 个
8. 扭力扳手　　1 个
9. 新、旧棉纱　　少量

三、实训步骤

(一)冷却系统的组成

如图 1-6-1 所示,柴油机冷却系统的组成如下所述。

1. 水套　水套分为缸体水套和缸盖水套,其中缸体水套是缸体与缸套之间的

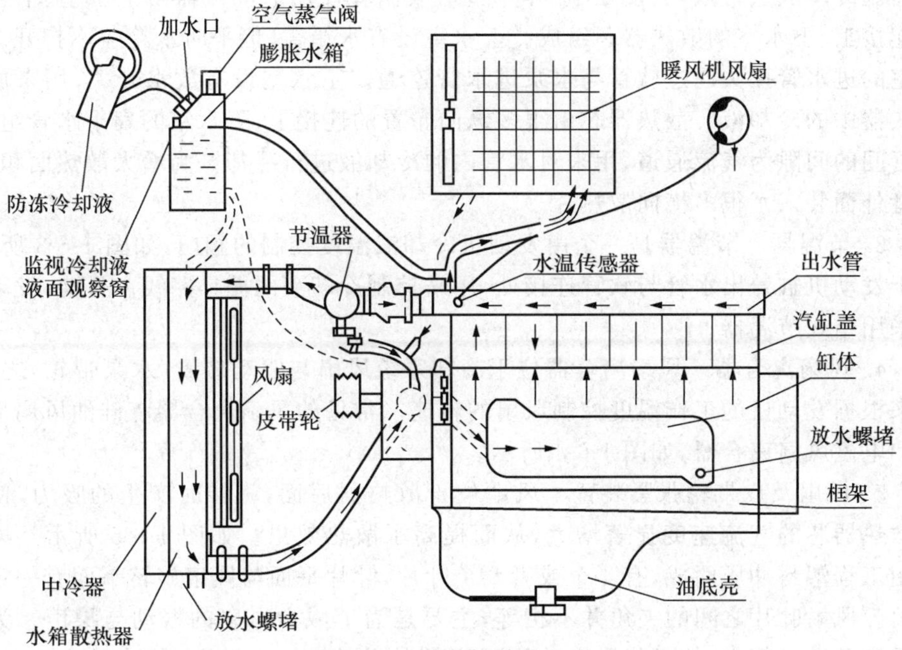

图 1-6-1　冷却系统的组成

空腔，缸盖的空腔形成缸盖水套；缸盖水套主要分布在燃烧室的周围。缸体水套与缸盖水套通过小孔连通。

2. 分水管　有些发动机设有分水管，分水管的入口与水泵出水口连通，管体插入缸体水套内。管体上的出水口将冷却液均匀分布于水套内，以便对所有汽缸进行均匀冷却。

3. 水泵　水泵固定于发动机缸体的前端，由发动机曲轴通过 V 形带驱动。水泵的进水口通过软管与散热器的水室连通，水泵的出水口直接与分水管或者水套连通。

4. 散热器　散热器位于发动机前端，用来对冷却液进行散热。散热器的上水室通过软管与发动机缸盖上的缸盖水套出水口连通，下水室与水泵连通。

5. 风扇　风扇位于散热器后端面与发动机缸体之间，以加强散热器对冷却液的散热能力。大多数载重汽车的风扇通过风扇离合器，由水泵带轮驱动。

（二）冷却系统的主要部件

1. 水泵　水泵对冷却液进行加压，维持其在冷却系统内快速循环流动。发动机采用离心式水泵，如图 1-6-2 所示。其结构简单，尺寸小，排水量大。

2. 散热器与膨胀水箱　散热器总成安装在车架上，用来对从发动机水套流出的高温冷却液进行散热，使之温度降低，继续循环使用。散热器由上水室、下水室和连接上、下水室的散热器芯组成。上水室设有水箱盖，但平时水箱盖不打开。上水室的进水管接头通过软管与水泵进水管连通。下水室设有放水开关，用来放掉散热器中的冷却液。散热器芯由很多纵向布置的连接上、下水室的扁平水管组成，水管间的间隙为气流通道，用来对水管内的冷却液进行冷却。为增大散热面积，在水管外面装入了很多横向散热片。

3. 节温器　节温器是一个由发动机冷却液温度控制的阀门，如图 1-6-3 所示。位于发动机缸盖出水管与软管连接处，用来控制冷却液的循环路线。目前，发动机上采用蜡式节温器。

4. 风扇离合器　风扇离合器位于冷却系统风扇与驱动装置（水泵带轮）之间，用来根据发动机的工作温度控制风扇的转速。常见的风扇离合器有硅油风扇离合器和电磁风扇离合器，如图 1-6-4 所示。

5. 风扇及皮带轮张紧装置　风扇位于散热器后面，旋转时产生的吸力，使通过散热器芯的气流速度显著增大，从而提高了散热效果。如图 1-6-5 所示。风扇常用工程塑料冲压而成，有 4 个或者 6 个叶片，叶片平面与风扇旋转平面有一定的夹角。风扇叶片之间的夹角并不相等，主要是为了减少风扇的振动与噪声。为增大风扇的扇风能力，从而将风扇叶片端部弯曲；同时，在风扇周围设有护围。

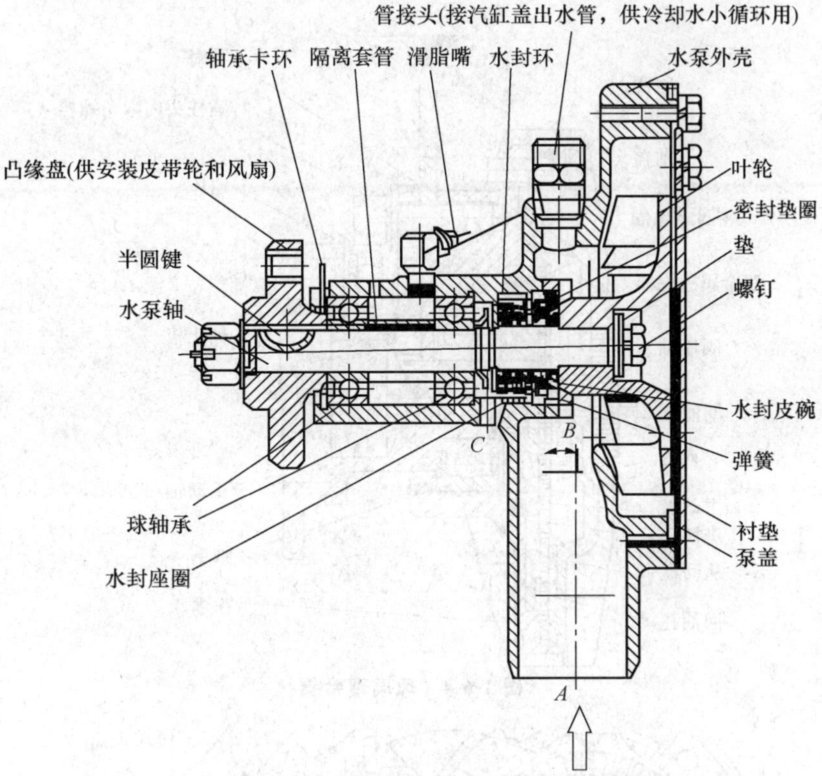

图 1-6-2 离心式水泵结构示意图

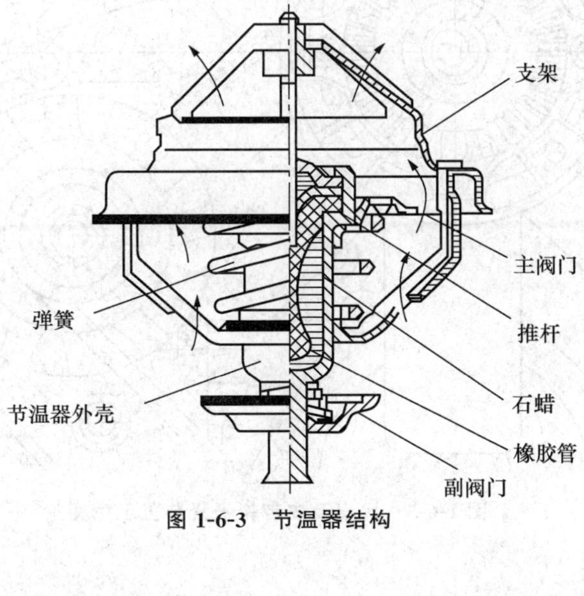

图 1-6-3 节温器结构

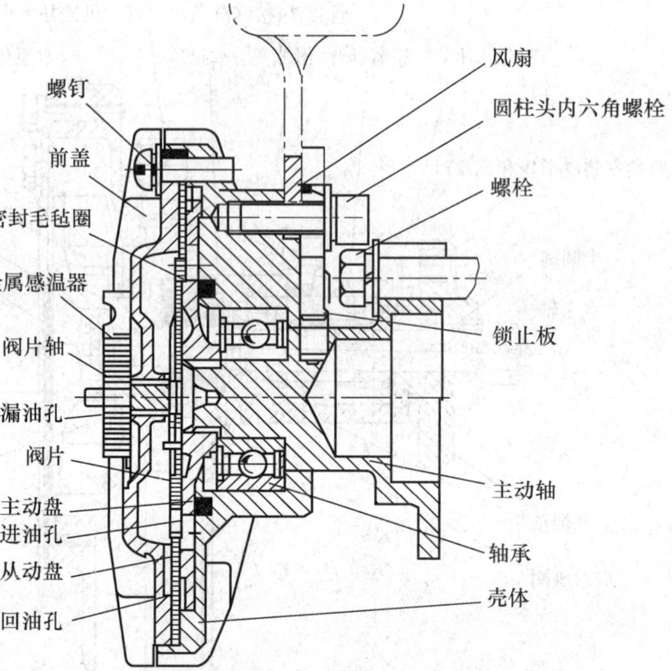

图 1-6-4 风扇离合器

图 1-6-5 风扇及皮带轮张紧装置示意图

(三)主要部件的安装与连接

1. 水泵的安装与连接 水泵进水管通过软管与散热器的水室连通,冷却液直接进入水泵腔室的中央部位。在水泵中央部位安装有管接头,通过旁通管与节温器副阀门连通。从副阀门流出的冷却液通过该管接头直接进入水泵腔室。水泵腔室后侧用泵盖封闭,泵盖上的出水口正对水泵泵腔的出水室。将水泵固定于发动机后,泵盖上的出水口与水套的分水管进水口对接。在泵壳的油封与轴承座孔之间设有泄水孔,当水封有少量的水滴泄漏时,可以从该孔泄出。若当发动机熄火后仍然有水泄出,则应拆开水泵进行修理。

2. 水泵的装配 装配水泵前,应测量各配合副轴颈与孔的尺寸,以便确定其配合间隙是否在规定范围内;水泵装合后,应检查:叶轮边缘与壳体内壁之间的间隙、叶轮端面与泵盖之间的间隙。

3. 水泵的拆卸 水泵拆卸解体时,对带轮、轴承、叶轮等均应使用专用工具进行拆卸。对油封、水封等部件也应仔细拆下,避免损坏。

4. 节温器的拆卸 节温器的上支架上有孔与通往散热器上水室的软管相通,下支架上有孔与出水管相通。出水管同时与通往水泵进水口的旁通管相通。上、下支架通过阀座连成一体,并固定于出水管内。上支架固定有中心杆,中心杆上套装有可以沿中心杆上下移动的感应体。主阀门位于感应体上部,用来控制出水管与软管之间的通路。副阀门位于感应体的下部,用来控制出水管与旁通管之间的通断。两个阀门通过弹簧单向固定于感应体,随感应体外壳同步移动。

四、注意事项

1. 装配后不能出现漏水现象。

2. 在装配过程中,按规定力矩与顺序拧紧全部螺栓,需要锁紧的螺栓要进行可靠锁紧;装配后的水泵要用润滑脂通过注油嘴加注,以进行润滑。

思考题

1. 冷却系统容易发生泄漏的部位有哪些?

2. 如何检查皮带的松紧度?如何防止因皮带打滑而使水泵工作不良?

3. 发动机过热有哪些原因?

4. 冷却液异常消耗有哪些原因?

5. 膨胀水箱“反水”会造成什么后果?

实训七　行走、转向与制动系统

实训项目说明

本教学实训项目主要掌握拖拉机行走、转向与制动系统的使用与维护；了解行走、转向与制动系统的作用、类型及构造；掌握行走、转向与制动系统的工作原理；掌握行走、转向与制动系统的拆卸与装配技能。技能训练时实现理实结合，教、学、做一体。结合多媒体课件教学，引导学生自主学习，并通过布置综合性思考题的方式，巩固学生的基础知识和基本技能。

基本知识

一、拖拉机行走系统

1. 拖拉机行走系统的组成　主要由车架、车桥、悬梁、车轮、行走装置等组成。

2. 拖拉机行走系统的功能

(1)将发动机传到驱动轮上的驱动转矩变为推动拖拉机行驶的驱动力，并使驱动轮的转动变成拖拉机在地面上的移动。

(2)传动并承受路面的作用于车轮上的各向反力及其所形成的力矩。

(3)尽可能缓解和不平路面对车身造成的冲击和振动，保证拖拉机行驶平稳性，且与拖拉机转向系很好地配合工作，实现拖拉机行驶方向的正确控制，以保证拖拉机操纵稳定性。

(4)支撑拖拉机所受的全部重力，保持各部件的正常位置。

3. 拖拉机行走系统的特点

(1)轮式拖拉机：

①驱动轮一般采用直径较大的低压轮胎，且胎面上有凸起的花纹；

②导向轮均采用小直径轮胎，且胎面具有一条或数条环状花纹，以增加防止侧滑的能力；

③有较高的离地间隙；

④拖拉机后桥上一般未安装弹性悬架和减振器，后桥与机体刚性连接，前轴与机体铰链链接；

⑤拖拉机车轮有高花纹轮胎、镶齿水田轮、水田叶轮、间隔式履带板等多种形式。

(2)履带式拖拉机：

①拖拉机全部重量都通过履带作用在地面上，接地面积大、接地比压小，下陷深度小，有较好的牵引附着性能，能适应在恶劣条件下工作；

②前导轮用来引导履带正确卷绕，不能使拖拉机转向；

③行走装置为刚性元件没有缓冲作用，所以其悬架有适当的弹性，以缓和地面对机体的冲击；

④轨距不能调整。

二、转向系统

1. 组成　主要由转向传动机构、转向器、转向操纵机构等组成。

2. 功能　控制拖拉机的行驶方向，保证拖拉机直线行驶和转向，使拖拉机能正确、安全地工作。

3. 转向方式

(1)靠车辆的车轮相对车身偏转一个角度来实现；

(2)靠改变行走装置两侧的驱动力来实现；

(3)既改变两侧行走装置的驱动力又使车轮偏转。

三、制动系统

1. 制动系统组成　主要由制动器和制动操纵机构等组成。

2. 制动系统功能

(1)使拖拉机强制减速或停车；

(2)使行驶的拖拉机可靠地停留原地；

(3)使下坡行驶的拖拉机速度保持稳定，以保证行车安全。

3. 制动系统的工作原理　利用与车身相连的非旋转元件和车轮(或传动轴)相连的旋转元件之间的相互摩擦来阻止车轮的转动或转动的趋势。以蹄式制动器为例,一个以圆面为工作表面的金属制动鼓固定在车轮的轮毂上,随车轮一同旋转。在固定不动的制动板上,有两个支承销,支承着两个弧形制动蹄的下端。制动蹄的外圆面上装有摩擦片。制动底板上还装有液压制动轮缸,用油管与装在车架上的液压制动主缸相连通。主缸中的活塞可由驾驶员通过制动踏板机构来操纵。当驾驶员踏下制动踏板,使活塞压缩制动液时轮缸活塞在液压的作用下将制动蹄片压向制动鼓,使制动鼓减小转动速度或保持不动。

实训指导

一、实训内容要求

1. 熟悉典型轮式拖拉机行走装置的组成、构造、工作原理与调整。
2. 熟悉东方红-802 履带式拖拉机行走装置的组成、构造、工作原理与调整。
3. 熟悉轮式拖拉机典型的前轮偏转转向系的组成、构造、工作原理与调整。
4. 熟悉典型轮式拖拉机制动系统的组成、构造、工作原理和调整。
5. 熟悉东方红 MF-404 轮式拖拉机转向系的组成、构造、工作原理与调整。

二、实训设备、仪器和工具

1. 履带型拖拉机

东方红-802 型拖拉机	1 台

2. 轮式拖拉机

约翰迪尔-554 型拖拉机	1 台
福田欧豹-704 型拖拉机	1 台
东方红 MF-404 型拖拉机	1 台

3. 模型

拖拉机解剖模型	1 套
气压制动系统示教板	1 套
手制动系统示教板	1 套

4. 部件

转向器:球面蜗杆滚轮式转向器、螺杆螺母循环球式转向器、全液压式转向器 各 1 个

5. 差速器

简单式差速器 2个

6. 制动器

蹄式制动器、盘式制动器和带式制动器 各1个

制动总泵与分泵 各1个

真空增压器 1个

东方红 MF-404 转向离合器 1个

7. 本实训所用仪器与工具

前轮定位测量装置 1套

东方红-802 拖拉机驱动轮轴承间隙检测专用工具 1套

东方红-802 拖拉机转向离合器专用拆装工具 1套

活扳手、板扳手、螺丝刀、钳子、手锤、钢板尺、长木尺 1套

三、实训步骤

(一)轮式拖拉机的行走装置

1. 观察车架 车架功能为支承连接车辆的各零部件,承受来自车内外的各种载荷。

拖拉机车架有全梁式车架、半梁式车架和无梁式车架三种。

全梁式车架是由两根槽钢做成的纵梁和前、后梁及前梁、后轴锁组成的一个完整的框架。拖拉机所有的零部件都安装在这个框架上。采用全梁式车架可使拖拉机各部件拆装较为方便,但金属用量多,车架在工作中的变形会使各部件的相对位置发生变化,从而破坏各零部件正常的工作条件,引起零件损坏,如图 1-7-1 所示。

半梁式车架由主要用于安装发动机的梁架,离合器壳体和传动箱体组成。这

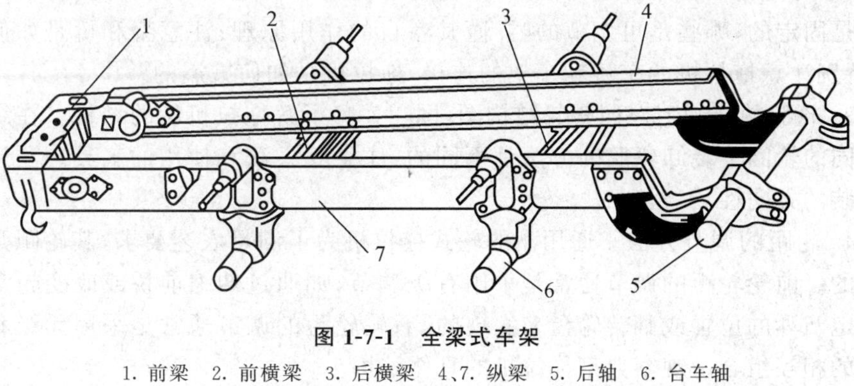

图 1-7-1 全梁式车架

1. 前梁 2. 前横梁 3. 后横梁 4、7. 纵梁 5. 后轴 6. 台车轴

种车架在拆卸发动机时不用将整个拖拉机解体,维修发动机较方便,如图 1-7-2 所示。

无梁式车架没有架梁,整个车架有各部分的壳体连接而成如图 1-7-3 所示,这种车架可简化结构,减轻拖拉机质量,节省钢材,车架刚度较好,各部件不宜产生相对位移。它的缺点是:对制造和装配技术要求较高;当拆卸某一部件时,需要整个拖拉机解体。泰山-25 型、江苏-50 型、上海-50 型采用这种车架。

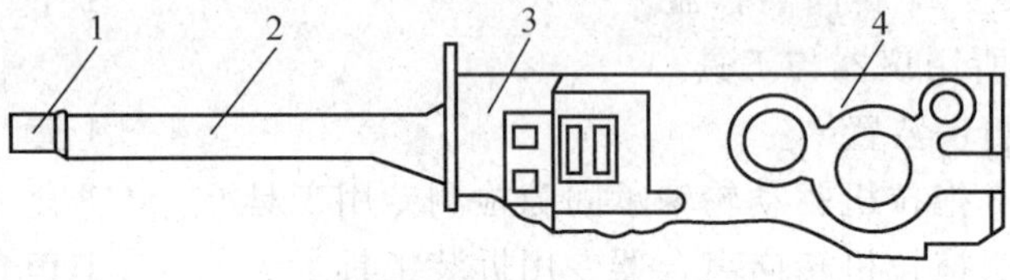

图 1-7-2 半梁式车架

1. 前梁 2. 纵梁 3. 离合器壳 4. 变速箱和后桥壳

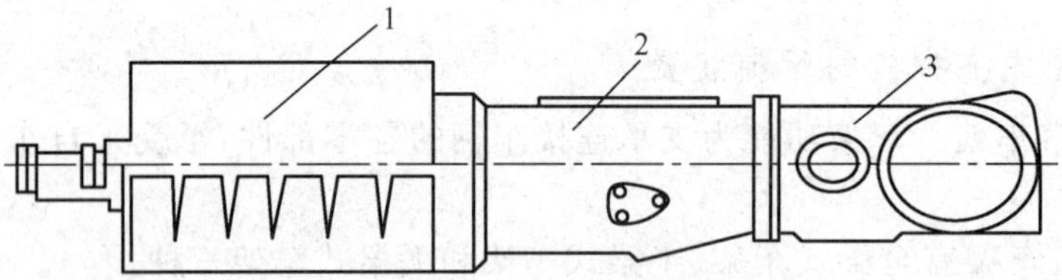

图 1-7-3 无梁式车架

1. 发动机壳 2. 变速箱壳 3. 后桥壳

观察了解三种拖拉机车架的结构,对比分析它们的特点。

2. 观察行走装置与车架的连接 轮式拖拉机的前轮装在前桥上,再与车架连接,驱动轮直接装在车架上。观察时,注意车轮与车桥连接的前轮定位,了解哪些部分是固定的,哪些是可调节的,弄懂其各自的作用原理;注意架和桥是如何连接的,特别注意拖拉机的车桥和车架的连接,拖拉机是如何减震的。

3. 轮胎的装卸 对照车轮结构图(图 1-7-4)了解拖拉机轮的结构。在结构形式不同的轮圈上装卸轮胎的方法是不同的,注意其方法和使用的工具。注意驱动轮安装的方向性。

4. 轮距的调节方法 通用型的轮式拖拉机为了满足农艺要求,其轮距是可以调节的。前轮轮距的调节通常是采用有级调节,如通过伸缩前桥或改变轮盘与轮圈固定凸耳的位置或翻转轮盘来实现的,后轮轮距的调节通常是采用无级和有级调节的相互组合。观察典型拖拉机的具体结构。

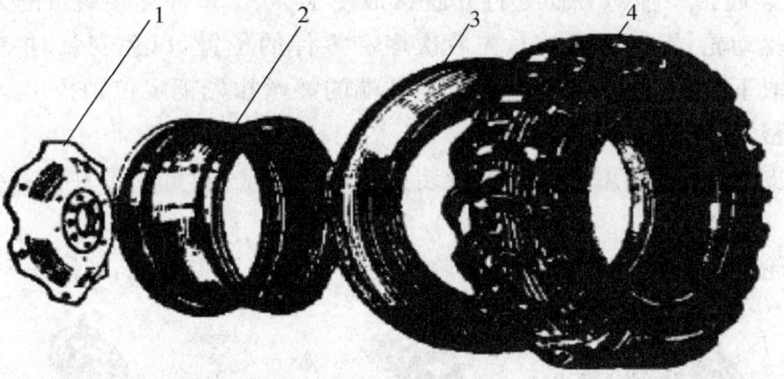

图 1-7-4 车轮结构

1. 幅板 2. 轮辋 3. 内胎 4. 外胎

观察分析获得八种轮距的调节方法，如图 1-7-5 所示。

（二）东方红-802 拖拉机行走装置

履带行走装置主要由悬架、支重台车、履带、驱动轮、张紧机构、导向轮、支重轮、台车等构成如图 1-7-6 所示。

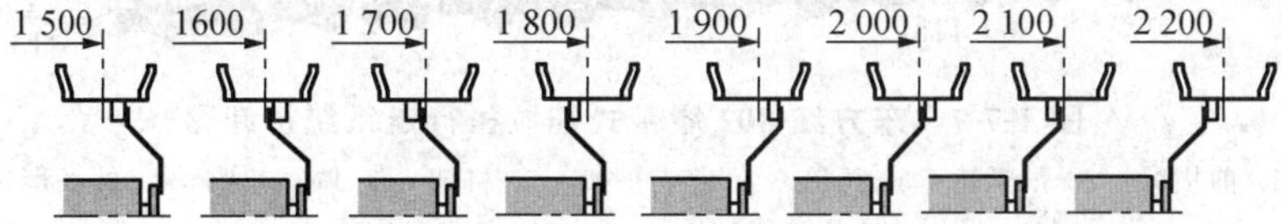

图 1-7-5 纽荷兰 110-90DT 型拖拉机后轮宽度

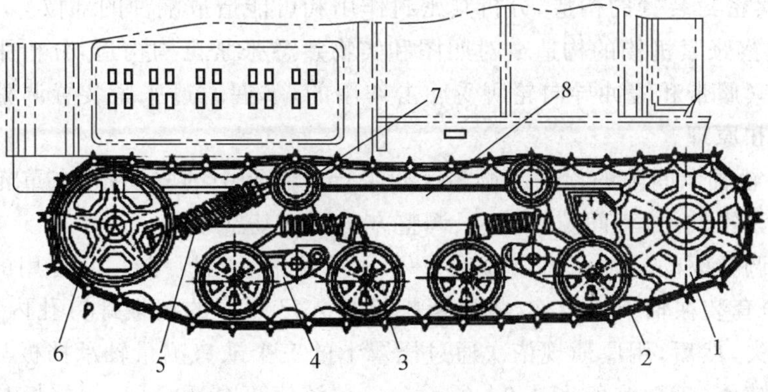

图 1-7-6 履带拖拉机行走系统结构

1. 驱动轮 2. 履带 3. 支重轮 4. 台车 5. 张紧装置 6. 导向轮 7. 托架 8. 车架

1. 拆装履带　注意在何处打开履带最便于拆装，掌握连接履带的方法。

拆装驱动轮：拆卸时要注意先后次序和零件的位置，以免安装时错装或遗漏，从轮毂上取下驱动轮时，应利用定位销外端的螺丝扣先把定位销拔出。拆卸时，进行到卸下密封装置为止。

拆装支重轮：掌握用专用工具拆装支重轮的方法，拆卸时要注意零件的位置及次序。

驱动轮与支重轮拆下后待检查调整完轴承间隙后再装上，如图 1-7-7 所示。

图 1-7-7　东方红-802 履带式拖拉机行走系统拆卸图

1. 前横梁　2. 张紧轮　3. 托轮　4. 前支重架　5. 机架　6. 调整垫圈　7. 外平衡臂　8、12. 支重轮　9. 平衡臂连接架　10. 台车　11. 台车缓冲弹簧　13. 履带

2. 观察驱动轮与支重轮密封装置的构造　拆开的驱动轮与支重轮，结合图 1-7-8，观察密封装置的构造，分析其密封作用和可能造成漏油的部位。

3. 观察张紧机构的构造　对照图和实物熟悉张紧机构构造，分析张紧机构是如何起张紧履带和缓冲导向轮所受冲击作用的，掌握通过张紧装置调整履带松紧度的方法和原理。

4. 各轮轴承间隙的检查与调整　履带行走装置中的驱动轮、支重轮和导向轮的轴承均为锥轴承，其间隙的检查、调整方法原理基本相同。

检查调整驱动轮轴承间隙，卸下一个驱动轮轴承挡板螺钉，将专用的检查压罩（图 1-7-9）套装在轴承挡板处，将压罩螺钉拧入已卸下的挡板螺钉孔内，拧至使轴承间隙消失，然后，用厚薄规依次通过压罩上的三个缺口测量轴承挡板与轴承内圈之间的间隙值，正常该值为 0.2～0.4 mm，若该值不合适，可利用挡板与轴头之间的调整垫片来调整。

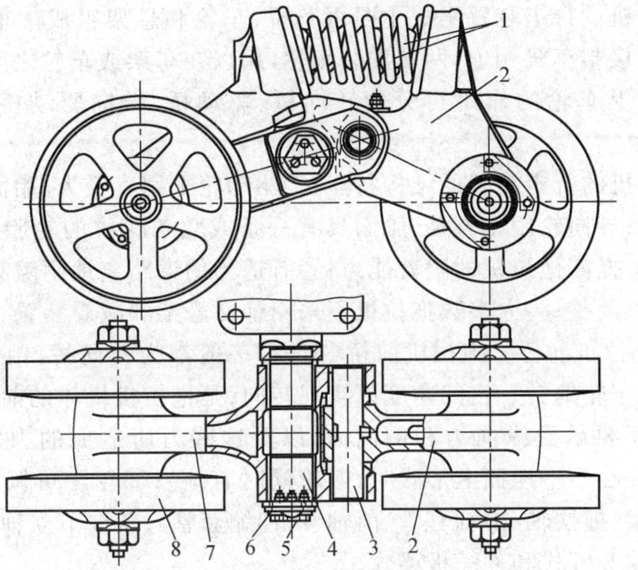

图 1-7-8 东方红-802 履带式拖拉机平衡架

1. 悬架弹簧 2. 内平衡臂 3. 销轴 4. 支重梁横轴 5. 垫圈 6. 调整垫圈 7. 外平衡臂 8. 支重轮

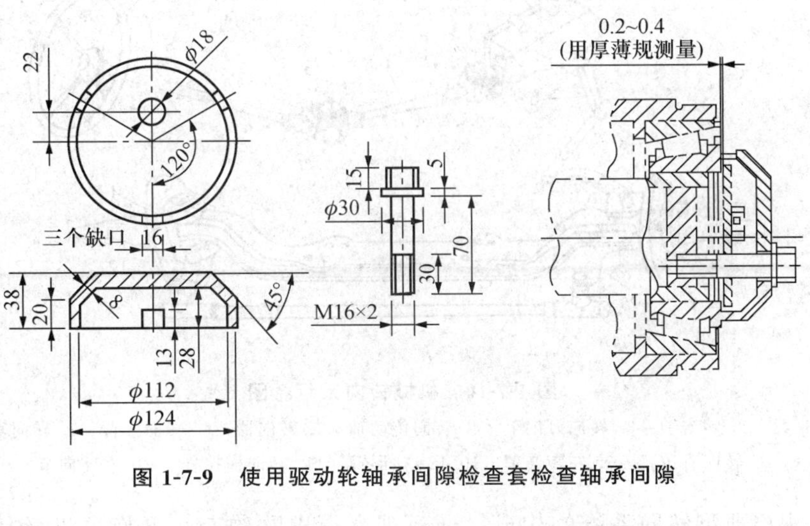

图 1-7-9 使用驱动轮轴承间隙检查套检查轴承间隙

(三)轮式拖拉机的行走装置

轮式拖拉机的行走装置组成主要由车桥、车轮和悬架组成。车桥(也称车轴)通过悬架或直接与车梁相连,两端安装车轮,用以在车架或车轮之间传递各项作用力。根据车桥上车轮的作用可分为转向桥、驱动桥、转向驱动桥和支持桥四种类型。

轮式拖拉机的行走装置的结构特点:①驱动轮采用直径大、胎面上有突起花纹的低压橡胶胎;导向轮用小直径、胎面具有一条或数条花纹的轮胎;②拖拉机质心一般靠近后轴,提高拖拉机的附着能力;③有适当的道路离地间隙和农艺离地间隙及轮距,并可以调整;④大多数拖拉机不采用弹性悬架和减震装置。

1. 观察拖拉机前桥　拖拉机前桥(前轴)一般都为转向桥,用来安装前轮,且利用转向节使车轮偏转一定的角度以实现转向;是拖拉机机体的前支撑,除了承受垂直载荷外,还要承受纵向力和侧向力,以及这些力所造成的力矩。结构特点:①可摆动(保证在不平地面上形式时,四轮同时着地);②轮距可调;③具有前轮定位。组成:托架、摇摆轴、前轴套管、前轴臂(伸缩套管)、转向节立轴、前轮轴和轮毂等。类型:伸缩套管式和伸缩板梁式。

2. 观察偏转前轮方式的轮式拖拉机转向系　偏转前轮方式的轮式拖拉机转向系的构造如图 1-7-10 所示。

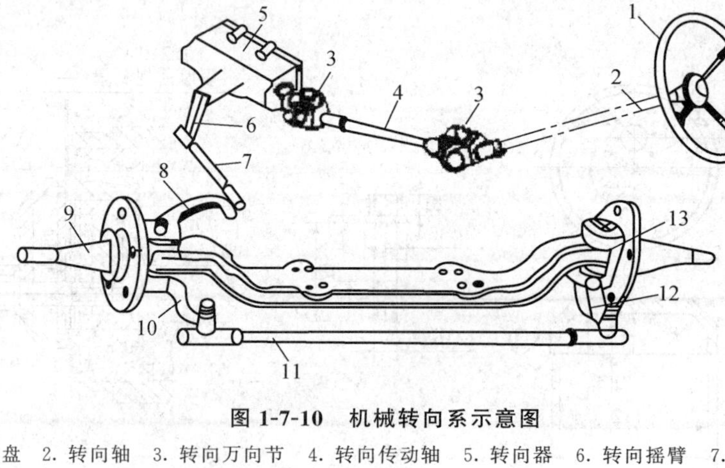

图 1-7-10　机械转向系示意图

1. 方向盘　2. 转向轴　3. 转向万向节　4. 转向传动轴　5. 转向器　6. 转向摇臂　7. 转向直拉杆　8. 转向直拉臂　9. 左转向节　10、12. 梯形臂　11. 转向横拉杆　13. 右转向节

3. 观察典型转向系统的构成　通过观察福田欧豹-704 型拖拉机、约翰迪尔-554 型拖拉机等应用偏转前轮转向方式的典型车辆的转向系统,了解其总体组成,

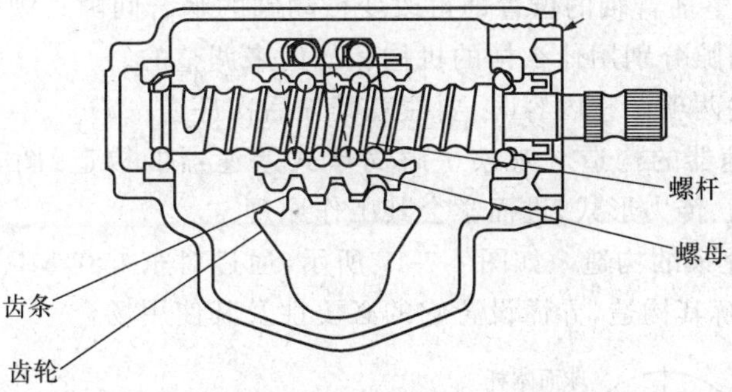

图 1-7-11 螺杆螺母循环球式转向器

要特别留意其传动关系，以及转向梯形机构的布置，对比分析。

4. 观察典型转向器的构造 常用典型的转向器有：球面蜗杆滚轮式、螺杆螺母循环球式（图 1-7-11）、曲柄指销式和全液压式转向器（图 1-7-12）等。参照挂图以及教材图，拆开转向器观察其构造，对于前 3 种转向器，观察构造时应注意其传动作用的性质和调整机构，并分析其可逆程度和角传动比；对于全液压式转向器，观察构造时要注意方向盘与控制阀阀体之间、计量转子与控制阀阀套之间以及控制阀阀体与阀套之间的机械联系和转向器中的油道。分析控制阀处于中立位置与左、右转向时油流的路线以及随动作用，即操纵程度与转向程度的对应关系。最后分析其当液压油泵失效时，如何实现人力转向。

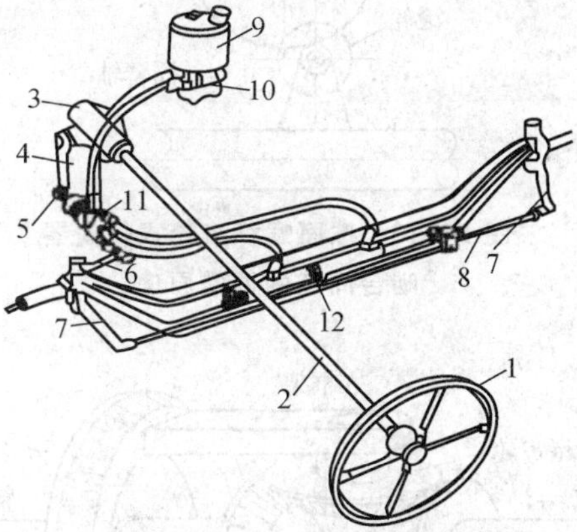

图 1-7-12 动力转向系统示意图

1. 方向盘 2. 转向轴 3. 机械转向器 4. 转向摇臂 5. 转向主拉杆 6. 转向节 7. 梯形臂 8. 转向横拉杆 9. 转向油罐 10. 转向油泵 11. 转向控制阀 12. 转向动力缸

5. 转向器轴承间隙与啮合间隙的调整 转向器的调整包括锥轴承间隙和传动副啮合间隙的调整两部分。

锥轴承间隙的调整是通过改变调整垫片的厚度或拧转调整螺丝等方法来实现的，实训时注意观察它们是如何实现的。

传动副啮合间隙的调整是利用蜗杆与蜗轮（或相当于蜗杆、蜗轮）间的靠近或离开来实现的。例如，球面蜗杆滚轮式转向器，其蜗杆与蜗轮的位置关系如图 1-7-

13所示，轴向调整摇臂轴的位置即可改变传动副的啮合间隙。观察实训用转向器的传动副啮合间隙分别用什么样的机构和如何来调整的。

在进行上述两项调整内容时，要注意其先后次序。

6. 观察差速器的构造　观察了解简单式差速器的构造（图1-7-14至图1-7-16），分析其运动、传力形式，进而学会其工作原理。

7. 观察差速锁的构造　如图1-7-17所示，通过对东方红MF-404型拖拉机差速锁的观察，了解其构造，弄懂设置它的必要性及其使用场合。

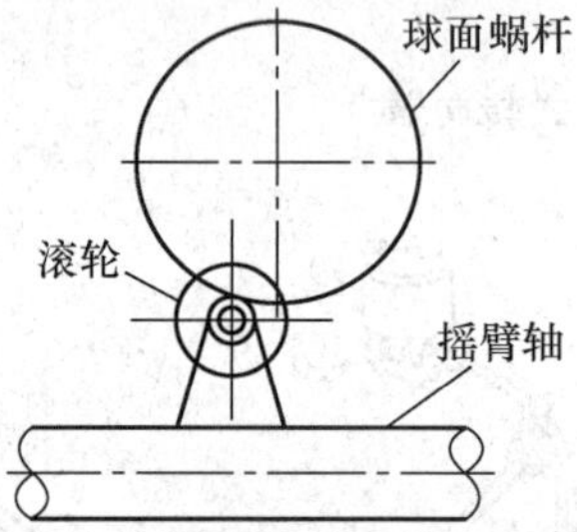

图1-7-13　球面蜗杆滚轮式转向器啮合间隙的调整原理

图1-7-14　拖拉机后驱动桥差速器

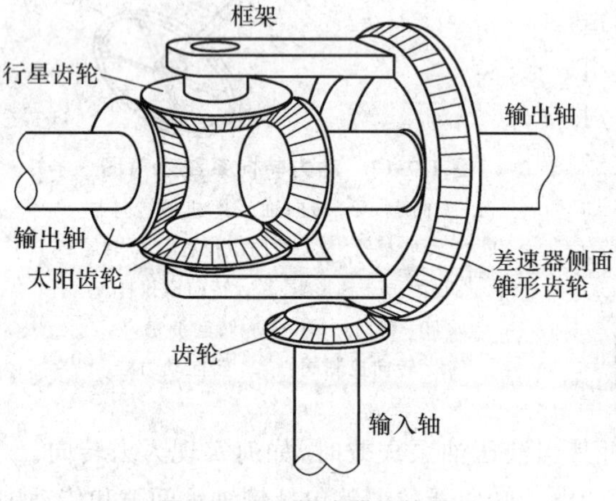

图1-7-15　差速器结构图

图1-7-16　差速器拆解图

（四）轮式拖拉机的制动系统

1. 观察拖拉机制动系统的总体构成　通过对福田欧豹-704型拖拉机、东方红MF-404型拖拉机、约翰迪尔-554型拖拉机等典型轮式车辆制动系统的观察，了解其组成及其布置型式。

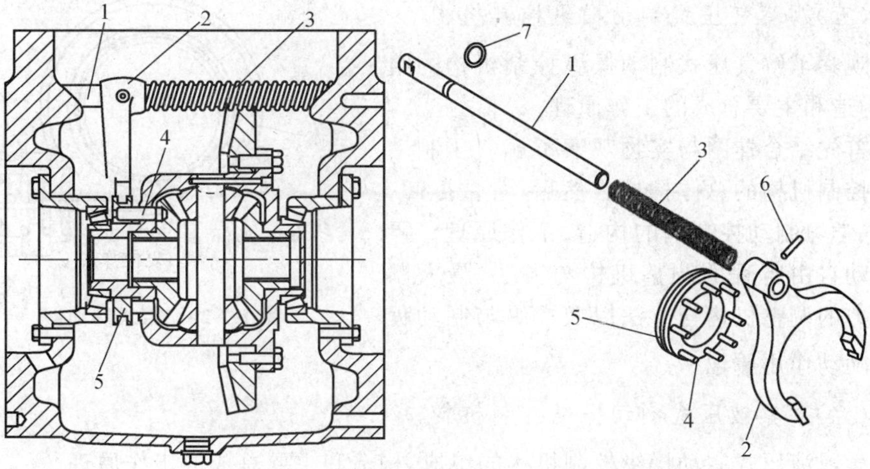

图 1-7-17 SNG800 型拖拉机防滑差速器差速锁结构

1. 差速锁轴 2. 差速锁拨叉 3. 弹簧 4. 差速锁销 5. 差速锁滑套 6. 销 7. O 形圈

2. 观察制动器 通过观察蹄式、盘式和带式制动器(图 1-7-18 至图 1-7-20)的构造,学习其工作原理。

对照实物,结合挂图学习各种类型制动器的构造,弄懂其工作原理。尤其是对盘式和蹄式制动器要搞清其自行增力作用是如何实现的。

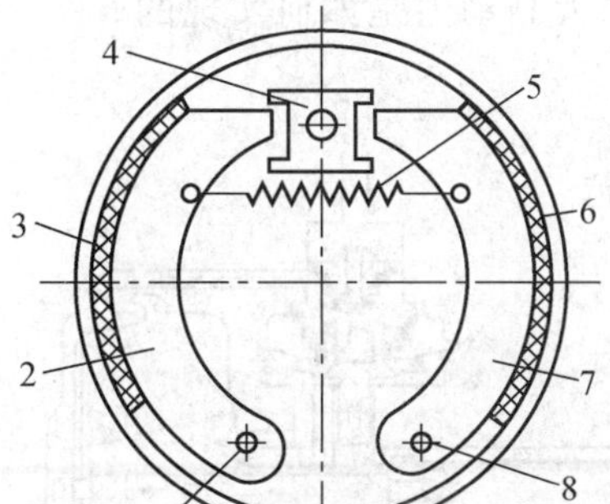

图 1-7-18 蹄式制动器

1、8. 销轴 2、7. 制动器 3、6. 摩擦片
4. 油缸 5. 弹簧

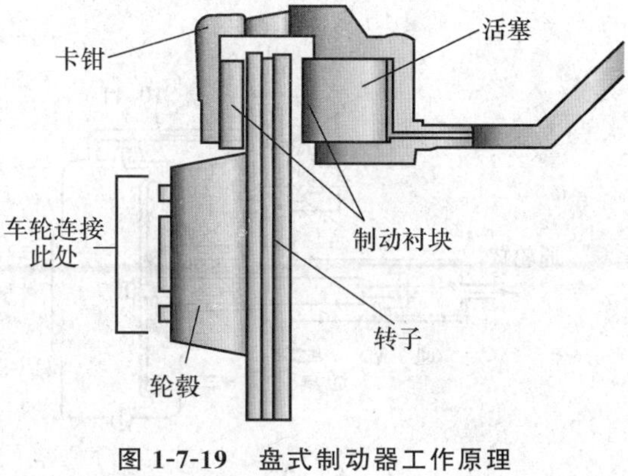

图 1-7-19 盘式制动器工作原理

3. 观察典型制动器的制动间隙调整机构 根据典型的盘式和蹄式制动器的总体结构和其摩擦材料元件的受力情况,分析其磨损后制动间隙将如何变化,结合典型实物观察其调整机构,分析了解相应制动器的制动间隙是如何调整恢复的。

(五)观察气压式制动操纵控制机构

观察了解气压式制动操纵控制机构的组成、构造和主要总成的工作原理。

首先结合挂图与实物观察了解气压制动操纵控制机构的总体构成。然后,着重拆卸、观察、学习制动控制阀的构造、工作原理。弄懂制动自由行程的调整机构与方法,最大制动压力的调整机构与方法以及操纵与制动程度的随动作用原理。

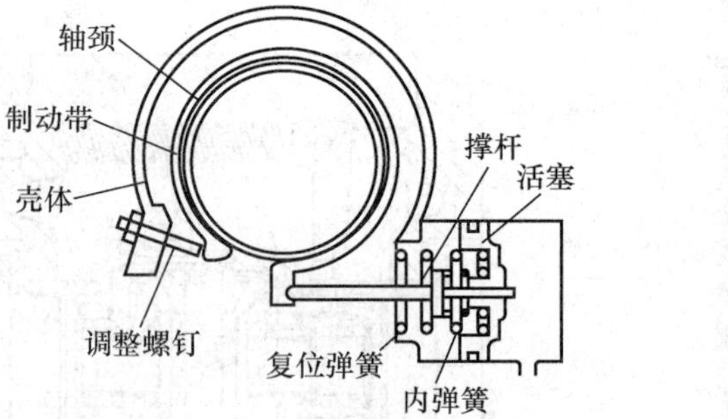

图 1-7-20 带式制动器

(六)观察液压式制动操纵控制机构

学习液压式制动操纵控制机构的组成、构造和主要总成的工作原理。

结合液压式制动操纵机构实物,观察了解其操纵控制机构的总体构成与布置形式。然后,着重观察拆装学习其制动总泵、分泵(轮缸)和真空增压器的构造和工作原理,在学习总泵时参考挂图,注意贮油室与泵腔之间的两个孔和活塞上六个小孔(单向阀)的作用,分析其随动作用原理。观察轮缸的构造,分析其放气孔的作用。

学习真空增压器时,结合图 1-7-21 拆装真空增压器实物,认识其构造,分析其工作原理,注意分清其气路与油路,着重弄清其加大制动力是如何实现的。

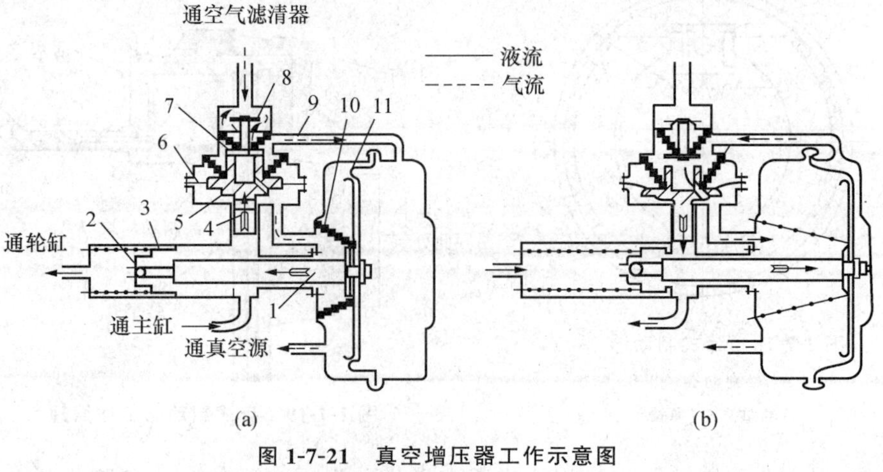

图 1-7-21 真空增压器工作示意图

(a)踏下制动踏板 (b)放开制动踏板

1. 推杆 2. 球阀 3. 辅助缸活塞 4. 控制阀活塞 5. 膜片座 6. 控制阀膜片 7. 真空阀 8. 空气阀 9. 通气管 10. 加力气室膜片回位弹簧 11. 控制阀活塞

(七)东方红-802 拖拉机的转向系统

1. 观察转向系统　结合东方红-802 拖拉机解剖模型观察了解其组成与布置形式,回顾其转向方式,分析其转向离合器和制动器在各种转向工况下所起的作用,进一步明确其操纵机理。

2. 拆装转向离合器　参考挂图或教材图,拆装转向离合器,因其弹簧的预紧力很大,故需利用专用工具进行拆装。用专用工具将弹簧座压下,取出锁瓣,即可取下弹簧。拆卸时要注意防止压下弹簧座而锁瓣不露出现象,组装时要注意防止组装后从动鼓不能从主动件上取下的问题。

制动器的调整体现在制动踏板的自由行程上,其正常值应为 65～85 mm。否则,应调节制动带与制动鼓之间的间隙。该间隙要在两处调整:制动带固定端与中间段。固定端的调整是在放松制动器时制动器拐臂后倾 15°的情况下进行的,这时将制动带固定端的拉紧螺母拧紧到底后往回退 6～7 圈即可。然后将制动踏板踩到底并锁住,将调整螺钉 10 拧到底,再退回 1～1.5 圈,这样就可保证制动带中段的间隙。

思考题

1. 简述车架的分类及各自特点。

2. 简述拖拉机行走系统的组成。

3. 前轮定位参数有哪几个? 各自的作用是什么?

4. 轮胎的分类及表示符号是什么?

5. 轮距调整方法有哪几种?

6. 东方红-802 履带式拖拉机驱动轮轴承间隙过大,是增加还是减少垫片?

7. 简述东方红-802 履带式拖拉机转向操作过程。

8. 轮式拖拉机转向系统由哪些主要部件组成?

9. 简述转向器的分类及各自特点。

10. 简述简单差速器的工作原理。

11. 东方红-802 履带式拖拉机下陡坡转向时,仅操纵转向离合器,如果要向左转弯,应切断哪一侧离合器?

12. 制动器的分类、特点是什么?

13. 制动的传动机构有哪几种?

实训八　传动系

实训项目说明

本教学实训项目属于技能训练模块，主要是掌握拖拉机传动系的使用与维护；了解传动系的作用、类型及构造；掌握传动系的工作原理，同时掌握传动系的拆卸与装配技能。技能训练时以校内实训室和实训基地为依托，理实结合，教、学、做一体化。结合多媒体教学、实验观察引导学生自主学习，并通过布置综合性思考题的方式，巩固学生的基础知识和基本技能。

基本知识

拖拉机传动系分为机械式、液压式和液力式等几种，其中应用最广泛的是机械式。

轮式拖拉机的传动系主要由离合器、变速箱、中央传动、最终传动等组成；履带式拖拉机的传动系主要由离合器、变速箱、中央传动、最终传动、转向机构等组成。

离合器起切断与平顺结合动力的作用；变速箱用来实现变速变矩（换挡）、倒车和停车；中央传动是由一对圆锥齿轮传动，起降低转速、增大扭矩以及将动力旋转平面变 90°角的作用；最终传动起减速、增矩作用。跟中央传动大圆锥齿轮装配在一起的差速器，使两驱动轮在必要时可以不同的转速转动，以利于拖拉机转向。通常将中央传动、差速器、最终传动和安装这些部件的壳体称为后桥。履带式拖拉机与轮式拖拉机的主要差别是在后桥中没有差速器，而是装有左、右两个转向离合器。

1. 作用　拖拉机传动系就是通过减速增矩、变速变矩、切断与平顺接合传动力等将发动机的动力按工作需要和使用要求传给拖拉机的驱动轮，以解决发动机性能与拖拉机使用要求之间的矛盾。

2. 功能

(1)增扭减速:发动机飞轮的转速比较高,它所传动出的扭矩比较小,如果把这样的转速和扭矩不加变更地直接传给驱动轮,那么驱动轮与地面相互作用后,只能产生很小的推动力,拖拉机无法行进。例如,东风-50 型拖拉机柴油机在标定工况下的扭矩为 175.6 N·m,如将该扭矩直接传给驱动轮,则该拖拉机只能产生 256 N 的驱动力,这连维持拖拉机自身前进也不可能。因此,发动机和驱动轮之间的传动应当有适当的传动比,增大驱动轮扭矩,减小驱动轮转速。

(2)变扭变速:拖拉机进行不同作业时,需要与阻力不同、作业速度要求不同的农机具配套使用,可是拖拉机的发动机最好在标定工况下工作,这时发动机的功率最大而油耗率接近最低。标定工况的扭矩和转速是一定的,为了适应不同农机具工作阻力和作业速度的要求,发动机和驱动轮之间的传动不仅应当有适当的传动比,而且该传动比应当在适当的范围内可以变更。

(3)改变旋转方向:拖拉机不仅要能向前行进,有时也需要倒退,可是发动机是不能倒转的,因此这项要求就只能由传动系(变速箱)来满足。

(4)改变旋转平面的方向:在大多数拖拉机上,发动机是纵向布置的。飞轮的放置平面是横向的,可是驱动轮的旋转平面是纵向的。因此传动系(中央传动)应具有将前者转过 90°来适应后者的能力。

(5)离合传动:拖拉机的行驶需要时驶时停,而发动机的启动并不是轻而易举的,因此不能频繁地时转时停。目前,一般是在发动机启动后,除非要较长时间停车,才使其停转;否则,总是使其不断地运转。而拖拉机的驶、停,靠传动系中的机构(离合器)来解决。

3. 拖拉机传动系的工作原理　发动机的动力从飞轮传出后,首先传动到离合器。离合器结合时,动力经离合器传到变速箱。变速箱挂上挡时,动力经变速箱传到中央传动;再由中央传动分左、右两边把动力传到左、右两驱动轮。在拖拉机上一般在离合器和变速箱之间有一联轴节,以保证离合器轴和变速箱轴安装得不完全同心时能正常传动。为了取得较大的传动比,在中央传动和驱动轮之间往往还有一级或一级以上减速,称为最终传动。轮式拖拉机的中央传动、最终传动、车轴,加上转向用的差速器组成后桥;履带式拖拉机的中央传动、最终传动、车轴,加上转向用的转向机械组成后桥。

实训指导

一、实训内容要求

1. 观察典型拖拉机传动系的结构，比较不同拖拉机传动系的异同点。

2. 观察典型拖拉机的离合器结构，掌握其工作原理，并进行典型拖拉机离合器的检查与调整。

3. 观察和分析各典型万向节与联轴器，掌握其构造及工作原理，熟悉其适用范围。

4. 通过对典型拖拉机变速箱的分析研究，掌握各种变速箱的结构特点，绘制不同挡位的传动线路图，掌握变速箱的操纵装置及典型同步器的结构，了解负载换挡变速箱及自动换挡变速箱的工作原理。

5. 观察典型拖拉机的后桥结构，掌握中央传动及最终传动的分类方法，在典型拖拉机上对中央传动进行简要的调整。

传动系实训安排 8 学时，具体分配如下：

二、实训设备、仪器和工具

1. 典型拖拉机	共 7 台
2. 单作用离合器	2 套
3. 双作用离合器	1 套
4. 杠杆压紧离合器	1 套
5. 典型万向节及联轴器	各 1 套
6. 典型变速箱	共 4 套
7. 典型同步器	2 套
8. 拆装工具	1 套

三、实训步骤

(一)典型拖拉机的传动系总体布局观察

结合典型拖拉机传动系的观察，了解传动系各部件的安装位置、连接关系及其不同点(图 1-8-1)。

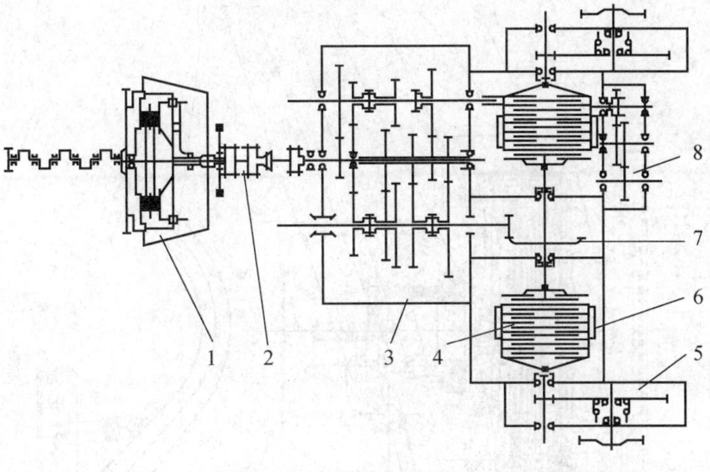

图 1-8-1 传动系简图

1. 离合器 2. 传动轴 3. 变速箱 4. 转向离合器 5. 最终传动 6. 制动器 7. 中央传动 8. 动力输出

（二）典型离合器的结构学习与实车调整

1. 对照典型离合器的实物图 1-8-2、结构图 1-8-3 与实物，观察分析典型离合器的结构，装配关系，接合、分离的工作过程，并进行必要的拆装。

2. 观察杠杆加压式离合器的构造，分析观察其接合及分离工作过程，摩擦片磨损后应如何调整。

图 1-8-2 拖拉机双作用离合器

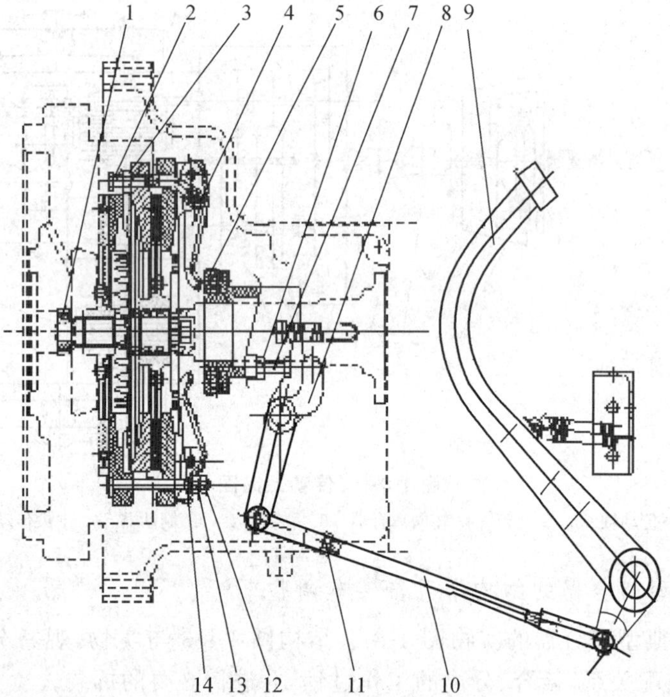

图 1-8-3　拖拉机双作用离合器结构图

1. 轴承　2. 主离合器调整螺钉　3. 锁紧螺母　4. 主离合器分离杠杆　5. 分离轴承　6. 锁紧螺母　7. 调整螺钉　8. 分离叉摇臂　9. 离合器踏板总成　10. 拉杆　11、12. 锁紧螺母　13. 球头螺母　14. 副离合器分离杠杆

3. 观察带扭转减振器的从动片和膜片弹簧的结构,分析它们的作用原理。

4. 东方红-75 型轮式拖拉机主离合器的实车检查与调整。

将变速杆置于空挡位置,卸下发动机左侧罩板和离合器检视口盖板,按下述步骤进行检查调整:

(1)检查和调整离合器踏板的初始位置　离合器踏板正确的初始位置如图 1-8-4 所示,此时联锁推杆 9 的后端联锁轴杠杆应紧靠变速箱右侧定位凸起上,离合器踏板 2 的顶端后棱与转向操纵杆的前棱间的距离为 20～25 mm,如不符合,调节联锁推杆 9 上的调节叉 8,改变推杆长度以满足上述要求。

(2)分离轴承原始位置的检查与调整　离合器踏板处于初始位置时,离合器分离轴承正确的原始位置是由小制动器的主动盘与制动盘间的自由间隙来确定的,其值应在 7～8 mm(图 1-8-5),可用专用塞规或 150 mm 钢板尺检查。如不符合,可拧动离合器拉杆调节叉 5 或 7(图 1-8-4)进行调节。

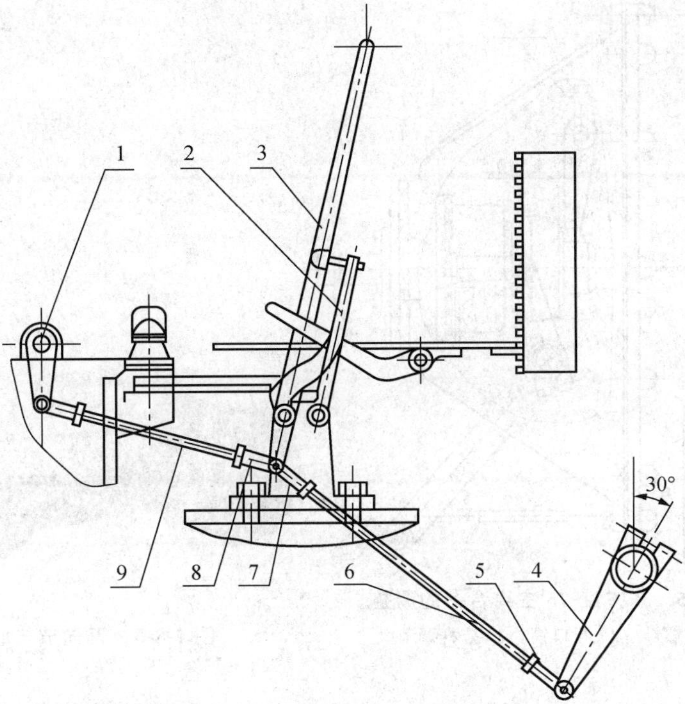

图 1-8-4 离合器踏板的初始位置

1. 联锁轴杠杆 2. 离合器踏板 3. 操纵杆 4. 离合器杠杆 5、7、8. 调节叉 6、9. 联锁推杆

(3)检查和调整分离杠杆与分离轴承间的间隙 当离合器接合时,此间隙值为(3.5±0.5) mm,可用于 3～4 mm 量规检查。相应的踏板自由行程是 30～35 mm,三个分离杠杆头与分离轴承的间隙相差不应超过 0.5 mm,若不符合,拔出调整螺母 1 上的开口销 2,旋出调整螺母间隙增大,反之减小。若分离杠杆跟着转动,可用 9 mm 薄扳手卡住,待调整合适后,应重新用开口销锁定。

在进行上述操作过程中,应千万注意勿使工具、量规等小零件落入离合器壳体中。调整完毕后应将离合器罩盖及发动机侧盖板安装好,清点工具,清理现场。

(三)观察万向节与联轴器

通过对弹性联轴器,十字万向节,球叉和球笼式等速万向节(图 1-8-6、图 1-8-7)的实物观察分析,熟悉其构造、工作原理及适用范围(举例说明)。

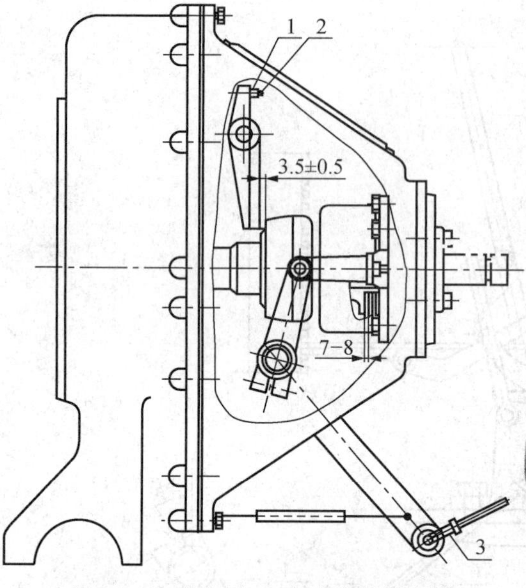

图 1-8-5　东方红-75 主离合器的调整

1. 调整螺母　2. 开口销　3. 拉杆调节叉

图 1-8-6　万向节与联轴器

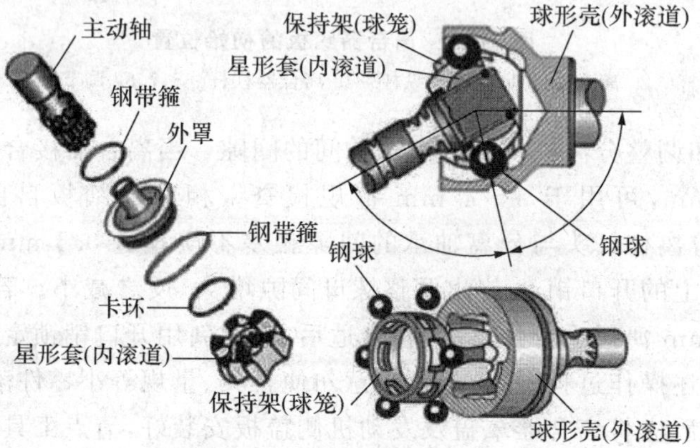

图 1-8-7　固定型球笼式等速万向节

(四)变速箱的构造观察

1. 对照实物,观察东方红-75 简单式五挡变速箱的各挡传动路径;分析锁定、互锁与联锁机构的结构与工作原理。

2. 观察组成式变速箱,利用图 1-8-8、图 1-8-9 研究东方红 MF-404 十二挡组

图 1-8-8 东方红 MF-404 变速箱

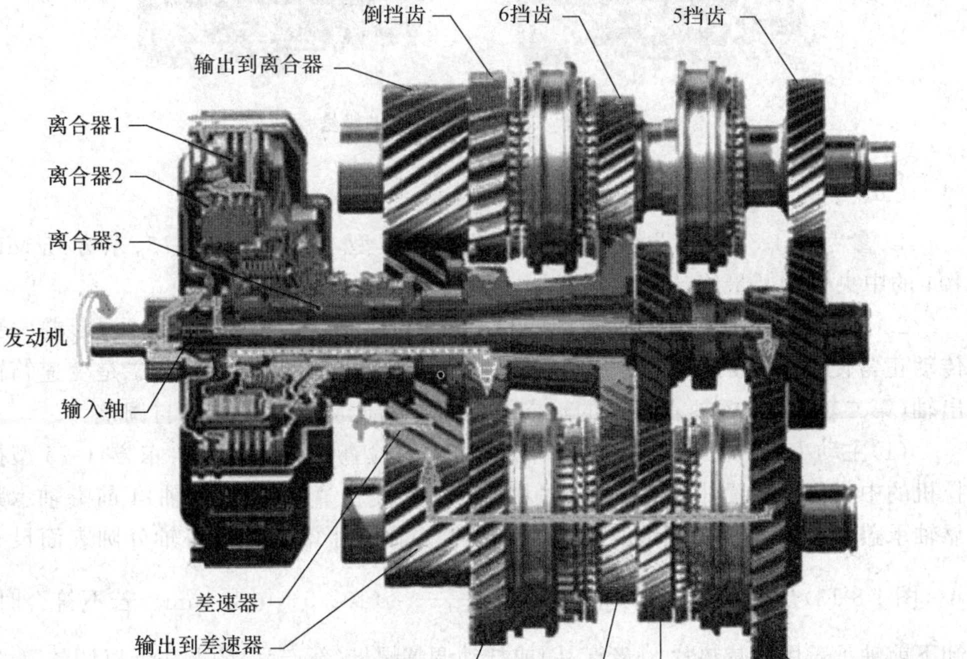

图 1-8-9 拖拉机变速箱结构

成式变速箱的结构，弄清它是如何在保持原五挡变速箱工艺性基础上改进而成的。

3. 观察拖拉机变速箱的锁环式惯性同步器结构(图 1-8-10)与工作原理。

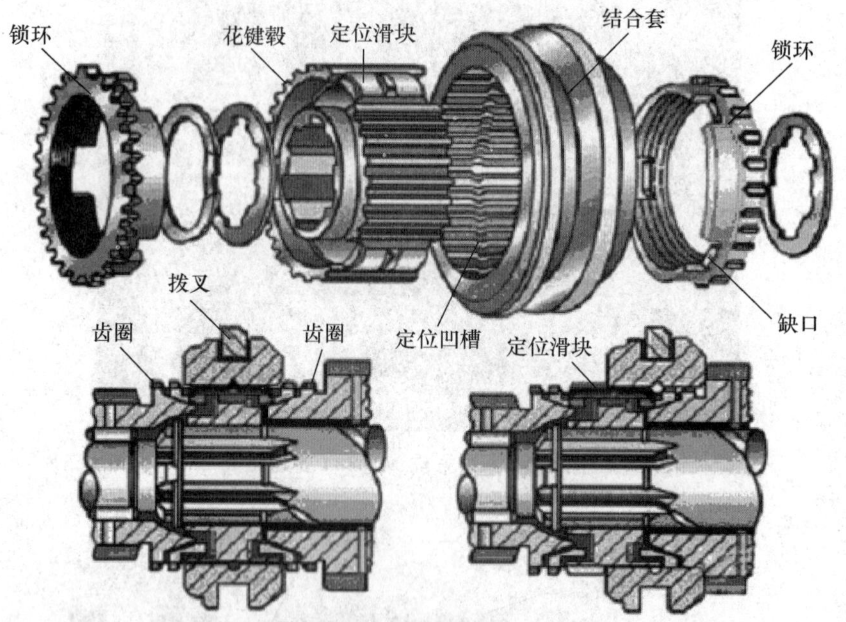

图 1-8-10 锁环式惯性同步器结构

(五)中央传动的构造与调整

1. 参考图 1-8-11 与两台解剖拖拉机实物模型，观察东方红-75、东方红 MF-404 的中央传动及最终传动结构和调整原理。

2. 东方红-75 拖拉机中央传动的检查和调整　长期使用实践证明，影响中央传动正常使用的因素有两个：一是保证齿轮副具有良好的啮合印痕，二是变速箱输出轴(第二轴)和后桥轴有合适的轴向游动量。为此应作下述检查与调整：

(1)主动小锥形齿轮至后桥轴中心线距离的检查与调整　观察东方红-75 型拖拉机的中央传动装置(图 1-8-12)。可用撬杠使变速箱第二轴(输出轴)4 前端轴承紧靠轴承盖 1，然后用卡尺或卡钳测量主动小锥形齿轮小端面至后桥轴外圆表面尺寸 A_1(图 1-8-13)，测量后桥轴的外径“A”，$\frac{A_1+A}{2}=(102.5+0.3)$ mm。若不符合时，卸下前轴承盖用增减垫片 3(老产品)或拧动调整螺母(新产品)的办法予以调整。

(2)变速箱输出轴轴向游动量的检查与调整　重复第(1)项做法，测得“A_1”值，再用撬杠卡在小锥形齿轮大端面、将变速箱输出轴向后桥轴方向撬动，用同样

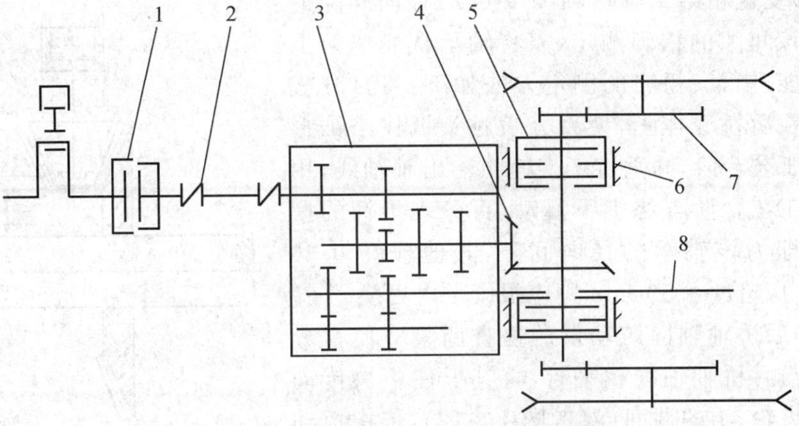

图 1-8-11 履带式拖拉机传动系统简图

1. 离合器 2. 联轴器 3. 变速箱 4. 中央传动 5. 转向离合器 6. 制动器 7. 最终传动 8. 动力输出轴

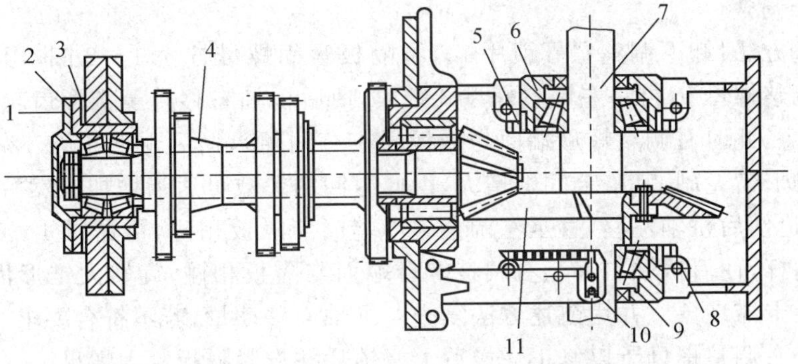

图 1-8-12 东方红-75 型拖拉机的中央传动装置

1. 轴承盖 2、3. 垫片 4. 变速箱第二轴 5、8. 调整螺母 6、9. 轴承座 7. 横轴 10. 锁片 11. 中央传动大锥形齿轮

方法测得尺寸“A_2”，A_2-A_1 即为小锥形齿轮轴的轴向游动量，其正常值应为 0.15～0.30 mm，否则应卸下轴承盖 1，按所测得数据大小，用增减垫片 2 的办法予以调整。

也可将百分表磁性架吸附在后桥壳体上，使百分表触头与变速箱输出轴轴线平行地抵在小锥形齿轮的端面上，用撬杠将变速箱输出轴前后撬动的方法来测量该轴的轴向游动量大小，百分表上反映出来的摆动量，即为变速箱输出轴的游动量大小。

(3)变速箱第二轴后轴承(N612)径向间隙的检查　该间隙的精确测定,需将轴承从变速箱上拆下方能进行。粗略的测定方法如下:将百分表架固定在后桥壳体上,使百分表触头抵住小锥形齿轮的工艺台阶,并垂直于变速箱输出轴轴线,用撬杠在工艺台阶下缘上下撬动,百分表指针的摆动范围即为该轴承的径向间隙,其值应在 0.30 mm 以内,超过 0.50 mm 则应报废予以更换。

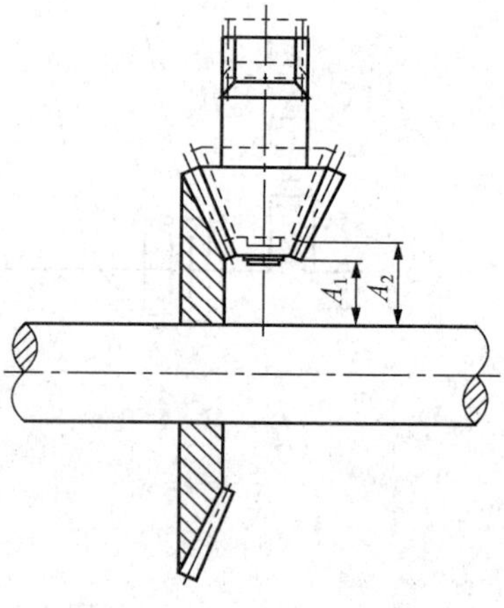

图 1-8-13　主动小齿轮轴向游动量的尺寸

(4)后桥轴轴向游动量的检查调整　使百分表触头与后桥轴轴线相平行,将其抵住中央传动大锥形齿轮 11 的端面(参考图 1-8-12),依次扳动左、右转向离合器的操向杆(或用撬杠左、右撬动大锥形齿轮),此时,百分表针摆动量即为轴向游动间隙,此值应在 0.15～0.30 mm 范围内,不符合时应予调整。

调整方法:卸下调整螺母锁片 10,将隔板紧固螺母拧松 1～2 圈,用钩形扳手拧出右调整螺母 5,再将左调整螺母 8 拧紧,使后桥轴右移直至锥形齿轮副无齿侧间隙(注意:此时右调整螺母端面与隔板间应有间隙),而后退回 10～12 个牙。磨损后的锥形齿轮副,其啮合间隙增大,因此退回的牙数可适当增加。然后拧紧右调整螺母,迫使后桥轴左移,直至左调整螺母端面与隔板相碰,再退回 4～5 个牙,扳动左操向杆,使后桥轴右移至右调整螺母端面与隔板相碰,旋转大锥形齿轮一周,观察有无卡滞现象。并用前述方法复查一下轴向移动量,若不符合要求,可再次拧紧或拧松右调整螺母予以修正。最后上好锁片并拧紧隔板紧固螺母。

(5)锥形齿轮副啮合印痕的检查与调整　检查或调整啮合印痕时,首先要保证前进挡工作面的啮合印痕,在此前提下,兼顾倒退挡工作面的印痕和齿侧间隙。东方红-75 拖拉机的中央传动齿轮为圆弧线锥齿轮,螺旋角 25°,工厂提供的标准啮合印痕长度不小于 25 mm,距小端 10～12 mm,位于齿高中部。

印痕的测取方法:将红油漆均匀地涂在 2～3 个齿的工作面(前进挡为凹面)上,转动小锥形齿轮,使从动大锥形齿轮转动,转动时应在后桥轴上略加制动负荷。待从动大锥形齿轮工作面(前进挡为凸面)上显现清晰印痕为止。用白纸条将从动大锥形齿轮的印痕取下来。与标准印痕相对照,若不符合要求,应按表 1-8-1 所示方法进行调整,当重新调整后检查印痕位置时,应将变速箱输出轴前推,以消除轴承间隙。若移动大锥形齿轮时,当某边的调整螺母松退一定牙数后,另一边的调整螺母要拧紧相应的牙数，以保证已调妥的轴向游动量不变。每调整一次后均应将隔板螺母拧紧，然后才能进行印痕检查（表 1-8-1）。

表 1-8-1 啮合印痕的调整方法

<table>
<tr><td rowspan="2">调整间距</td><td colspan="2">主动齿轮安装距 $H_{主}$ 单项调整</td><td colspan="2">从动齿轮安装距 $H_{从}$ 单项调整</td><td colspan="2">综合调整主、从齿轮安装距 $H_{主}$、$H_{从}$</td></tr>
<tr><td>增加（$+H_{主}$）</td><td>减小（$-H_{主}$）</td><td>减小（$-H_{从}$）</td><td>增加（$+H_{从}$）</td><td>$H_{主}$增加 $H_{从}$相应减小</td><td>$H_{主}$减小 $H_{从}$相应增加</td></tr>
<tr><td></td><td colspan="6">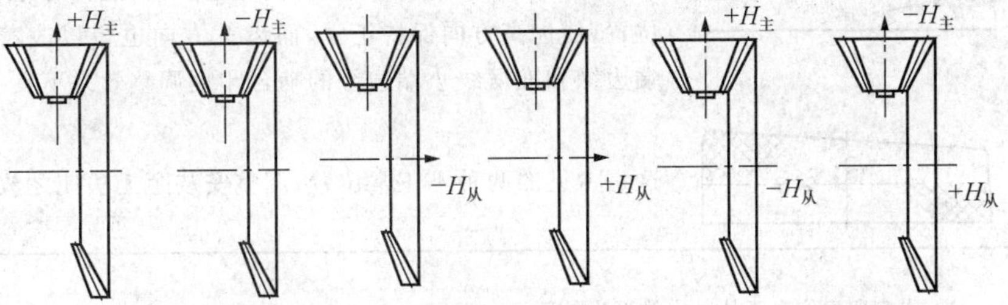

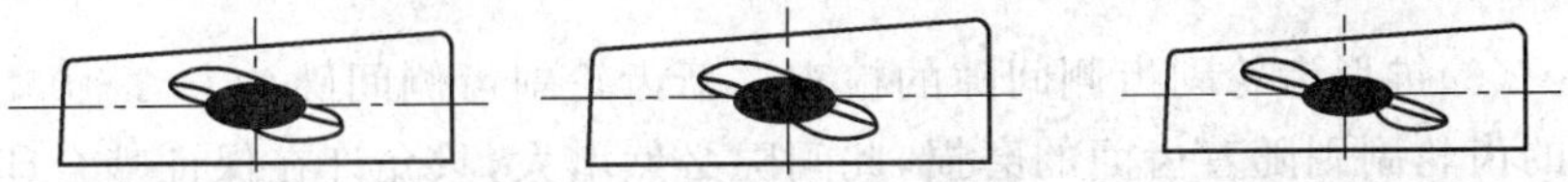</td></tr>
<tr><td>印痕走向</td><td>小端顶部</td><td>大端根部</td><td>小端顶部</td><td>大端根部</td><td>小端顶部</td><td>大端根部</td></tr>
<tr><td>齿侧间隙的变化</td><td>增大</td><td>减小</td><td>减小</td><td>增大</td><td colspan="2">基本保持不变</td></tr>
<tr><td colspan="2">不正常的啮合印痕位置及其相应的调整措施</td><td colspan="5">调 整 说 明</td></tr>
<tr><td colspan="2">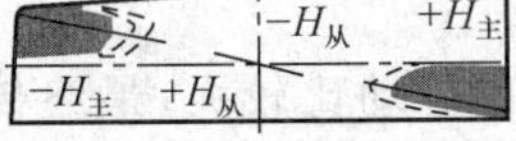
</td><td colspan="5">调整措施：以调整主动轮为主，相应的调整从动轮，使齿侧间隙的变化得到补偿
预期效果：可使啮合印痕恢复正常，齿侧间隙基本保持不变</td></tr>
<tr><td colspan="2">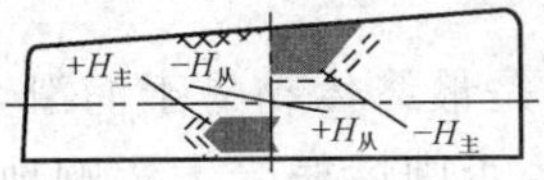
</td><td colspan="5">调整措施：以调整主动轮为主，待印痕移过正常啮合位置水平后，再相应调整从动轮，以补偿齿宽方向的变化，使啮合印痕恢复正常；若印痕如图左端，调整时，新齿轮副应防止齿侧间隙过小，旧齿轮副应防止齿面根部的“台肩”参与接触
预期效果：可使啮合印痕恢复正常，齿侧间隙略有变化；若齿侧间隙变化过大应着重调好齿高方向的位置</td></tr>
</table>

续表 1-8-1

调整间距	主动齿轮安装距 $H_{\text{主}}$ 单项调整		从动齿轮安装距 $H_{\text{从}}$ 单项调整		综合调整主、从齿轮安装距 $H_{\text{主}}$、$H_{\text{从}}$	
	增加（$+H_{\text{主}}$）	减小（$-H_{\text{主}}$）	减小（$-H_{\text{从}}$）	增加（$+H_{\text{从}}$）	$H_{\text{主}}$增加 $H_{\text{从}}$相应减小	$H_{\text{主}}$减小 $H_{\text{从}}$相应增加
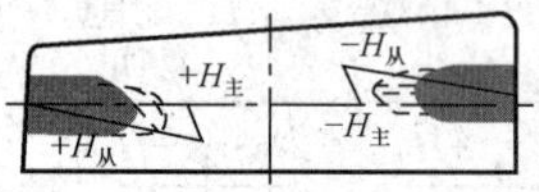	调整措施：以调整从动轮为主，然后调整主动轮，使齿高方向位置的变化得到补偿 预期效果：为使齿侧间隙不致变化过多，只能部分地改善啮合印痕位置，使齿高方向保持正常，而齿宽方向也得以改善，圆弧齿靠大端边缘和准摆线小端边缘的啮合印痕调整效果不良					
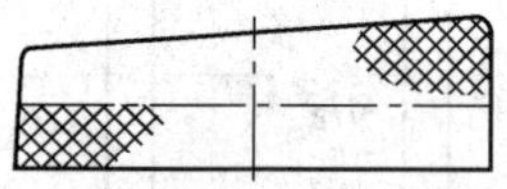	这是少见的两种不正常位置，调整安装距无法使之改善					

注：本表印痕取自于从动大锥形齿轮凸面。

(6)锥形齿轮副齿侧间隙的检查　新齿轮副齿侧间隙为 0.2～0.55 mm，使用后的齿轮副则随着齿面的磨损，此间隙必然增大，只允许在保证啮合印痕良好的条件下进行调整。当齿侧间隙大于 2.5 mm，则应予以报废并更换新齿轮副。

（六）最终传动构造

最终传动的主要目的是减速增扭、减轻传动系的加工件重量、提高地隙。后驱动轮的最终传动可划分为两种布置形式及两种啮合方式共四种方案，如图 1-8-14 所示。所谓布置方式划分为两种，即靠近后桥壳的称为内置，靠近驱动轮的称为外置，啮合方式划分为外啮合（圆柱齿轮）及内啮合（行星齿轮）两种，下面分别加以讨论。

1. 内置式内啮合，如图 1-8-14(a)所示。该方案的特点是传动比较大，最终传动易于润滑，驱动轮轮距可进行无级调整，但加工精度高，不能提高地隙；适用于后驱动轮直径较大的变型四轮驱动拖拉机。美国 JD4450 型变型四轮驱动拖拉机采用了这种方案。

2. 内置式外啮合，如图 1-8-14(b)所示。该方案的特点是最终传动易于润滑，加工方便，驱动轮轮距可进行无级调整，但传动比不宜过大，否则后桥壳大影响地隙；适用于后驱动轮直径较大的变型四轮驱动拖拉机，国产铁牛-654 型变型四轮驱动拖拉机及东方红 MF-404 型拖拉机采用了这种方案。

3. 外置式内啮合，如图 1-8-14(c)所示，该方案的特点是最终传动布置在驱动轮轮圈内，有效地利用了这个空间，使后桥壳体积减小，相对地提高了地隙。该方案使最终传动远离后桥壳，需单独润滑，后驱动轮轮距只能进行范围不大的有级调整；适用于中小马力变型四轮驱动拖拉机。原东德 ZT323A 型变型四轮驱动拖拉机及东方红-40 型拖拉机采用了这种方案。

4. 外置式外啮合，如图 1-8-14(d)所示，该方案的特点是最终传动布置在驱动轮轮圈内，并且可通过调整大齿轮与小齿轮的相对位置改变地隙及轴距。该方案使最终传动远离后桥壳，需单独润滑，后驱动轮只能进行有级调整；特别适用于功率偏小的变型四轮驱动拖拉机。罗马尼亚 UTB-445 型变型四轮驱动拖拉机采用了这种方案。

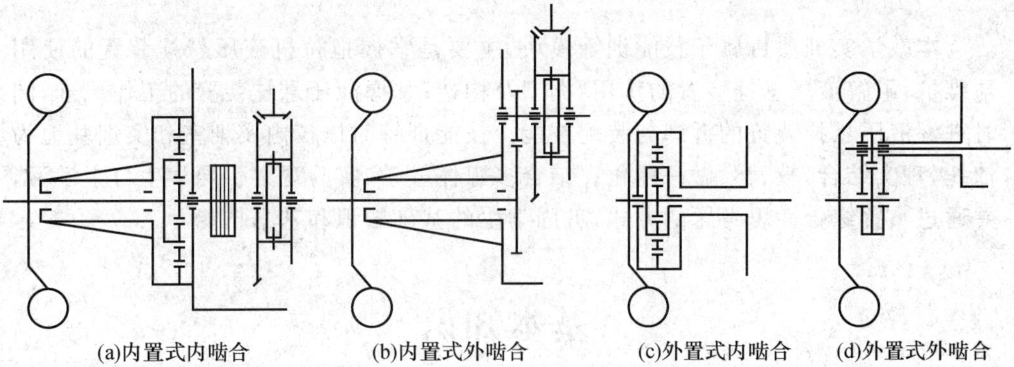

图 1-8-14 后轮驱动最终传动分类

思考题

1. 绘制典型拖拉机传动系布置简图。
2. 简述主离合器形式与动力输出轴类型之间的关系。
3. 简述拖拉机变速箱操纵机构的锁定机构的工作原理。
4. 说明典型锁环式惯性同步器的构造及工作原理。
5. 说明典型最终传动类型的判别方法。
6. 简述东方红-75 型履带拖拉机中央传动的检查与调整方法。

实训九　液压悬挂装置拆装

实训项目说明

本教学实训项目属于技能训练模块，主要是掌握拖拉机液压悬挂装置的使用与维护；了解液压悬挂装置的作用、类型及构造；掌握液压悬挂装置的工作原理，同时掌握液压悬挂装置的拆卸与装配技能。技能训练时以校内实训室和实训基地为依托，理实结合，教、学、做一体化。结合多媒体教学、实验观察引导学生自主学习，并通过布置综合性思考题的方式，巩固学生的基础知识和基本技能。

基本知识

液压悬挂系统是拖拉机的一种工作装置，用于连接悬挂式或半悬挂式农具，进行农具升降或耕深调节，实现驱动加载和液压功率输出。

（一）液压悬挂装置的功用

①连接和牵引农机具；

②操纵农机具的升降；

③控制农机具的耕作深度或提升高度；

④给拖拉机驱动轮增重，改善附着性能；

⑤输出液压能。

（二）液压悬挂系统的组成

1. 液压悬挂系统　提升农机具的动力装置，由液压泵、油缸、分配器等液压元件和附属装置组成。分配器是用来控制油液的流向，决定油缸油腔内的压力。分配器由壳体、控制阀（主控制阀、回油阀、单向阀和安全阀等）和弹簧等组成。根据油泵、分配器和油缸等部件在拖拉机上布置的不同，液压系统分为分置式、整体式和半分置式3种。

2. 操纵机构 用来操纵分配器的主控制阀，以控制油流的方向，由手柄操纵机构和自动控制机构两部分组成。

3. 悬挂机构 是与农具连接的一套连杆机构，功能是连接农具，传递液压升降力和拖拉机对农具的牵引力，并保持农具的正确工作位置。悬挂机构由上拉杆、下拉杆、提升杆、提升臂、限位链等组成。

两点悬挂：悬挂机构以二个铰接点与拖拉机机体联结。在农机具作业时，能较轻便地矫正行驶方向，大功率拖拉机上多采用两点悬挂。

三点悬挂：悬挂机构以三个铰接点与拖拉机机体联结。农机具随拖拉机直线行驶稳定性好，中、小功率拖拉机大多采用三点悬挂。

实训指导

一、实训内容要求

1. 观察、熟悉典型分置式液压悬挂装置的总体构成、布置、形式、构造与悬挂方式和工作原理。

2. 观察、熟悉典型半分置式液压悬挂装置的总体构成、布置、形式、构造与悬挂方式和工作原理。

3. 掌握典型整体式液压悬挂装置的构造、布置形式、调节部位和调节方法。

4. 学习典型分置式液压悬挂装置分配器、液压泵、油缸的构造、工作原理并掌握其拆装技能。

5. 学习典型半分置式液压悬挂装置提升器总成、调节部分、油泵的构造、工作原理及拆装技能。

6. 在拖拉机上学习液压悬挂装置的使用。

二、实训设备、仪器与工具

1. 东方红-802、东方红 MF-404 液压悬挂装置	各1套
2. 东方红-75 的 FP1-75A 型分配器总成	1个
3. 东方红-75 的 YG-110 型双作用油缸总成	1个
4. 齿轮式定量泵（东方红-802 型 2 个，泰山-25 型 1 个）	3个
5. 泰山-25 型拖拉机提升器总成	1个

6. 螺丝刀、锤子、钳子、钢板尺、厚薄规、内六角扳手、扳手　　各 1 套

三、实训步骤

(一)观察液压悬挂装置的总体构成与布置

根据构成拖拉机液压悬挂装置的液压元件及操纵机构的组成，观察对比分析分置式、半分置式及整体式液压悬挂装置的结构特点与性能特点。

(二)观察悬挂机构的结构

了解其组成及布置形式与应用场合，构成悬挂机构的空间 7 杆机构(图 1-9-1)中，上拉杆与提升杆(臂)的长度是可以调节的，学习如何调节，其目的是什么，了解其与主机及农具间是如何连接的。

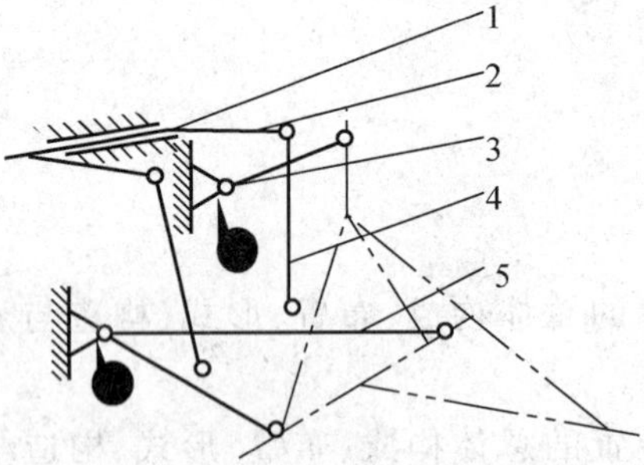

(a)两点悬挂机构

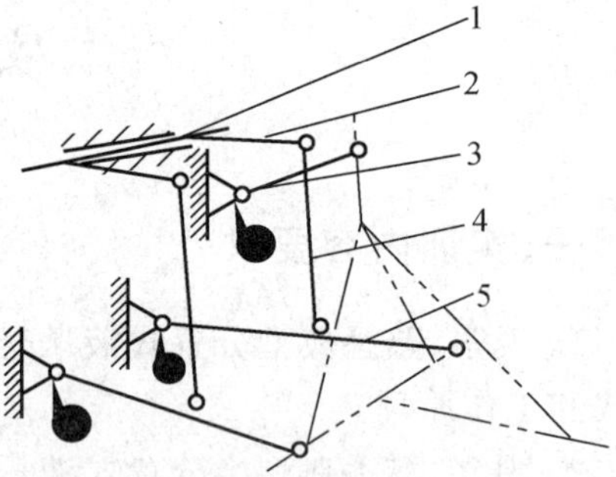

(b)三点悬挂机构

图 1-9-1　悬挂机构

1. 提升轴　2. 提升臂　3. 上拉杆　4. 提升杆　5. 下拉杆

(三)东方红-802 拖拉机液压系统主要总成、部件构造的观察与拆装

东方红-802 拖拉机的液压悬挂装置是属于分置式的，它可以实现农具的提升、中立、压降和浮动四种功能。

1. FP_1-75A 型分配器的拆装　拆装和观察构造时请参照结构图 1-9-2 进行。

(1)拆装注意事项　安装回油阀时，应保证回油阀在导套和壳体中均能上下滑动，转动灵活。安装主阀时，应将阀芯上部打有“定向”记号的一面朝向回油阀方向。

(2)结构观察要点

①主阀上、中、下三个区段的构成与作用原理；

②回油阀卸荷原理；

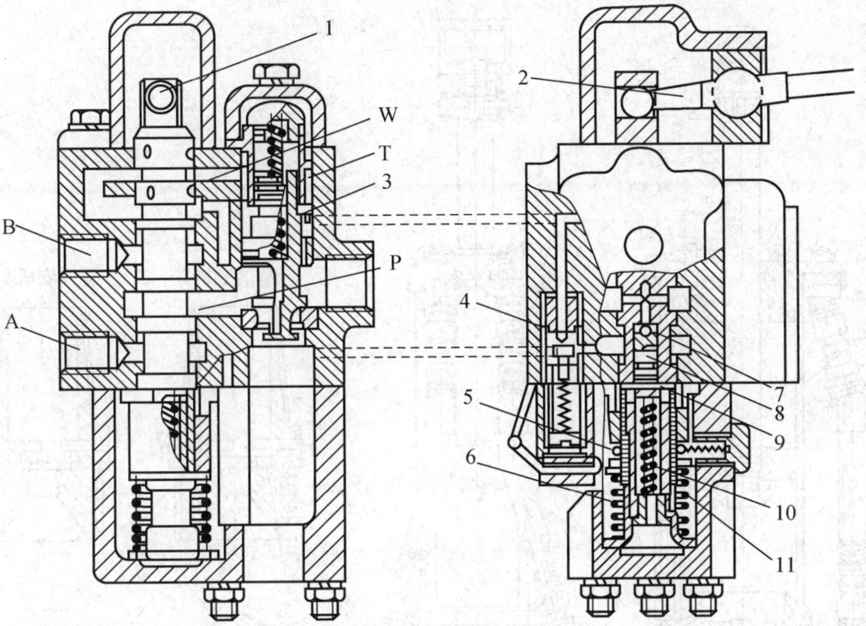

图 1-9-2 FP_1-75A 型分配器

A. 通油缸上腔 B. 通油缸下腔 P. 通油泵 T. 通油箱 W. 通回油阀上腔
1. 主控制阀 2. 操纵手柄 3. 回油阀 4. 安全阀 5. 定位钢球 6. 回位弹簧 7. 增压阀球阀
8. 增压阀 9. 分离套筒 10. 增压阀弹簧 11. 支承套筒

③定位与回位机构的控制原理。

2. YG-110 型双作用液压缸的拆装　如图 1-9-3 所示，该液压缸属于双作用液压缸。东方红-802 液压悬挂装置利用在其液压缸处设置的定位装置可对农具实现位置控制功能，安装时注意定位挡块与定位阀芯尾端间留有 10～20 mm 间隙。

观察结构要点：①定位阀的结构、功用及作用原理；②缓冲阀的构造与作用原理。

(四)典型半分置式液压悬挂装置提升器总成的拆装与结构观察

以泰山-25 型拖拉机为例(图 1-9-4)。该车液压悬挂装置采用了液压油路控制节流式液压系统，在操纵机构上分别采用了人工控制机构和自动控制机构，故该装置可以对农具实现阻力控制、位置控制、高度调节等工作方式；此外，它还具有液压输出功能。

1. 提升器总体结构观察　熟悉其总体组成及各机构和部件的结构特点与名称。了解各部件间的配置特点及其协调运动的关系，重点注意各控制部件在操纵

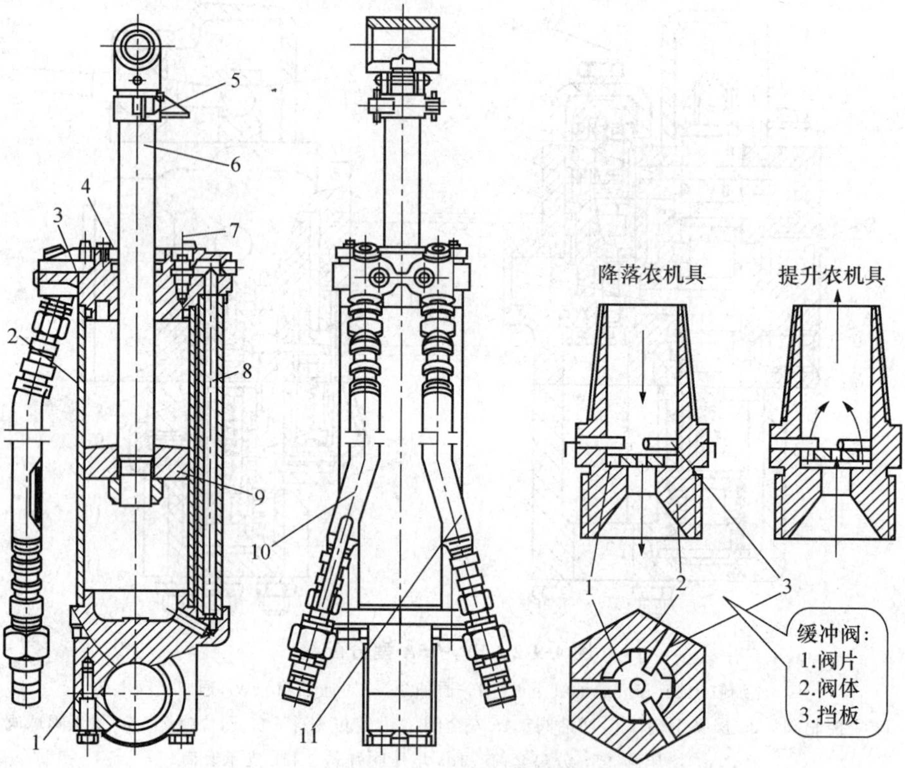

图 1-9-3　YG-110 型双作用液压缸

1. 下盖　2. 缸体　3. 上盖　4. 除尘片　5. 定位挡板　6. 活塞杆　7. 定位阀　8. 下腔输油管　9. 活塞　10. 上腔输油管　11. 下腔油管

轮轴上的装置关系。

2. 提升器总成的拆装　参照图 1-9-4,拆装提升器总成,拆卸时注意顺序,安装时注意阀在阀套内应能灵活转动和移动。

3. 熟悉构造及作用原理　操纵机构的功用是根据工作需要操纵主控制阀,升、降农具或自动控制农具的耕深及提升高度。

位调节操纵机构由位调节操纵手柄、位调节偏心轮和空心轴、位调节凸轮、位调节杠杆及拉力弹簧组成。

力调节操纵机构由力调节操纵手柄、力调节偏心轮和空心轴、力调节杠杆和拉力弹簧、力调节弹簧总成组成。

(1)位调节机构的工作过程　使用位调节机构升降农具时,应将力调节手柄置于最高提升位置。

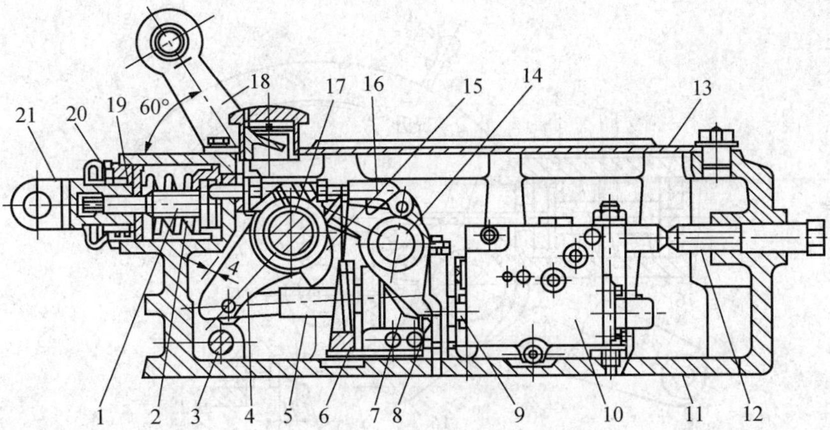

图 1-9-4 泰山-25 型拖拉机提升器总成

1. 弹簧杆 2. 力调整弹簧 3. 锁紧轴 4. 内提升臂 5. 活塞杆 6. 拉力弹簧 7. 力调节杠杆 8. 位调节杆 9. 主控制阀 10. 分配器 11. 提升器壳体 12. 下降阀调节杆 13. 提升器上盖 14. 偏心轮 15. 位调节凸轮 16. 力调节杠杆 17. 提升轴 18. 提升臂 19. 螺母 20. 销子 21. 上拉杆连接头

①位调节提升农具

位调节提升开始工况：向扇形板上方搬动位调节手柄，位调节偏心轮以 O 为圆心反时针转动，带动位调节杠杆以上端为支点顺时针摆动，使其下部控制端离开主控制阀而产生间隙 H。于是回位弹簧推动主控制阀向左移到提升位置。与此同时，回油阀关闭回油道，油泵输入高压油顶开单项阀而进入液压缸，提升农具，如图 1-9-5 所示。

位调节提升终了工况：随着农具的提升，位调节凸轮工作面的升程减小，位调节杠杆拉簧的拉力使位调节杠杆绕偏心轮反时针转动。于是杠杆下部控制端向右摆动，将主控制阀向右推动(5 mm)回到中立位置。此时，回油阀打开，油泵卸荷。单项阀与排油道均关闭，液压缸中的活塞不能移动，农具提升终了——维持在某一高度。如图 1-9-6 所示。

农具不同高度的控制：位调节手柄上移越多其杠杆下部控制端与主控制阀后端的间隙 H 值就越大，需要位调节凸轮更小的升程才能使主控制阀回到中立位置，因而农具也就提升得越高。

②位调节下降农具

位调节下降开始工况：向扇形板下方移动位调节手柄，位调节偏心轮顺时针转动，带动位调节杠杆以上端为支点反时针摆动，将主控制阀向右推至下降位置。当

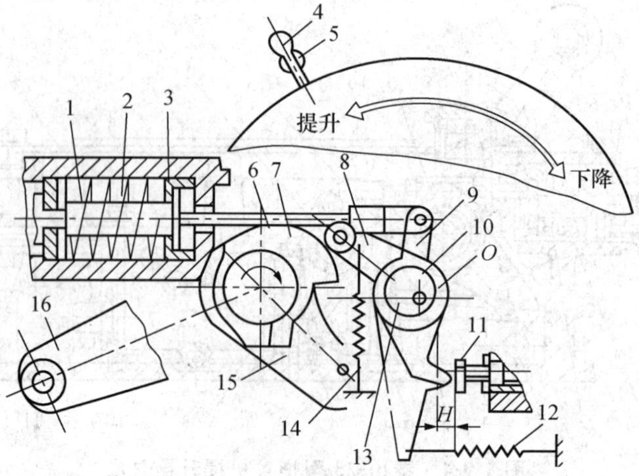

图 1-9-5　位调节“提升”开始工况

1. 顶杆　2. 力调节弹簧　3. 弹簧座　4. 力调节手柄　5. 位调节手柄　6. 推杆　7. 位调节凸轮　8. 位调节杠杆　9. 力调节杠杆　10. 位调节手柄轴偏心轮　11. 主控制阀　12. 力调节杠杆　13. 调节手柄轴偏心轮　14. 位调节杠杆弹簧　15. 内提升臂　16. 外提升臂

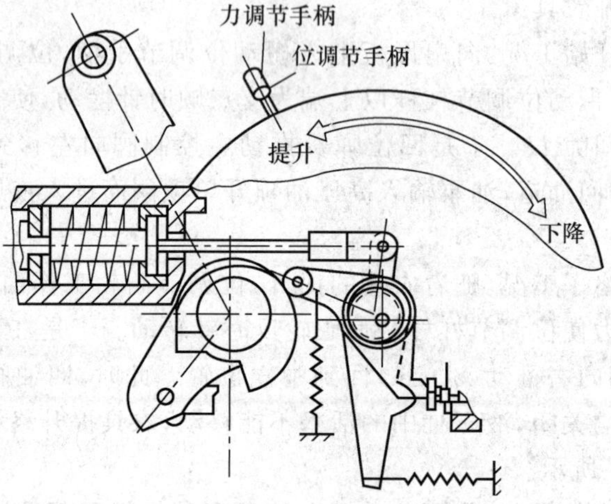

图 1-9-6　位调节“提升”终了工况

主控制阀被推到底时，再移动手柄，则位调节杠杆以下端为支点顺摆，使位调节杠杆上端滚轮与位调节凸轮间出现间隙 S。此时，由于油缸排油道被打开，农具下降，如图 1-9-7 所示。

位调节下降终了工况：随着农具的下降，位调节凸轮升程增大，消除间隙 S

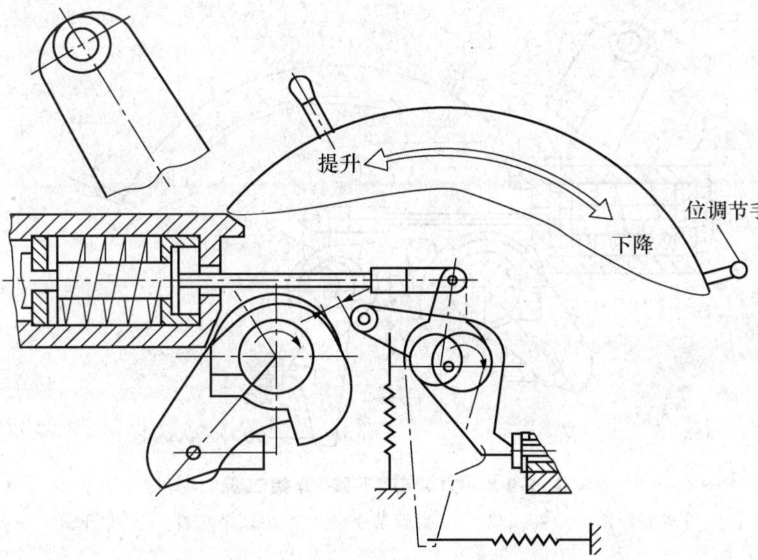

图 1-9-7 位调节“下降”开始工况

后，推动位调节杠杆上端绕偏心轮顺摆。于是回位弹簧将主控制阀向左推至中间位置，农具下降终了。

下降位置控制：位调节手柄下移越多，间隙 S 越大，就需要更大的位调节凸轮升程推动杠杆，回位弹簧才能将主控制阀推回中立位置。农具下降得越多，耕深越大。

(2)力调节机构的工作过程

①力调节农具下降与耕深的阻力调节

力调节下降开始工况：向下移动力调节手柄时，力调节偏心轮顺时针转动，由于力调节杠杆的弹簧作用，使力调节杠杆紧靠在顶杆上。力调节杠杆以其上端铰接电为支点向右摆动，将主控制阀向右推倒下降位置，农具下降开始。继续下移力调节手柄，则力调节杠杆又以下端为支点顺摆，使力调节推杆离开顶杆出现间隙 L，如图 1-9-8 所示。

力调节下降终了工况：农具下降入土后，随着耕深的增加，耕作阻力相应增大，作用到传感接头上的压力 P 也增大。压缩力调节弹簧使顶杆前移，消除和推杆之间的间隙 L 后，则顶动推杆使力调节杠杆绕偏信轮顺摆，杠杆下部控制端离开主控制阀。回位弹簧将控制阀向后推回中立位置，农具下降终了，并维持在某一耕作阻力下工作，如图 1-9-9 所示。

力调节耕作阻力的选择：力调节手柄下移越多，其推杆与顶杆之间的间隙 L

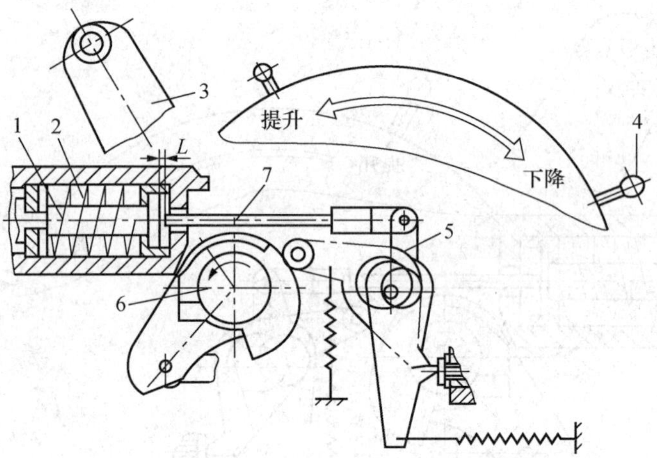

图 1-9-8 力调节"下降"开始工况

1. 顶杆 2. 力调节弹簧 3. 提升臂 4. 力调节手柄 5. 力调节杠杆 6. 提升轴 7. 推杆

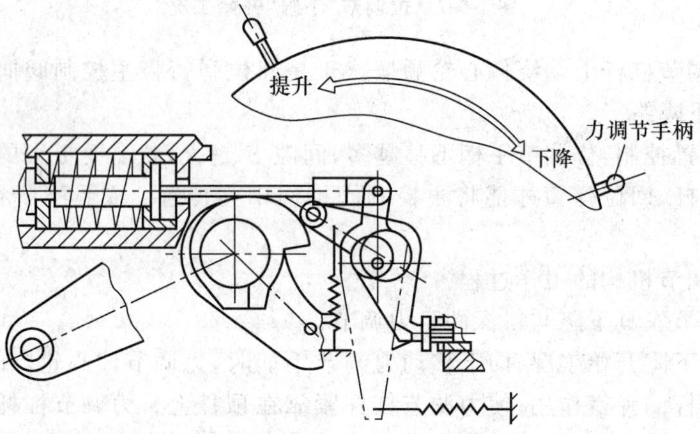

图 1-9-9 力调节"下降"终了工况

值越大,需要更大的压力 P 来压缩力调节弹簧,也就是更大的耕深才能消除上述间隙,进而推动力调节杠杆绕偏心轮顺摆,使主控制阀回中立位置。因此,在耕深范围内不同的手柄位置,就能维持不同的耕作阻力或耕深,如图 1-9-8 所示。

②力调节提升农具

力调节提升开始工况:当把力调节手柄向提升方向移动时,力调节偏心轮以 O 为圆心反时针转动,带动力调节杠杆以上部铰接点为支点向后摆动。主控制阀被回位弹簧向后推到提升位置,农具开始提升,如图 1-9-10 所示。

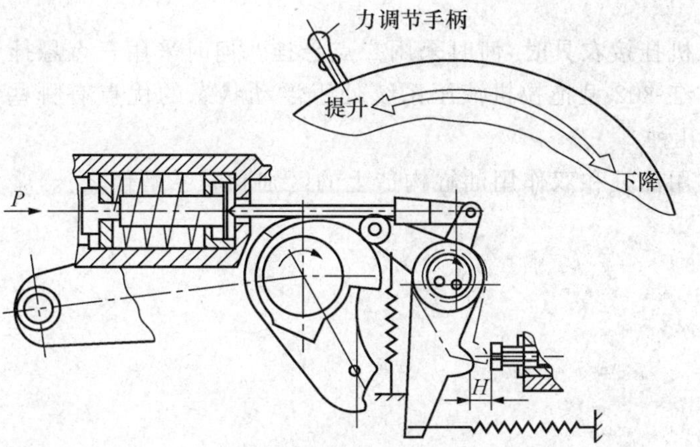

图 1-9-10 力调节"提升"开始工况

耕作阻力(耕深)的自动调节:力调节手柄的位置一旦选定以后,相应的耕作阻力就维持某一定值。耕作过程中,耕作阻力增大时,力调节弹簧进一步受压,推动力调节杠杆顺摆,主控制阀便由中立位置被推向提升位置,农具提升,耕作阻力减小。力调节弹簧向后伸张,当耕作阻力减小到原来选定的位置时,在拉力弹簧的作用下,使主控制阀又回到中立位置。耕作阻力减小时,力调节弹簧向后伸张,顶杆后移,主控制阀由中立位置被推向下降位置,农具下降。待耕作阻力增加到原来选定的值时,力调节弹簧收到压缩,使主控制阀又被推回中立位置。由于力调节杠杆控制端离开主控制阀后端的距离太远,当农具离开地面失去阻力调节以后,力调节杠杆拉簧无法使主控制阀回到中立位置。因而待农具一直提升到最高运输位置后,才由位调节机构的作用,使主控制阀回中立位置。所以,不能用力调节手柄控制农具的提升高度。

思考题

1. 拖拉机液压悬挂系统中有几种调节方式?如何选用?
2. 叙述分置式和半分置式液压悬挂系统中各工位油液的流动情况。
3. 简述 FP_1-75A 型分配器主滑阀分段情况和各工段的作用。
4. FP_1-75A 型分配器中主滑阀在提升最高点时是如何自动回位的?
5. FP_1-75A 型分配器中回油阀是如何开启的?
6. 采用力调节工用方式时,负荷不同,挂接上拉杆时,应如何选择弹簧支座位置？

7. 拖拉机挂接农具时，何时采用二点悬挂？何时采用三点悬挂？

8. 东方红-802型拖拉机液压系统处于浮动状态的优点有哪些？应配合的调节方式是哪几种？

9. 单作用油缸和双作用油缸构造上的区别和联系是什么？

实训十　蓄电池的使用与维护

实训项目说明

本教学实训项目是蓄电池的使用与维护技能训练模块，主要是掌握蓄电池的结构、原理与检测方法；掌握蓄电池充电设备的使用方法；掌握蓄电池常见故障及排除方法。技能训练时以校内实训室和实训基地为依托，理实结合，教、学、做一体化。结合多媒体教学、实验观察引导学生自主学习，并通过布置综合性思考题的方式，巩固学生的基础知识和基本技能。

基本知识

一、蓄电池的作用

1. 启动发动机时，给启动机提供强大的启动电流（一般高达 200～600 A）。

2. 当发动机处于怠速时，发电机电压低于蓄电池电动势，由蓄电池向用电设备以及硅整流发电机磁场绕组供电。

3. 当发电机过载时，可以协助发电机向用电设备供电。

4. 当发电机端电压高于铅蓄电池的电动势时，将一部分电能转变为化学能储存起来，也就是进行充电，并吸收电路中出现的瞬时过电压，保护电子元件不被损坏。

二、蓄电池的结构

农机上的蓄电池一般为由六个单格电池串联而成，每个单格电池 6 V，对外输出 12 V。蓄电池主要由极板、隔板、电解液、外壳、联条和极桩等组成，如图 1-10-1 所示。每个单格由若干片正极板与若干片负极板（负极板比正极板多一片）间隔重叠而成，中间用超细玻璃纤维隔板隔离。数片正极板用铅合金焊接在一起组成正极群，数片负极板用铅合金焊接在一起组成负极群，正、负极群装于电池槽内组成单体蓄电池。单体电池之间用铅零件或连接条从单格之间电池槽隔板顶端（或穿孔穿壁焊）以串联形式连在一起。电池槽盖用密封胶粘结。首尾单格作引出端子，引出正负极。

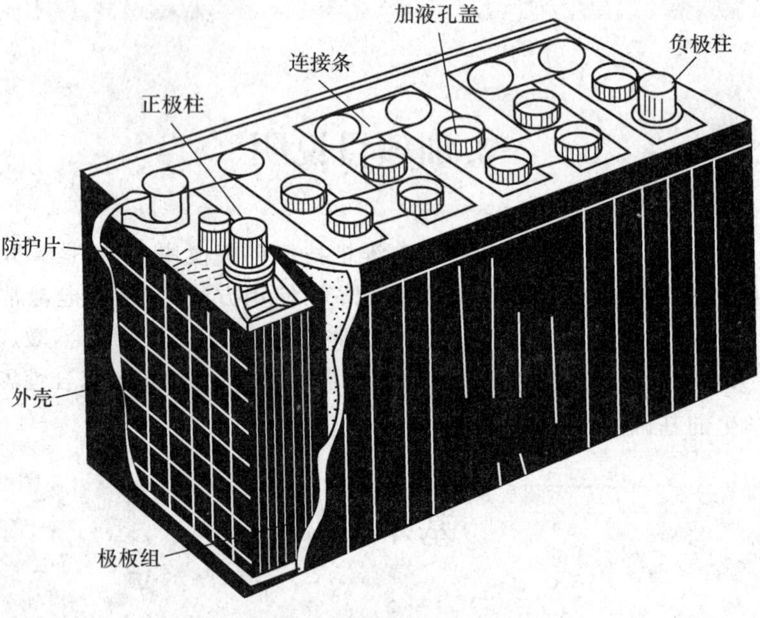

图 1-10-1 蓄电池的结构

（一）极板

1. 功用 极板是蓄电池的核心部分，蓄电池充放电过程中，电能与化学能的相互转换依靠极板上的活性物质与电解液中的硫酸的化学反应来实现。极板分正、负两种。

2. 组成 由栅架和活性物质组成。电能与化学能的转换依靠活性物质和电解液中的硫酸反应来实现，如图 1-10-2 所示。

①栅架：由铅锑合金浇铸而成。结构见图 1-10-3 所示。

②活性物质：正极板上的活性物质为二氧化铅（PbO_2），深棕色负极板上的活性物质为海绵状纯铅（Pb），深灰色。

3. 极板组 一片正极板和一片负极板浸入电解液中，可得到 2 V 左右的电动势，为增大蓄电池容量，常将多片正、负极板分别并联组成正、负极板组，如图 1-10-4 所示。

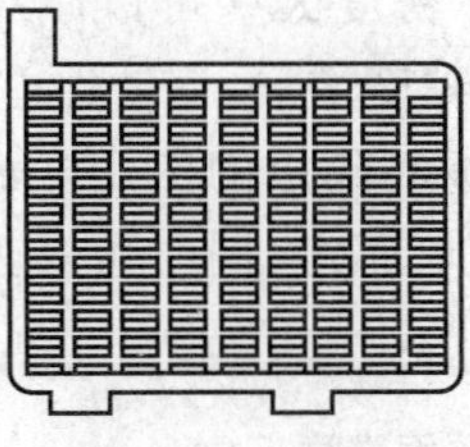

图 1-10-2 极板

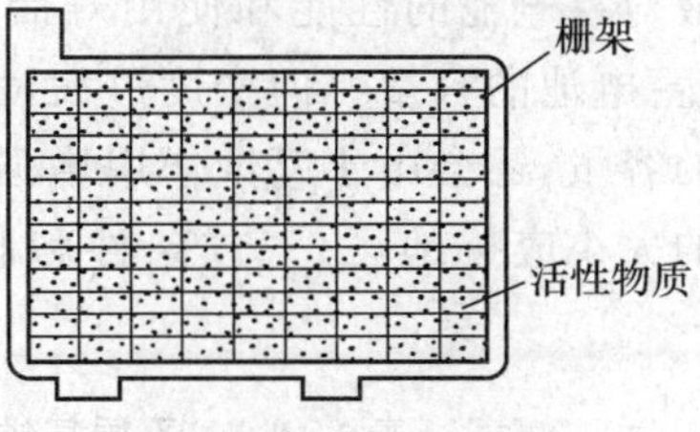

图 1-10-3 栅架

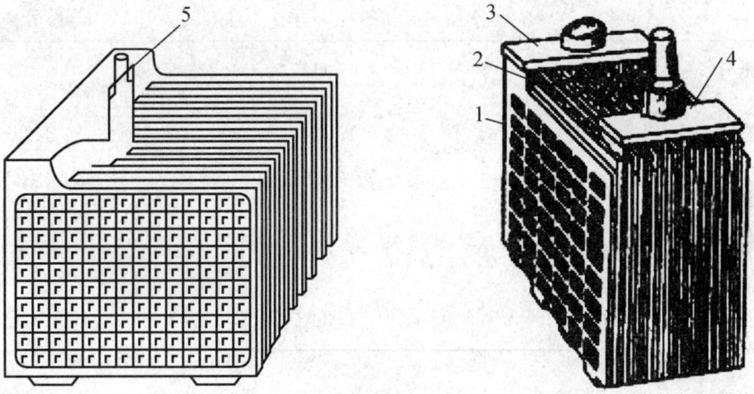

(a) 极板组　　(b) 极板组总成

图 1-10-4 极板组

1. 极板 2. 隔板 3、4. 横板 5. 极桩

(二)隔板

1. 功用 在正负极板间起绝缘作用,使电池结构紧凑。

2. 特征

①隔板有许多微孔,可使电解液畅通无阻。

②隔板一面平整,一面有沟槽,沟槽面对着正极板,且与底部垂直,使充放电时,电解液能通过沟槽及时供给正极板,当正极板上的活性物质 PbO_2 脱落时能迅速通过沟槽沉入容器底部。

(三)电解液

电解液由专用硫酸和蒸馏水按一定比例配成,25℃下,密度一般为 1.24～1.30 g/cm^3,加入每个单格电池中。

电解液对蓄电池的性能和使用寿命都有影响。密度大些可以减少结冰的危险，并提高蓄电池的容量。但密度过大，由于电解液黏度增加，流动性差，不仅会降低蓄电池的容量，还会由于腐蚀作用增强而缩短极板和隔板的使用寿命。选用电解液密度的大小应按地区、气候条件和制造厂的要求而定，同时可参照表 1-10-1 选用。

表 1-10-1　不同气候条件下的电解液密度

气候条件	完全充足电的蓄电池在 15℃时的电解液密度/(g/cm^3)	
	冬　季	夏　季
冬季气温低于－40℃的地区	1.31	1.27
冬季气温在－40℃以上的地区	1.29	1.26
冬季气温在－30℃以上的地区	1.28	1.25
冬季气温在－20℃以上的地区	1.27	1.24
冬季气温在 0℃以上的地区	1.24	1.24

（四）外壳

蓄电池外壳用来盛装电解液和极板组。外壳应耐酸、耐热和耐冲击。目前蓄电池外壳多用塑料制成。

蓄电池外壳为整体式结构，壳内分成六个互不相通的单格，底部制有凸起的肋条，用来搁置极板组。肋条之间的空隙可以积存极板脱粒的活性物质，防止正、负极板短路。蓄电池在每个单格顶部都设有加液口，以便加装电解液、补充蒸馏水和检测电解液密度。每个加液口上都设有旋塞，旋塞上有通气孔，应保持畅通，以便随时排除水被电解和化学反应产生的氢气和氧气，防止外壳胀裂，发生事故。

（五）连接条

连接条的作用是将单体电池串联起来，提高蓄电池的输出电压。普通蓄电池连接条的串联方式一般是外露式，而新型蓄电池连接条的串联方式是穿壁式或跨接式结构（在电池内部）。

（六）极桩

有锥台形和 L 形。极桩上标有“＋(P)”、“－(N)”，或在正极上涂上红色。

三、蓄电池的型号

(一)蓄电池的型号

按 JB 2599—2012《启动型铅蓄电池标准》规定,其型号由五部分组成:

第一部分 表示蓄电池总成,由几个单格电池组成,用阿拉伯数字表示。

第二部分 表示蓄电池用途,用大写字母表示。

Q——农机、收割机用

M——摩托车用

JC——船用

HK——飞机用

第三部分 表示蓄电池特征,用大写字母表示。

A——干荷电铅蓄电池

H——湿荷电铅蓄电池

W——免维护铅蓄电池

S——少维护蓄电池

"无字"——干普通极板铅蓄电池

第四部分 20 h 放电率的额定容量,单位:A·h。

第五部分 特殊性能,用大写字母表示(无字为一般性能)。高启动率——G。

(二)蓄电池型号举例

蓄电池标号 6—OA—60G:表示由 6 个单格电池组成,12 V、60 A·h 启动型干荷、高启动率铅蓄电池。

四、蓄电池的工作原理

(一)工作原理

工作过程就是化学能与电能相互转化的过程。当向外供电时,化学能转化为电能;当充电时,电能转化为化学能,如图 1-10-5 所示。铅蓄电池正极板上是 PbO_2;负极板上是 Pb。

(二)放电过程

$$Pb + PbO_2 + 2H_2SO_4 = 2PbSO_4 + 2H_2O$$

正极板 PbO_2、负极板 Pb 均转变为 $PbSO_4$,消耗 H_2SO_4,电解液密度减小。

蓄电池连接外部电路放电时,稀硫酸即会与正、负极板上的活性物质产生反

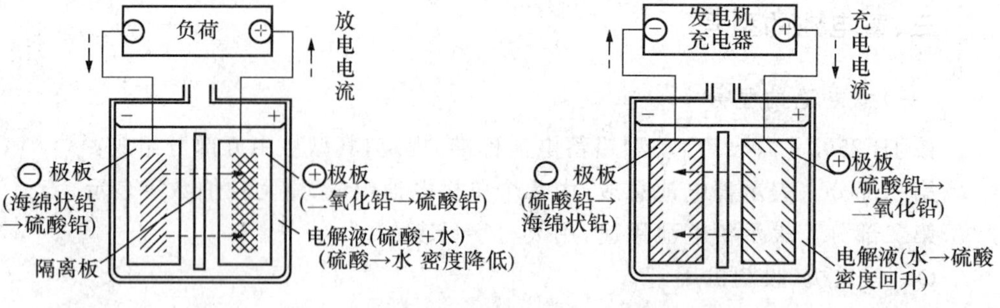

图 1-10-5 蓄电池的工作原理

应,生成新化合物(硫酸铅)。经由放电硫酸成分从电解液中释出,放电愈久,硫酸浓度愈稀薄。所消耗之成分与放电量呈比例,只要测得电解液中的硫酸浓度,亦即测其密度,即可得知放电量或残余电量。

(三)充电过程

$$2PbSO_4+2H_2O \longrightarrow Pb+PbO_2+2H_2SO_4$$

$PbSO_4$在负极板上被还原为海绵状的 Pb;在正极板上被氧化为 PbO_2,生成 H_2SO_4,电解液密度逐步上升。转变完成后,蓄电池就充足了电。

由于放电时在正极板、负极板上所产生的硫酸铅会在充电时被分解还原成硫酸、铅及过氧化铅,因此电池内电解液的浓度逐渐增加,亦即电解液之密度上升,并逐渐回复到放电前的浓度,这种变化显示出蓄电池中的活性物质已还原到可以再度供电的状态,当两极的硫酸铅被还原成原来的活性物质时,即等于充电结束,而负极板就产生氢,正极板则产生氧,充电到最后阶段时,电流几乎都用在水的电解,因而电解液会减少,此时应以纯水补充之。

实训指导

一、蓄电池的使用

(一)电解液的配制

新蓄电池出厂时未装电解液,使用单位应根据本地冬夏季气温变化的情况,配制相应密度的电解液。配制电解液可按质量分数或体积分数进行,要求硫酸浓度在 95%以上,水必须是蒸馏水。硫酸稀释时,应特别注意的是,将硫酸缓慢加入水中并不断搅拌，千万不可将水注入硫酸，以免造成硫酸飞溅伤人或损坏设备。电解液配置成分如表 1-10-2 所示。

表 1-10-2 电解液配置成分

15℃时的密度/(g/cm^3)	质量分数/%		体积分数/%	
	蒸馏水	浓硫酸	蒸馏水	浓硫酸
1.240	68.0	32.0	78.4	21.6
1.250	66.8	33.2	77.4	22.6
1.260	65.5	34.5	76.4	23.6
1.270	64.4	35.6	75.4	24.6
1.280	63.2	36.8	74.4	25.6
1.290	62.0	38.0	73.4	26.6
1.30	60.9	39.1	72.4	27.6

电解液的密度用密度计测量，测量时，如不是标准温度(15℃)，应按照下面的公式修正换算：

电解液密度＝实测密度＋0.000 7×(环境温度－15℃)

电解液加入蓄电池之前，温度不得超过 30℃，加入电解液液面应高于极板顶部 15 mm。加入电解液后，蓄电池应静置 6～8 h，待电解液温度低于 30℃时，才能充电。

(二)蓄电池的充电方法

无论是新蓄电池、修复的蓄电池、正在使用的蓄电池以及存放的蓄电池，都必须对其进行充电，这是关系到蓄电池的容量及寿命的问题。

蓄电池的充电方法有常规充电和快速充电两种，常规充电方法又分为定电流充电和定电压充电两种。

1. 定电流充电　蓄电池在充电的过程中，使其充电电流保持不变，并随着蓄电池电动势逐渐提高，逐步增加充电电压的方法。当充到蓄电池单格电压升到 2.4 V(电解液开始冒气泡)时，再将充电电流减小至 1/2 后保持恒定，直到蓄电池完全充足。特点：充电的时间长，要调电压，充电充足。

一般使用充电机对蓄电池进行充电时，常采用这种定电流充电法。因为该方法具有较大适用性，可任意选择和调整电流，适用各种不同条件下(新蓄电池的初充电，使用中的蓄电池补充充电以及去硫充电等)的蓄电池充电。其主要缺点是充电时间长，需经常调节充电电流。

2. 定电压充电　在充电过程中，加在蓄电池两端的电压保持不变，称为定电压充电。发电机对蓄电池充电即为定电压充电。其特点：充电开始，充电电流很大，随着蓄电池电动势的不断提高，充电电流逐渐减小，充电结束时，充电电流将自动减小到零，因而不需要人照管。同时由于定电压充电速度快，4～5 h 内蓄电池就获得本身容量的 90%～95%，比定电流充电时间大大缩短，所以特别适合对具体不同容量的蓄电池进行充电。其主要缺点：不能调整充电电流，因而不能保证蓄电池彻底充足电，不适合初充电和去硫化充电。

3. 脉冲快速充电　充电初期采用大电流，使电池在一个较短的时间内达到额定容量的 60%左右，当单格电压上升到 2.4 V，电解液开始分解冒出气泡时，由于控制电流作用，停止大电流充电，进入到脉冲期。在脉冲期，先停充 24～40 ms，接着再放电或反充，使电池反向通过一个较大的脉冲电流，以消除浓差极化和极板孔隙形成的气泡，然后停放 25 ms，最后按脉冲期循环充电直到充足。

该充电方法的优点：充电快，即充电时间大大缩短。缺点：由于充电速度快，析出的气体总量虽减少，但出气率高，对极板活性物质的冲刷力强，故使活性物质易脱落，对极板的使用寿命有一定影响。下列蓄电池不能进行脉冲充电：①未经使用过的新电池；②液面高度不正确的蓄电池；③各单格电解液密度不均匀的蓄电池，各单格电压差大于 0.2 V；④电解液混浊并带褐色的蓄电池；⑤极板硫化；⑥充电时，电解液温度超过 50℃的蓄电池。

（三）充电种类

1. 蓄电池的初充电　新普通蓄电池或修复后的蓄电池（更换极板）在使用之前的首次充电为初充电。具体操作步骤如下：

(1)检查蓄电池外壳有无破裂，拧下加液口盖的螺塞，检查通气孔是否畅通。

(2)根据不同季节和气温选择电解液密度，将适当密度、温度低于 30℃的电解液从加液孔处缓缓加入蓄电池内，液面要高出极板上缘 10～15 mm。测量方法如图 1-10-6 所示。

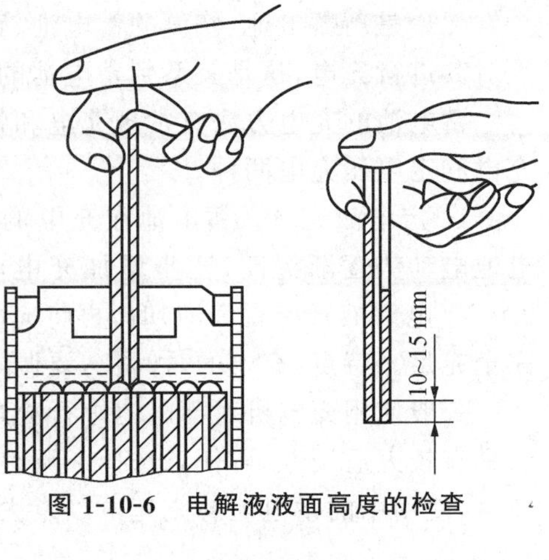

图 1-10-6　电解液液面高度的检查

(3)蓄电池加入电解液后，静止 3～6 h，让电解液充分浸渍极板。此时由于电解液充分渗透到极板内部，容器里的电解液减少，液面下降，应再加入电解液把液面调整到规定值。待蓄电池内温度低于 30℃时，将充电机与蓄电池相连，准备充电。

(4)初充电按充电规范进行，因为新蓄电池在存储中可能有一部分极板硫化，充电时容易过热，所有初充电的电流选用的较小，充电分两个阶段进行：第一阶段的充电电流约为蓄电池额定容量的 1/5，充电至电解液中有气泡析出，蓄电池单格端电压达到 2.4 V；第二阶段充电电流约为蓄电池额定容量的 1/30。充电规范如表 1-10-3 所示。

表 1-10-3 蓄电池充电规范

蓄电池型号	初充电				补充充电			
	第一阶段		第二阶段		第一阶段		第二阶段	
	电流/A	时间/h	电流/A	时间/h	电流/A	时间/h	电流/A	时间/h
3-Q-75	5	20～35	3	20～30	7.5	10～11	4	3～5
3-Q-90	6		3		9		5	
3-Q-105	7		4		10.5		5	
3-Q-120	8		4		12		6	
3-Q-135	9		5		13.5		7	
3-Q-150	10		5		15		7	
3-Q-195	13		7		19.5		10	
6-Q-60	4		2		6		3	
6-Q-75	5		3		7.5		4	
6-Q-90	6		3		9		4	
6-Q-105	7		4		10.5		5	
6Q-120	8		4		12		5	

充电过程中，应经常测量电解液的密度和温度。可以使用密度计检查电解液的相对密度。

充电初期密度会有降低情况，不需要调整，当液面高度低于规定值时，用相同密度的电解液调至规定值。如果充电时电解液的温度上升到 40℃时，则应停止充电或将充电电流减半。如果温度继续上升到 45℃时，则应停止充电，采用水冷或风冷的办法实行人工降温，待温度降至 35℃以下时再继续充电。整个充电过程大约需要 60 h，初充电过程中，如减少充电电流则应适当延长充电时间。

(5)初充电接近终了时，如果电解液密度不符合规定，应用蒸馏水或稀硫酸进行调整，再充电 2 h，直至蓄电池单格端电压上升到最大值，并在 2～3 h 不再增加，同时产生大量气泡，电解液呈“沸腾”状态。这时蓄电池已充满电，应切断电源，以免过充电。

(6)新蓄电池充满电后，应以 20 h 放电率放电，如 3-Q-90 型蓄电池以 4.5 h 电流连续放电至单格电压 1.75 V，再按表中补充充电的电流值充足，又以 20 h 放电率放电，如第二次放电时蓄电池容量不小于额定容量的 90%，即可进行一次最后的充电，便可送出使用。放电的方法如下：使充足电的蓄电池休息 1～2 h，使用可变电阻(或水电阻)，也可以用车用灯泡做负载进行放电。先以蓄电池额定容量的 1/20 连续放电，放电开始后每隔 2 h 测量一次单格电压，当单格电压降至 1.8 V 时，每隔 2 min 测一次电压，单格电压降到 1.75 V 应立即停止放电。

2. 蓄电池的补充充电　蓄电池在使用中，如果发现启动机运转无力、灯光比平时暗淡，或者对于冬季放电超过 25%、夏季放电超过 50%以及储存不用近 1 个月的普通蓄电池，都必须进行补充充电。另外由于农业机械上使用的蓄电池进行的是定电压充电，不可能使蓄电池充电充足，为了有效防止硫化，最好 2～3 个月进行一次补充充电。补充充电的具体步骤如下：

(1)从机械上拆下蓄电池，清除蓄电池盖上的脏污，疏通加液孔盖上的通气孔，清除极桩和导线接头上的氧化物。

(2)拧下加液孔盖，检查电解液的液面高度，如果高度不符合规定要求，应添加蒸馏水，但如果确定是电解液溢出导致液面下降，则应用相对密度为 1.40 的稀硫酸调配，电解液液面高出极板上缘 10～15 mm。

(3)用高率放电计检查各单格电压的放电情况，要求蓄电池的各个单格电池读数(电压值)基本一致。高率放电计如图 1-10-7 所示，高率放电计测量蓄电池的单格电压如图 1-10-8 所示。

(4)将蓄电池与充电机相连。补充充电也应按表 1-10-3 所示的充电规范进行，一共分两个阶段：第一阶段的充电电流约为蓄电池额定容量的 1/10，充至单格电压为 2.3～2.4 V；第二阶段的充电电流约为容量的 1/20，充至单格电压为 2.5～2.7 V，电解液密度达到规定值，并且在 2～3 h 内基本不变，蓄电池内产生大量气泡，电解液呈“沸腾”状态，此时表示电池电已充足，时间约为 15 h。

(5)将加液口盖拧紧，擦净蓄电池表面，便可使用。

3. 间歇过充电　蓄电池充电终了后，继续充电是有害的，但考虑到蓄电池在机械上经常处于充电不足或部分放电状况，可能产生硫化现象，因此每隔一定时间，在完成补充充电的基础上，应进行一次预防硫化的过充电，即有意识地把充电

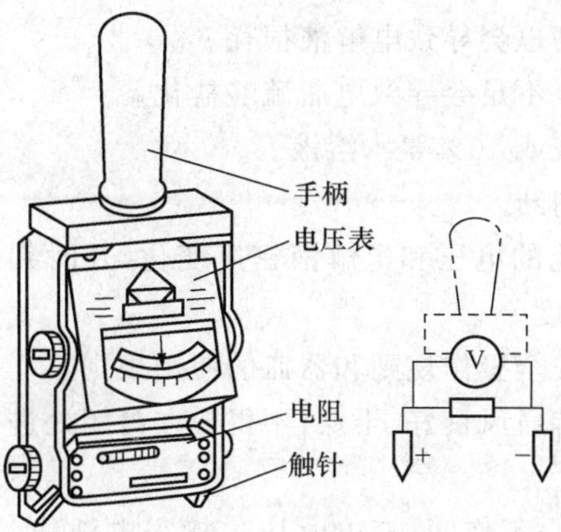

图 1-10-7 高率放电计

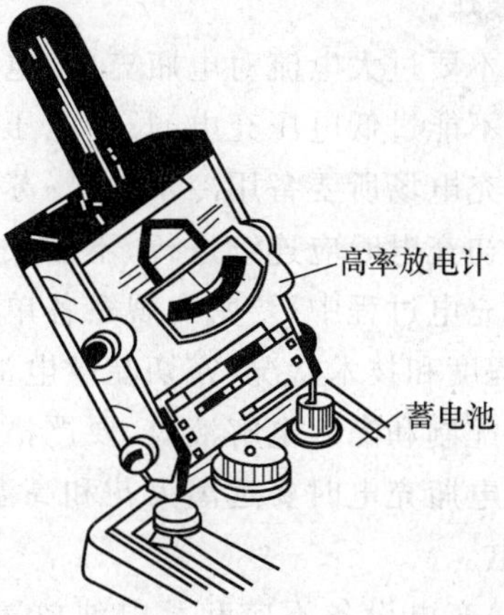

图 1-10-8 高率放电计测量蓄电池的单格电压

时间延长，让蓄电池充电更彻底些，以消除可能产生的轻微硫化。

操作方法：在正常的补充充电后，停止 1 h，再用第二阶段的电流继续充电，直到电解液大量冒气泡时，再停止 1 h，然后再恢复第二阶段的充电，如此循环，直到一接通充电电源，蓄电池在 1～2 min 内就出现大量气泡为止。

4. 循环锻炼充电　循环锻炼充电是为了使极板的活性物质得以充分利用，保证蓄电池容量不下降的一种方法，在蓄电池正常补充充电（或间歇充电）之后，用 20 h 放电率进行放电，然后再实施正常补充充电。一般要求循环锻炼后的蓄电池容量应达到额定容量的 90%以上，否则应进行多次充放电循环。

5. 去硫充电　蓄电池发生硫化现象时，内阻将显著增大，充电时温升也较快。硫化严重的蓄电池就只能报废，硫化程度较轻的可以用去硫充电法加以消除。方法如下：

(1)首先倒出原有的电解液，并用蒸馏水清洗两次，然后再加入足够的蒸馏水。

(2)接通充电电路，将电流调到初充电的第二阶段电流值进行充电，当电解液密度上升到 1.15 g/cm^3 时倒出电解液，换加蒸馏水再进行充电，直到电解液密度不再增加为止。

(3)以 10 h 放电率放电，当单格电压下降到 1.7 V 时，再以补充充电的电流进行充电，再放电，再充电，直到容量达到额定值 80%以上，即可使用。

(四)充电注意事项

(1)充电电压不能太高或太低，应保持在 13.8～14.5 V。

(2)不能过长时间对电瓶充电，长期过时充电会导致电解液干枯和电瓶温度高升引起爆炸。

(3)不要过大电流对电瓶充电,电压过高也会导致电解液损耗。

(4)不能过低电压充电,长期电压低充电不足会导致电瓶硫酸盐化。

(5)充电场所要备用冷水、10%苏打溶液或10%氨水溶液。

(6)初充电时应连续进行,不能长时间间断。

(7)充电过程中,要密切观察各单格电池的电压和电解液密度变化,及时判断其充电程度和技术状况,密切注意电池的温度。

(8)配制和灌入电解液时,要严格遵守安全操作规则和器皿的使用规则。

(9)电瓶充电时要远离火花和高温,保持通风良好、干燥,不得放在封闭处进行电瓶充电。

(10)充电设备不应和蓄电池放置在同一工作间,充电时应先接牢电池线,再打开充电机的电压开关。停止充电时应先切断电源,再拆下电池线。严禁火花产生。

(五)充电设备

蓄电池的充电设备都是由交流电源和整流器组成的,主要有硅整流充电机和快速充电机两类。

1. 硅整流充电机　目前使用较多的有GCA系列硅整流设备,这种变换交流电为直流电的设备,专供汽车运输部门、修理厂、修配厂、修配站及蓄电池充电站作为蓄电池补充电能用的直流电源。具有操作简单,体积小,重量轻,维护方便,整流效率高,寿命长,价格低等优点。

2. 快速充电机　用常规的充电方法,完成一次初充电需要60～70 h,补充充电需20 h左右,由于充电的时间长给使用带来不便。但是单纯加大充电电流来缩短充电时间是不行的,因为这样不仅在充电时蓄电池达不到额定容量,反而会使蓄电池温升快,产生大量气泡,造成活性物质脱落而影响寿命。快速充电机采用自动控制电路对蓄电池进行正、反向脉冲充电,可提高充电效率,蓄电池补充充电只需1～2 h。

脉冲快速充电机的优点是充电时间短,空气污染小,节电能等。因此,在蓄电池集中、充电频繁或应急使用部门,其优点更显突出。蓄电池快速脉冲充电前,应先检查电解液的密度,并根据其全充电状态时的密度值,计算蓄电池的剩余容量,以确保初充电时间,并将充电设备上的定时器调到相应时间上。多数快速充电机都装有温度传感器,将其插入蓄电池的加液孔中,当电解液温度超过50℃时,设备会自动停充。

(六)蓄电池的储存

(1)未灌电解液蓄电池的储存

①干燥、通风,室温 5～40℃;

②避免暴晒,远离热源;

③按行存放于木架之上;

④旋紧加液孔盖,通气孔密闭。

(2)蓄电池的干法储存

①先将其充足电,再按 20 h 放电率放电至单格电压为 1.75 V;

②倒出电解液,加入蒸馏水,3 h 后更换蒸馏水,反复进行至浸不出酸来为止;

③倒干蒸馏水,旋紧加液孔盖,通气孔密闭。

(3)带电解液蓄电池的储存

①将其充足电,旋紧加液孔盖;

②室内应通风干燥,室温 5～30℃;

③定期补充充电。

(4)冬季使用蓄电池时的注意事项

①应特别注意保持其处于充足电状态,以防结冰;

②冬季补加蒸馏水应在充电时进行,以防结冰;

③冬季容量降低,发动机启动前应进行预热,每次启动时间不超过 5 s,每次启动间隔应有 2 min;

④冬季气温低,蓄电池充电困难,应经常检查蓄电池存电状况。

二、蓄电池使用注意事项

为了使蓄电池经常处于完好状态,延长使用寿命,必须认真保养和正确使用。在使用蓄电池时需要注意以下几点:

1.“天天用车,天天充电”。铅酸蓄电池没有记忆,所以容量快速减少主要是蓄电池硫化和“失水”“亏电”等一些原因,蓄电池最怕的就是“亏电”欠压,蓄电池常“亏电”,电池极板极易受伤,调查发现有高达 70%的电动车电池容量减少是电极板被放电时的强电流(启动电流)拉伤所致,电极板拉伤属于电池物理损伤,这种损伤无法修复。因此“天天用车、天天充电”,保证蓄电池随时有充足的电压就成为必然。

2.定时补充蒸馏水。用户普遍以为,免维护蓄电池不用加水,其实这种说法是错误的。免维护蓄电池在充电和大电流放电过程中会产生热量,有热量就会有水分蒸发,尽管水蒸发的过程十分缓慢,但时间一长,累计水蒸发的量就不容小视。因此每 6 个月左右应该给蓄电池补水一次,这样蓄电池的使用寿命才会延长。

3. 每季对电瓶深度放电一次。蓄电池在使用了一段时间后必然会有一些活性物质下沉,如果活性物质不及时激活,势必会对蓄电池的容量造成一些影响,因此,要做到每季对蓄电池深度放电一次。

4. 经常观察充电器的好坏。新电池充电过程一般都是6～8 h,充满电后充电器会亮绿灯,如果充电时间过长就要检查充电器电压保护装置是否坏损,如果坏损就需要及时的调换充电器,否则极易充坏蓄电池。另外,充电器不要购买快速的充电器,快速充电同样对蓄电池极板有伤害。

5. 长期不使用蓄电池时每月至少要给蓄电池充电一次。这样做的目的就是防止蓄电池放置时间过长而引起蓄电池硫化和"亏电"。

6. 防止蓄电池暴晒。暴晒会使电池温度升高,因此要注意。

7. 尽早使用电瓶保护器。电瓶保护器也就是脉冲发生器,因脉冲不间断地消除电瓶硫化,使极板始终保持"洁净",从而达到延长电瓶使用寿命的效果,但对大电流损伤电池极板作用不大(如有的电摩使用带脉冲的充电器,结果电瓶延寿效果不明显),必须增加新技术加以改进。

8. 保持外部清洁,防止间接短路和电极接线柱腐蚀,导致自行放电。

9. 安装应牢固可靠,与机身接触处应加减震垫。

10. 经常检查蓄电池外壳有无电解液渗漏,电极接线柱与接线头的连接是否紧固。

11. 经常清除蓄电池盖上的污物,保持通气孔畅通,清除极桩和电缆线接头上的氧化物。

12. 使用启动机时,每次启动时间不超过5 s,两次启动之间的时间间隔应大于2 min,连续启动不超过3次。

13. 定期检查电解液液面高度,液面不足时应加蒸馏水调整。

14. 定期检查蓄电池充放电程度,检查方法有两种:一种是用密度计测量电解液相对密度,从而测定蓄电池的充放电程度;另一种是使用高率放电计。

15. 及时调整电解液密度,由秋季进入冬季时,应将电解液适当调浓,以防结冰;由冬季进入春季时,应将电解液密度调稀。

16. 拆卸或安装蓄电池的正负极电缆时,应先拆下或后装上搭铁线,以防金属工具搭铁造成蓄电池短路损坏。

17. 蓄电池正负极不可接错,下列特征可供判断:蓄电池的极桩上有正(+)、负(-)极标志;涂红漆为正极;面对铭牌时,左上角为正极桩;若标志模糊不清时,正极桩颜色较深;在用蓄电池时,正极桩上的氧化物多于负极桩。此外,也可以用万用表测量电压,指针摆向负极桩。

三、蓄电池的检测

（一）通过观察孔判断蓄电池技术状况

对于无加液孔的全密封免维护蓄电池，内部一般装有一只小型密度计，通过顶端的检查孔观察其颜色可判断蓄电池的技术状况，观察孔能看见的颜色有三种，绿色、黄色和黑色。绿色是电量充足，黄色是略微亏电，黑色是不能用了要更换。蓄电池里面是铅板和硫酸，所以轻易不要去摸外壳损坏的电瓶。

（二）电解液液面高度的检查

对于塑料壳体的蓄电池，可以直接通过壳体上的液面线检查。壳体前侧面上标有两条平行的液面线，电解液应保持在高、低液面线之间，电解液不足应加注蒸馏水。

对于不能通过壳体上液面线进行检测的蓄电池，可以用玻璃管测量液面高度。

检测方法：找一根内径 4～6 mm、长 150 mm 的玻璃管，垂直插入加液口内，直至极板上缘为止，然后用拇指压紧管的上口，用食指和无名指堵紧管口和夹出，玻璃管中吸取的电解液的高度即为蓄电池内电解液平面高出极板的高度，应为 10～15 mm（见图 1-10-6）。最后再将电解液放入原单格电池中。如果液面较低，应加注蒸馏水（或电瓶水）到规定高度处，在拧开盖时应注意清洁。

（三）蓄电池放电程度的检查

1. 用密度计测量电解液密度　用密度计测试电解液密度是最直接的一种测试方法。吸取蓄电池中的电解液，直到浮子浮起，然后检查浮子高度和浮子刻线之间的关系，可读出电解液密度的数值，如图 1-10-9 所示。

也可以通过浮子彩色的标记来判断蓄电池放电程度：

①电解液处于黄色区域，说明电量充足；

②电解液处于绿色区域，说明电量比较充足；

③电解液处于红色区域，说明蓄电池必须充电。

2. 用蓄电池高功率放电计测量蓄电池空载端电压　将点火开关置于关闭状态，按压高功率放电计测试开关保持 5 s 后放开，待测试仪上的指针静止不动后读出读数，此读数即为蓄电池的端电压。如果电压＜12 V，则需要对蓄电池进行维护；电压＜11 V，则需要更换蓄电池。

3. 蓄电池电极桩的检测　如图 1-10-10 所示，将电压表正表笔接到蓄电池的正极极桩上，负表笔接到正极桩电缆线的线夹上，接通启动机，使启动机带动发电机工作，这时电压表的读数不大于 0.5 V，否则说明极桩与线夹接触不良，将产生

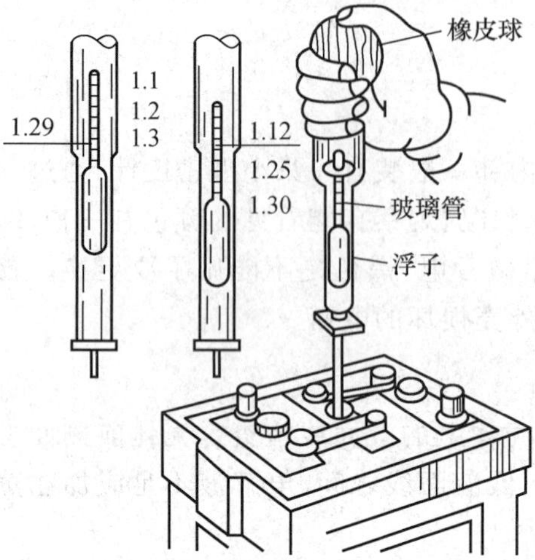

图 1-10-9 电解液密度的检查(单位:g/cm³)

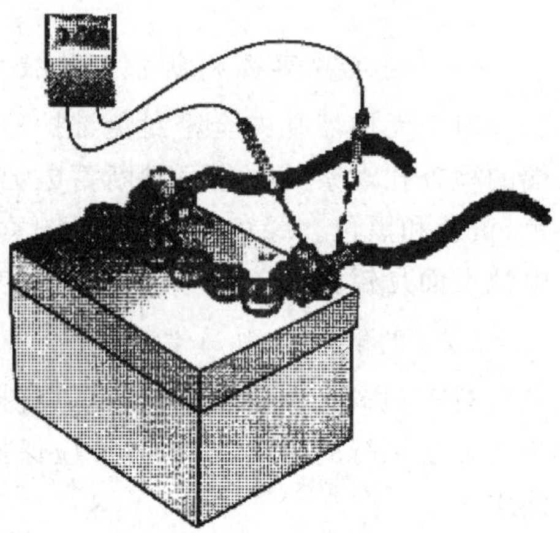

图 1-10-10 蓄电池电极桩的检测连接法

启动困难。当极桩与线夹接触不良时,若是极桩表面氧化,应清除氧化物;若是接触松动,应重新紧固线夹。

四、蓄电池的修复

对整组蓄电池(串联)同时进行修复难度大(电池硫化的除外),只要电池组内有一节电池属物理损伤,使用修复仪器效果就不明显,但是要分开电池组,一节一节电池单独进行修复,不仅可以检测电池坏损类型,也可以采取不同的方法进行修复,所以修复电池关键是修复单体电池(一般为 12 V),下面简单介绍几种修复法:

(一)脉冲修复法

蓄电池消除硫化比较好的方法就是采用脉冲修复法。在修复蓄电池时,脉冲的瞬间电压一般根据产品所体现的功能需要,采取的瞬间电压为 60～300 V,如用于蓄电池延寿的产品脉冲电压值就不宜过大,专门由于蓄电池修复产品的脉冲电压值就可以偏大(如果脉冲电压值太大对电池极板会造成损伤),脉冲电压高,蓄电池修复时间短,脉冲电压低,蓄电池修复时间相对就长,尽管脉冲瞬间的电压很高,但平均电压并不高,对人体没有伤害,十分安全。从固体物理上来讲,任何绝缘层在足够高的电压下都可以被击穿。一旦绝缘层被击穿,粗大的硫酸铅就会呈现导电状态。如果对高电阻率的绝缘施加瞬间高电压,也可以击穿大的硫酸铅结晶。如果这个高电压足够短,并且进行限流,在打穿绝缘层的条件下,充电电流不大,也不至于形成大量析气。电池析气量强正相关于充电电流和充电时间。如果脉冲宽度足够短，占空比足够大，就可以在保证击穿粗大硫酸铅结晶的条件下，同时发生的微充电来不及形成析气。这样就实现了脉冲消除硫化。

市场上有专门的脉冲发生器销售，但要注意选择效果好的一种。脉冲与蓄电池极板的谐振很重要，这就取决于脉冲频率大小、幅度宽窄，脉冲频率和幅度不够就达不到消除硫酸结晶的效果，频率和幅度太大则会出现消除了硫化而损伤了电极板，并出现析气现象；同时，脉冲波形也有很多种，在示波器上可以显示。好的脉冲波在无损电池的前提下，能够有效的击穿绝缘层，将粉碎后的硫酸结晶粉末还原于电解液中。这就像人们碎石块一样，面对一块大石块，是用洋镐有效还是用锄头有效？一看便知。

(二)强电修复法

强电修复法就是采取充电时的持久高电压或大电流修复蓄电池的方法，多在脉冲修复法效果不明显时采用。其一，高电压修复法：这种方法主要是采取电池标称电压的1.3～1.5倍的充电电压修复电池，如36 V蓄电池在充电电流不变或接近的条件下，采用48 V的充电器进行充电，充电时间要掌握分寸，不宜过长，否则电池会因析气发热。此方法对短路、极板软化程度不高的蓄电池具有一定的修复作用，但使用不当，对电池极板压点也会造成伤害。其二，大电流修复法：这种方法主要是采取高于平时充电电流1.5～2.0倍的充电电流来修复蓄电池，如20 AH的蓄电池使用3～4 A的充电器进行充电，利弊与“高电压修复法”一样。

(三)全充全放电修复法

全充全放电修复法就是对蓄电池采取完全充满电后，再完全的放电修复蓄电池的方法。全充全放电修复法主要是对轻度损伤的蓄电池具有一定的修复作用，同时此方法还可以有效地激活电瓶深层的活性物质，提高蓄电池容量。如轻度硫化的电池，内阻较高的电池，此法的关键是放电一定要充分，并且是对每节单体电池进行单独的充分放电，全充全放电1～2次，蓄电池的容量一般都能得到提升。全充全放电修复法不得经常使用，最少半年使用一次，最多3个月使用一次。

(四)补水修复法

对蓄电池“失水”采取补水的方法便可修复，其目的是稀释浓度提高的硫酸正常进行电解反应。补水方法较为简单，只用打开蓄电池上盖，可以看见有六个圆孔，向每个圆孔注射一定量的蒸馏水，再浸泡24 h以上就可以了。补水只可以补充蒸馏水，不可以添加其他成分的水，包括纯净水，因为其他成分的水中有各种金属离子，加入电瓶内后容易引起自放电而损坏电池。

(五)重新配组修复法

电动车电池一般是由几节电池串联而成的电池组,电池坏损是多方面的,可能电池会同时存在几个方面的损伤:对于硫化的电瓶,修复后使用效果较好;但是对于极板软化以及断隔的电瓶,即时可以修复,因属物理硬伤,可再利用价值不大,修复后的使用时间也极短,再修复的效果将会更差。最好的方法就是把修复价值不大的电瓶"以旧换旧(换成容量还有80%以上的旧电池)",再和其他剩余几节电池重新配组即可。

以上分几个部分比较全面地介绍了电瓶损伤、修复、保养的相关技术和知识,用语简单、外行一看就懂。同时,也从一个侧面真诚地向读者揭开电动车电池修复技术的神秘面纱,也就是电瓶修复可采取很多方法,但不是对所有损伤的电瓶都有效,硫化和小毛病的电瓶经修复后有效;极板轻度软化、短路、断隔经修复后可能会短暂有效,就像回光返照一样,使用时间不长又会降到了原处;还有些损伤很严重的电池,修复基本无效。介绍这些知识,主要是便于读者初步的认识这个行业,在电瓶保养和修复上做出正确的选择。

思考题

一、填空题

1. 蓄电池在搬运过程中要注意,不要在地上(　　),在汽车上应用固定支架固定,防止行车振动而移位。

2. 要定期检查蓄电池的(　　),如发现电解液不足要及时(　　)。冬季补加蒸馏水时必须在(　　)情况下进行,避免水和电解液混合不均而结冰。

3. 蓄电池的极柱应涂上(　　),防止极柱腐蚀生成氧化铜。

4. 高率放电仪是测量蓄电池(　　)技术状况的专用仪表,其结构就是一个电压表外部(　　)着大功率低阻值的仪器。

5. 极板硫化的特征是:基板表面有一层(　　)。

6. 去硫化充电工艺中不断加入的溶液是(　　)。

7. 当往车上装蓄电池时,应先接(　　)电缆线,再接(　　)电缆线,以防工具搭铁引起强烈点火花。

8. 在(　　)A电流下,一台120 A·h蓄电池可以放电30 h。

9. 汽车上有两个电源:一个是(　　),一个是(　　)。

10. 普通型铅酸蓄电池充足电时,正极板上的活性物质主要是(　　),负极板上的活性物质主要是(　　)。

11. 蓄电池是一种储存电能的装置,一旦连接外部负载或接通充电电路,便开始了它的能量转换过程。在放电过程中,蓄电池中(　　)能转变成(　　)能;在充电过程中,(　　)能被转变成(　　)能。

二、选择题

1. 蓄电池的功用是________;当发电机未发电或发电不足时,向用电设备供电。

A. 发电　　B. 启动发动机　　C. 贮存电能　　D. 用电

2. 蓄电池由电池外壳、________、隔板、连接条、电极接柱、盖板和加液孔盖、电解液等组成。

A. 电线　　B. 正负极板组　　C. 调节器　　D. 发电器

3. 蓄电池不得剧烈放电,启动使用预热塞预热时间不超过________s。

A. 20　　B. 40　　C. 60　　D. 80

4. 蓄电池电解液液面应保持高出极板________mm。

A. 2～7　　B. 5～10　　C. 10～15　　D. 20～25

5. 蓄电池电解液比重应保持在________。

A. 1.15～1.20　　B. 1.26～1.30　　C. 1.30～1.36　　D. 1.40～1.60

6. 蓄电池电解液液面下降应添加________。

A. 稀硫酸　　B. 蒸馏水　　C. 硫酸　　D. 自来水

7. 蓄电池加液孔盖上的通气孔应保持________。

A. 畅通　　B. 密封　　C. 关闭　　D. 定时关闭

8. 蓄电池每格电池电压不低于________V,两只电瓶新旧一致。

A. 1.2　　B. 1.5　　C. 1.7　　D. 2.5

9. 电解液面正常减少时应添加(　　)。

A. 蒸馏水　　B. 电解液　　C. 硫酸

10. 如果蓄电池酸液溅入眼内,应使用下列什么东西清洗?

A. 只用水　　B. 硫酸铅　　C. 碳酸氢钠　　D. 碳酸氢钠和水

11. 蓄电池不能启动发动机,但灯和喇叭正常。技师A说可能是蓄电池电缆线连接处受腐蚀;技师B说故障在于电解液的密度是1.280 g/cm^3。谁说得对?

A. 技师A说得对　　B. 技师B说得对

C. 技师A和技师B说得都对　　D. 技师A和技师B说得都不对

12. 蓄电池每个单格的极板组成总是________。

A. 负极板比正极板多一片　　B. 正极板比负极板多一片

C. 正、负极板同样多

13. 在检查蓄电池电解液液面时，其液面高度值应在________为最合适。

A. 1～5 mm　　B. 10～15 cm　　C. 10～15 mm

14. 较为准确地判定蓄电池放电程度的方法是______。

A. 充电　　B. 高率放电计测定　　C. 使用启动机

15. 蓄电池电解液的相对密度一般为________。

A. 1.2～1.14　　B. 1.20～1.24　　C. 1.24～1.28

16. ________蓄电池具有储存时间长（两年），加足电解液后，无须充电，静放20～30 min即可装车使用的特点。

A. 普通蓄电池　　B. 免维护蓄电池　　C. 干荷蓄电池

17. 蓄电池放电末期极板上的物质是________________。

A. 硫酸铅　　B. 纯铅　　C. 二氧化铅

三、简答题

1. 现在车使用的都是免维护蓄电池又称MF蓄电池，这种电池有何优点？在免维护电池上有一个电解液密度观察孔，如果看到绿色代表什么？如果看到黑色代表什么？如果看到白色或者无色代表什么？

2. 如果需要更换蓄电池在拆卸蓄电池的时候应该先拆下哪极？为什么？

3. 如何进行蓄电池电解液液面高度、电解液密度检查？

4. 简述蓄电池的性能及放电程度检查方法。

5. 简述给蓄电池充电的操作方法。

6. 蓄电池的作用是什么？

7. 简述免维护蓄电池的结构特点。

8. 简述铅蓄电池的充电特性。

9. 蓄电池不充电的原因可能有哪些？如何判断？

10. 试写出蓄电池充放电过程总的化学反应方程式。

11. 识别蓄电池正、负极柱有哪几种方法？

12. 蓄电池正常使用中，电解液液面为什么会下降？

13. 蓄电池在使用中应做好的“三抓”和“五防”工作是什么？

14. 当启动机开关接通时，其电磁铁线圈中的保持线圈电路是如何工作的？

15. 蓄电池极板短路有哪几种不同情况？

16. 何谓蓄电池极板硫化？

17. 简要说明去硫化充电工艺的操作过程。

实训十一　启动机的使用与维护

实训项目说明

本教学实训项目启动机的使用与维护技能训练模块，主要是掌握启动机的结构、分类；掌握启动机的检测方法及常见故障检查与排除方法；并掌握故障启动机的修复方法。技能训练时以校内实训室和实训基地为依托，理实结合，教、学、做一体化。结合多媒体教学、实验观察和利用课程网站引导学生自主学习，并通过布置综合性思考题的方式，巩固学生的基础知识和基本技能。

基本知识

一、启动系统的功用及组成

启动系统指的是发动机的启动，使发动机从静止状态过渡到工作状态的全过程，要实现这种转换，叫发动机的启动。要使发动机由静止状态过渡到工作状态，必须先用外力转动发动机的曲轴，使活塞作往复运动，气缸内的可燃混合气燃烧膨胀做功，推动活塞向下运动使曲轴旋转。发动机才能自行运转，工作循环才能自动进行。因此，曲轴在外力作用下开始转动到发动机开始自动地怠速运转的全过程，称为发动机的启动。完成启动过程所需的装置，称为发动机的启动系。启动系统由蓄电池、点火开关、启动继电器、启动机等组成(图 1-11-1)。

启动系统的功用是通过启动机将蓄电池的电能转换成机械能，用以带动柴油发动机曲轴旋转，帮助柴油发动机启动，启动发动机运转。

二、启动机的分类

启动机按所用能源分为：汽油发动机和电动机。现代柴油发动机多采用后者，

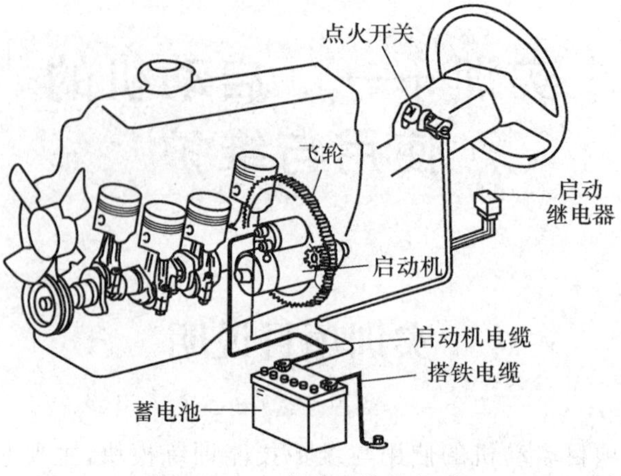

图 1-11-1 启动系统的组成

启动机也以电动机为主。在启动机的组成中，电动机一般没有多大差别，而传动机构和控制装置差异较大。因此，启动机多按传动机构和控制方法的不同来分类。

（一）按传动机构齿轮啮合方式分

1. 强制啮合式启动机　强制啮合的启动机，是目前应用最多的启动机。其最主要的特征就是啮合机构中有啮合弹簧，大多数的啮合弹簧装在单向器上，微型车用启动机，啮合弹簧装在拨叉上，还有一些小功率启动机的啮合弹簧装在电磁开关的活动铁芯内，近年生产的不少减速启动机，啮合弹簧装在拨叉支点位置。

强制啮合的启动机工作过程中，当电磁开关线圈通电，动铁芯拉动拨叉把驱动齿轮推向发动机的飞轮齿环时，会出现两种情况：

(1)驱动齿轮的齿刚好对正飞轮齿环的槽，驱动齿轮非常容易地与飞轮齿环啮合，随后电磁开关触点接通，直流电机通电转动，带动发动机启动。其特点是齿轮先啮合，开关后接通。这个过程叫顺利啮合。

(2)驱动齿轮的齿刚好对正飞轮齿环的齿，即出现了顶齿情况，此时驱动齿轮停止前移。但由于电磁开关的吸力很大，动铁芯依然拉动拨叉，拨叉压缩啮合弹簧，使动铁芯继续运动，直至电磁开关触点接通，直流电机通电转动，当驱动齿轮转过一个很小的角度后，便叉开了顶齿位置，在啮合弹簧的作用下，与飞轮齿环啮合。其特点是开关触点先接通，齿轮后啮合，这个过程叫强制啮合。也就是在顶齿状态下强行啮合。

这里啮合弹簧起了关键作用，拨叉压缩啮合弹簧后，一方面使驱动齿轮压紧在飞轮齿环上，为驱动齿轮齿进入飞轮齿环的槽作准备；另一方面由于驱动齿轮压紧在飞轮齿环上，当电机转动时阻力很大，电机的初始转速不会很高，以便啮合。

启动时强制啮合是启动机靠人力或电磁力，推动拉杆，强制小齿轮啮入飞轮齿环。强制啮合式启动机因其工作可靠，被广泛采用。它可分为以下几种：

①直接操纵式：由脚踏或手拉，直接通、断主电路开关，同时操纵驱动齿轮，使其与飞轮啮合。

②电磁操纵式：用按钮或其他形式的开关控制继电器，再由继电器控制主电路开关，以接通或断开主电路，使驱动齿轮啮合或脱开。

③电磁啮合式：依靠启动机磁极的电磁力，使电枢产生轴向后移，带动驱动齿轮啮入飞轮齿环。

2. 电枢移动式启动机　电枢移动式电启动机的电枢是可以移动的。这个移动，当然是指轴向移动。移动的目的是为了使启动机的齿轮与飞轮齿圈啮合。靠磁极产生的电磁力使电枢作轴向移动，带动固定在电枢轴上的驱动齿轮与飞轮齿环啮合，启动后，回位弹簧使电枢回位，于是驱动齿轮便与飞轮齿环脱开。电枢移动式启动机其结构较为复杂，仅用于一些大功率柴油机车上。

3. 惯性啮合式启动机　启动时，依靠驱动齿轮自身旋转的惯性与飞轮齿环啮合。启动后，驱动齿轮又靠惯性力自动与飞轮齿环脱开。惯性啮合式启动机结构简单，但工作可靠性较差，现很少采用。

（二）按控制装置分

1. 直接操纵式启动机　利用脚踩或手拉直接操纵机械式启动开关接通或切断启动主电路。

2. 电磁操纵式启动机　用启动按钮或点火开关控制启动机电磁开关或启动继电器，再由电磁开关产生的电磁力控制启动主电路的接通与断开。这种启动机可远距离控制，操作省力、方便，现代柴油汽车已广泛采用电磁操纵式启动机。

（三）对启动机的要求

(1)齿轮啮合要容易，不应产生冲击。

(2)发动机启动后，小齿轮应能自动滑转或脱出，以免发动机带动启动机旋转，造成“飞车”事故。

(3)发动机工作时，启动机驱动齿轮不能啮入飞轮齿环。

(4)结构简单，工作可靠。

三、启动机的结构

启动机一般由直流电动机、传动机构和电磁开关三部分组成，其中直流电动机的作用是产生转矩；传动机构的作用是使启动机齿轮与发动机飞轮齿环啮合，传递转矩;电磁开关用来控制主电路的通、断。启动机的结构如图 1-11-2 所示。

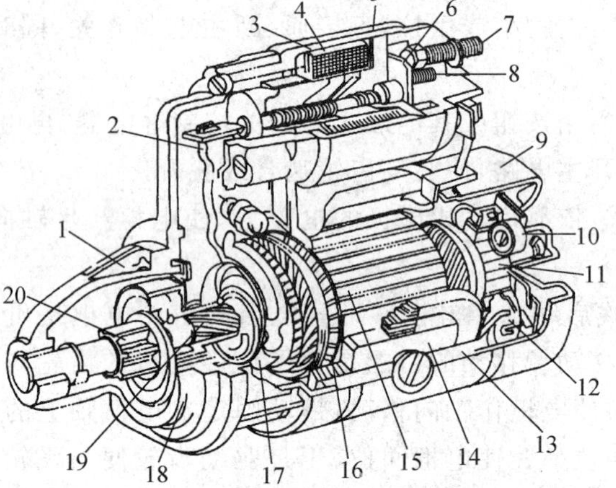

图 1-11-2 启动机的结构

1. 后端盖 2. 拨叉 3. 保持线圈 4. 吸引线圈 5. 电磁开关 6. 触点 7. 电动机开关接线柱 8. 接触盘 9. 防尘罩 10. 电刷弹簧 11. 换向器 12. 电刷及前端盖 13. 机壳 14. 磁极 15. 电枢 16. 磁场绕组 17. 移动衬套 18. 单向离合器 19. 电枢轴 20. 驱动齿轮

(一)直流电动机

直流电动机多为串励直流电动机,具有较大的磁场以保证有足够的转矩。主要由电枢、磁极和换向器等组成。

1. 磁极(定子) 磁极作用:产生磁场,电磁式电动机的磁极由铁芯和磁场线圈组成,铁芯用低碳钢制成马蹄形,并用螺钉固定在电动机的壳体内壁上,磁场线圈套装在铁芯上。为了增大启动机的电磁转矩,一般采用四个磁极,功率超过 735 kW 的启动机有的采用六个磁极。磁场线圈用矩形裸体铜线绕制,并与电枢绕组串联(图 1-11-3)。四个磁场线圈的连接方式有两种:一种是四个绕组串联后再与电枢绕组串联,如图 1-11-3(a)所示,另一种是两个绕组先串联后并联,然后与电枢绕组串联,如图 1-11-3(b)所示,目前普遍采用后一种连接方式。无论采用哪一种连接方式,其磁场绕组通电产生的磁极必须 N、S 极相间排列。

2. 电枢(转子) 是产生电磁转矩的核心部件,其结构如图 1-11-4 所示。铁芯有许多相互绝缘的硅钢片叠装而成,其圆周表面上有槽,用来安放电枢绕组。

(1)电枢绕组:为了通过较大的电流以获得大的功率和转矩,电枢绕组也采用扁而粗的铜质导线绕成。由于电枢导线采用裸体铜线,为防止短路,导线与铁芯之间、导线与导线之间均有绝缘性能较好的绝缘纸隔开。

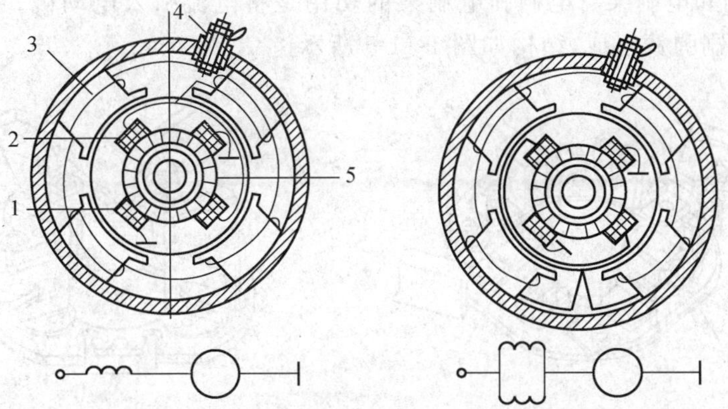

(a) 串联电路　　(b) 先串联后并联电路

图 1-11-3　励磁绕组的连接方式

1. 负电刷　2. 正电刷　3. 磁场绕组　4. 接线端子　5. 换向器

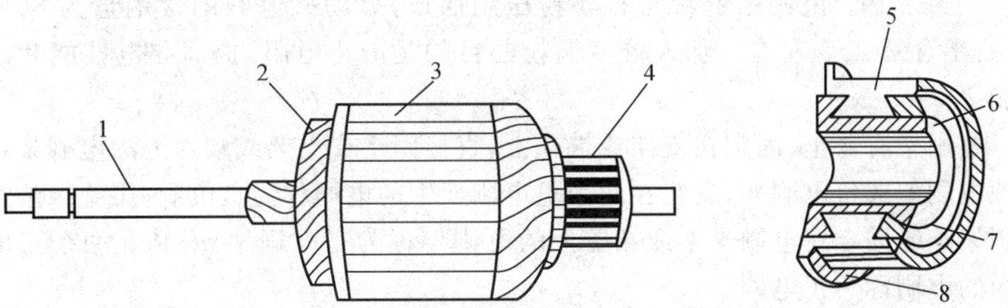

(a) 电枢总成　　(b) 换向器结构

图 1-11-4　电枢的结构

1. 电枢轴　2. 电枢绕组　3. 电枢铁芯　4. 云母片　5. 换向片　6. 套轴　7. 压环　8. 焊线凸缘

(2)电枢铁芯：由相互绝缘的硅钢片叠装而成，其圆周上制有安放电枢绕组的槽，内以花键固装在电枢轴上。

(3)换向器：换向器的功用是将通入电刷的直流电流转换为电枢绕组中导体所需的交变电流，以使不同磁极下导体中电流的方向保持不变。换向器由截面呈燕尾形的铜片围合而成，如图 1-11-4(b)所示。燕尾形铜片称为换向片，换向片与换向片之间以及换向片与轴套、压环之间均绝缘。

(4)电枢轴：启动机电枢轴上制有键槽，用以与启动机离合器配合。电枢轴一般采用前后端盖和中间支撑板三点支撑，轴的尾端肩部与后端盖之间装有止推垫圈。

3. 电刷和电刷架　电刷和电刷架的功用是将电流引入电动机，主要由电刷、电刷架和电刷弹簧组成，结构如图 1-11-5 所示。

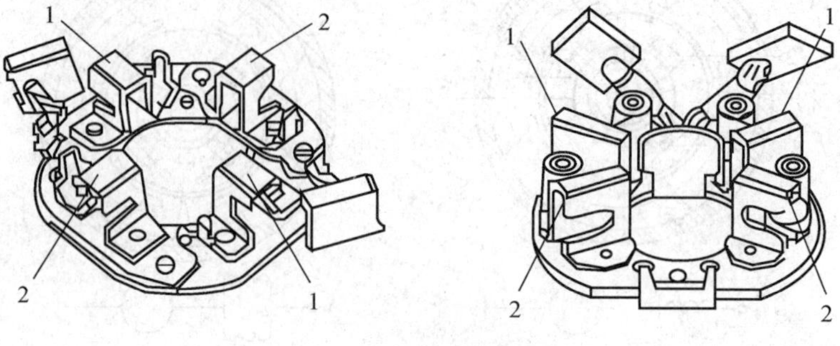

图 1-11-5　电刷与电刷架

1. 负电刷架　2. 正电刷架

电刷装在电刷架中，借弹簧压力将它压紧在换向器上，电刷弹簧的压力一般为 11.7～14.7 N。电刷用铜粉与石墨粉压制而成，启动机电刷的含铜量为 80%左右，石墨含量 20%左右。加入较多铜粉的目的是减小电阻，提高导电性能和耐磨性能。

电刷架有 4 个，固定在支架或端盖上，直接固定在支架或端盖上的电刷架称为搭铁电刷架或负电刷架，安装在两个负电刷架中的电刷称为负电刷；用绝缘垫片将电刷架绝缘固定在电刷支架或端盖上的电刷架称为正电刷架，安装在两个正电刷架内的电刷称为正电刷。

4. 端盖、机壳　端盖分为前、后两个，后端盖一般用钢板压制而成，前端盖用铸铁浇铸而成。机壳用钢管制成，一端开有窗口，作为视察电刷和换向器之用，平时用防尘箍盖住，安装磁极和固定机件。磁极固定在壳体内壁上。壳体上有一个电流输入接线柱，对于电磁式电动机，该端子或引线与磁场绕组的一端相接。

(二)传动机构

传动机构的作用是当启动发动机时，将电动机的驱动转矩传给发动机曲轴，当发动机启动后，切断电动机与发动机之间的动力联系。

普通启动机的传动装置主要由单向离合器和拨叉组成。单向离合器有滚柱式离合器、弹簧式离合器和摩擦片式离合器三种。摩擦片式离合器可以传递较大转矩，主要用于柴油发动机，滚柱式和弹簧式离合器主要用于汽油发动机。

(三)控制装置

控制装置作用是控制驱动齿轮与飞轮齿圈的啮合与分离，控制电启动机电路的通断。按工作方式分为机械操纵式和电磁控制式两类,目前应用最多的是电磁控制式,电磁控制式装置一般由电磁开关、组合继电器与点火启动开关等组成。

电磁开关主要由吸引线圈、保持线圈、活动铁芯、接触盘等组成,其结构如图1-11-6所示。其中吸引线圈与电动机串联,保持线圈与电动机并联,活动铁芯一端通过接触盘控制主电路的导通;另一端通过拨叉控制驱动齿轮的啮合。

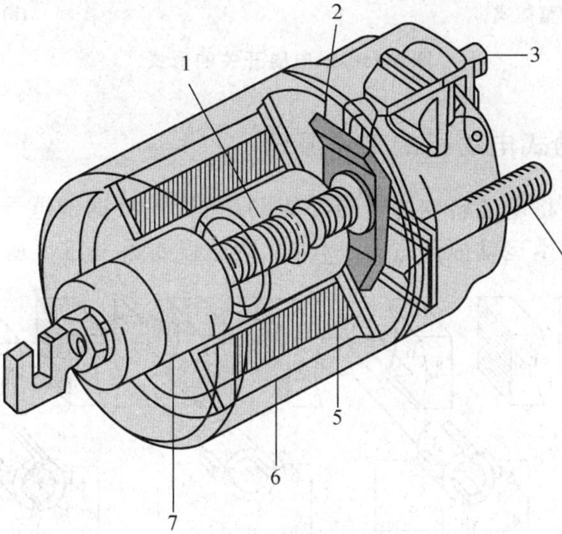

图1-11-6 电磁开关的结构

1. 回位弹簧 2. 接触盘 3. 端子30 4. 端子C 5. 吸引线圈 6. 保持线圈 7. 活动铁芯

启动发动机时,启动开关接通启动电路,吸引线圈、保持线圈通电,保持线圈的电流经启动机接线柱进入,经线圈后直接搭铁;吸引线圈的电流也经启动机接线柱进入电动机,经电动机后再搭铁,两线圈通电后产生较强的电磁力,克服弹簧弹力使活动铁芯移动,一方面通过拨叉带动驱动齿轮移向飞轮齿圈与之啮合,另一方面推动接触盘移向两个主接线柱触点,在驱动盘齿轮与飞轮齿圈进入啮合后,接触盘将两个主触点接通,使电动机通电运转。

通过控制启动电池开关及杠杆机构,来实现启动机传动机构与飞轮齿圈的啮合与分离,并接通和断开电动机与蓄电池之间的电路。

电磁开关按开关与铁芯的结构形式分为整体式和分离式两种,如图1-11-7所示。开关接触盘组件与活动铁芯固定连接在一起的称为整体式电磁开关,接触盘组件与活动铁芯不固定连接在一起的称为分离式开关。

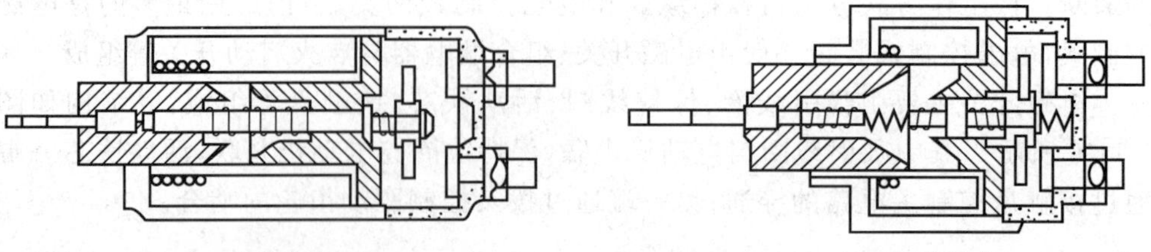

(a) 整体式　　(b) 分离式

图 1-11-7　电磁开关的形式

四、直流串励式电动机的工作原理

直流电动机是将电能转变为电磁力矩的装置，并根据带电导体在磁场中将受到电磁力作用而发生运动原理进行工作，工作过程如图 1-11-8 所示。

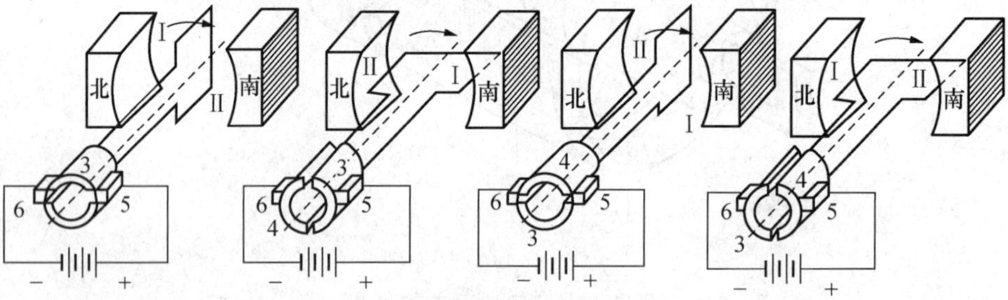

(a) 静止状态　(b) 顺时状态　(c) 惯性转过　(d) 顺时转动

图 1-11-8　直流电动机的工作过程

当电枢绕组在所示垂直位置时，如图 1-11-8(a)所示，电刷 5、6 不与换向器 3、4 接触，线圈中没有电流流过，线圈不受力的作用，因此线圈不会转动。

如将线圈稍微向顺时针方向转动，电刷 5、6 便分别与换向片 3、4 接触，如图 1-11-8(b)所示，电枢绕组中便有电流流过，电流路径由蓄电池正极，经电刷 5、换向片 3、电枢绕组、换向片 4、电刷 6 回到蓄电池负极。根据左手定则可以判断，线圈Ⅰ边将向下转动、线圈Ⅱ边将向上运动，整个线圈将沿顺时针方向转动。当线圈旋转到图 1-11-8(c)所示垂直位置时，电刷 5、6 又不与换向片 3、4 接触，线圈中又无电流流过，但是，此时线圈将以其转动惯性转过此位置。

当线圈转过垂直位置时，电刷 5、6 便分别与换向片 4、3 接触，如图 1-11-8(d)所示，线圈中又有电流流过，电流路径由蓄电池正极，经电刷 5、换向片 4、线圈、换向片 3、电刷 6 回到蓄电池负极。由左手定则可知，此时线圈的Ⅰ边将向上运动、线圈Ⅱ边将向下运动，整个线圈仍沿顺时针方向转动。

由此可见，由于换向片的作用，便使线圈处在磁场南极或北极下的导线中的电流方向保持不变，即南极下面导线中的电流始终有电池经电刷流入，北极下面导线中的电流始终由导线经电流流回电池。由于磁场方向和每个磁极下线圈导线中的电流方向保持不变，因此由左手定则可知，线圈导线受力而形成的力矩方向不变。如果电流不断通入线圈，电枢就会不停地旋转。但电动机有负载时，就可将电源的电能转化为机械能。

图 1-11-8 所示的电枢绕组虽然能按一定的方向转动，但是每当转动垂直位置时，都是依靠惯性转过，转动很不平稳，电磁力产生的电磁转矩也很小。为了增大电磁转矩和提高电动机的平顺性能，实际使用的电动机采用了多组电枢绕组和多对磁极。

五、启动机的工作原理

不同农业机械上使用的启动机尽管形式不同，但其直流电动机部分基本相似，主要区别在于传动机构和控制装置有所差异。农业机械的启动电路主要由蓄电池、电流表、电源开关、启动开关、火焰预热器和电动机组成，如图 1-11-9 所示。

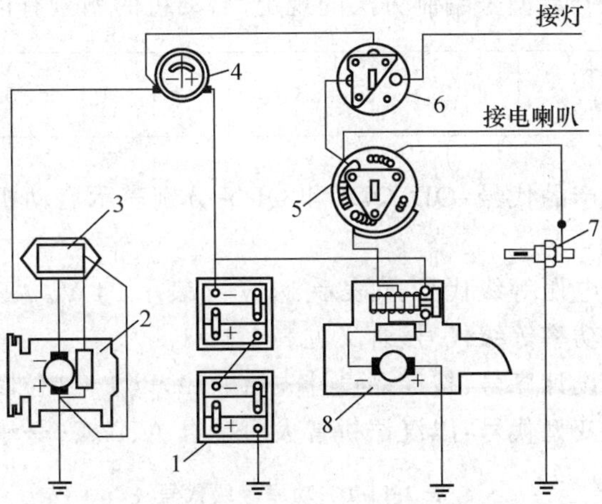

图 1-11-9　启动电路

1. 蓄电池　2. 发电机　3. 调节器　4. 电流表　5. 启动开关　6. 电源开关　7. 火焰预热　8. 电动机

电动机工作时，所需电流很大（约 600 A），所以电动机的主电路不通过电流表，而与蓄电池直接相接，主电路的通断由电磁开关控制，要接通电磁开关，需要闭合电源开关和启动开关。预热器的电路由启动开关控制。

启动发动机时，接通点火开关，蓄电池电压加在电磁开关上，电磁开关内部的两线圈(保持线圈和吸引线圈)同时得电，通电的线圈产生磁场，使电磁开关相当于一电磁铁，开关动静铁芯吸合，通过动铁芯上的拉杆带动拨叉。启动机的拨叉类似于一杠杆，支点在驱动端盖上，一端接电磁开关拉杆，一端接到单向离合器上。因此，拉杆的运动通过拨叉传递到单向离合器，使单向离合器(含驱动齿轮)前移。同时，动静铁芯的吸合推动开关接触片上移，接通主副触头，使蓄电池电流接入直流电动机。直流电动机产生旋转力矩，使电枢旋转，传动机构将电枢的旋转运动传递到驱动齿轮，使驱动齿轮在旋转运动和直线运动的合力下切入发动机飞轮环，带动发动机运转。此时，吸引线圈通过接触片短路，依靠保持线圈的吸力维持驱动齿轮的位置。

发动机在启动机驱动齿轮的带动下，旋转到其启动转速后，即开始自动旋转，此时发动机已启动成功，转速逐步升高，并最终超过驱动齿轮转速，形成“超速”。此时驱动齿轮依靠单向离合器而实现打滑。当点火开关断开后，电磁开关断电，动静铁芯松开，拨叉在复位弹簧带动下退回，接触片断开，电动机断点停止运转，同时驱动齿轮在拨叉带动下退回。整个启动过程至此结束。

六、启动机型号

根据电气设备产品型号编制方法的规定，启动机的型号有以下五部分组成：

1	2	3	4	5

第一部分表示产品代号：QD、QDJ 和 QDY 分别表示启动机、减速型启动机和永磁型启动机。

第二部分表示电压等级代号：1 表示 12 V、2 表示 24 V。

第三部分表示功率等级代号：含义见表 1-11-1。

第四部分表示设计序号：按产品设计先后顺序，以 1～2 位阿拉伯数字组成。

第五部分表示变型代号：以汉语拼音大写字母 A、B、C……顺序表示。

表 1-11-1 功率等级代号

功率等级代号	1	2	3	4	5	6	7	8	9
功率/kW	～1	>1～2	>2～3	>3～4	>4～5	>5～6	>6～7	>7～8	>8～9

实训指导

一、启动机的使用及注意事项

(一)启动机的正确使用

1. 启动机每次使用时间不宜超过 5 s,两次启动之间隔时间 2～3 min。如连续 3 次不能启动,应停机对电路及油路进行检查,排除故障后再启动。

2. 在低温下启动发动机时,应先预热发动机后再启动。

3. 启动机电路的导线连接要牢固,导线截面积不应太小。

4. 应尽可能使蓄电池处于充足电的状态,保证启动机正常工作时的电压和容量。

5. 车辆行驶 2 000 km 后,应检查紧固件连接是否牢靠,导线接触是否良好。

6. 车辆行驶 8 000 km 后,应检查整流子表面是否光洁,炭刷在架内是否卡死,炭刷弹簧压力是否正常,若有故障应拆下修理。

(二)影响启动机功率的因素

1. 蓄电池的容量:蓄电池容量越小,供给启动机的电流越小,于是产生的转矩也就越小。

2. 环境温度:环境温度主要是通过影响蓄电池的内阻而影响启动机的功率。温度愈低,蓄电池的内阻越大,容量减小,启动机输出功率明显下降。故冬季对蓄电池适当保温,就可以提高启动机的功率,改善启动性能。

3. 接触电阻和导线电阻:接触电阻大、导线过长及截面过小,都会造成较大的电压下降,使启动机的功率减小。

(三)启动机的使用注意事项

1. 为了能使发动机顺利、可靠地启动,应经常保持蓄电池处于充足电的状态,启动机与蓄电池之间的连线、蓄电池的搭铁线连接应固定牢靠,且接触良好。

2. 启动发动机前,应确认发动机状况良好后再使用启动机启动。

3. 由于启动机工作电流很大,因此每次启动发动机时,启动机接通时间不应超过 5 s;两次启动的间隔应在 2 min 以上,以防电动机过热。经过三次启动,发动机仍没有启动着火,则停止启动,应排除故障后,再启动。

4. 使用不具备自动保护功能的启动机时,应在发动机启动后迅速断开启动开关，切断 ST 挡，使启动机停止工作。在发动机正常运转时，切勿随便接通启动开关。

5. 发动机启动后，应及时关断启动开关，以免单向离合器被瞬间反带而损坏。

(四)启动机的维修注意事项

1. 在车上进行启动检测之前，一定要将变速器挂上空挡，并实施驻车制动。

2. 在拆卸启动机之前，应先拆下蓄电池的搭铁电缆线。

3. 有些启动机在启动机与法兰盘之间使用了多块薄垫片，在装配时应按原样装回。

(五)启动机工作 1 000 h 后的维护

1. 清除内部油污和脏物。

2. 检查换向器表面是否光洁，电刷在架内是否有卡滞现象，电刷的高度(不得低于原高度 1/2)，电刷与换向器的接触情况。如换向器表面有轻度烧伤，可用“00”号砂纸磨光。若烧伤严重，必须重新车光，并用“00”号砂纸磨光。

3. 检查电刷的弹簧弹力(可用弹簧秤测定)，弹簧对电刷的压力应在 0.9～1.5 kgf(8.82～14.7 N)范围内，不符合应调整或更换。

4. 用汽油或煤油清洗电枢和驱动机构，并烘干。安装时在摩擦式离合器的摩擦片间涂石墨润滑脂，而螺旋花键部分涂钙基润滑脂。

5. 检查励磁绕组的技术状态。

6. 检查电磁开关动触头和静触头的表面情况，若烧伤或有黑斑，应用“00”号砂纸磨平。

(六)启动机拆检后的维护

1. 用压缩空气吹净或擦净电动机内部灰尘，用汽油或煤油擦洗机械零件，不允许用汽油、煤油清洗含油轴衬。

2. 换向器表面烧蚀轻者可用“00”号砂纸打磨，重者或表面凹凸不平，则必须重新用车床车光。

3. 检查电刷磨损情况并用弹簧秤检查电刷弹簧压力。如果磨损变形过大或电刷弹簧压力过低时，应及时更换。

二、启动机的拆装

(一)启动机的分解

启动机解体前应清洁外部的油污和灰尘，然后按下列步骤进行解体：

1. 旋出防尘盖固定螺钉，取下防尘盖，用专用钢丝钩取出电刷；拆下电枢轴上止推圈处的卡簧(图 1-11-10)。

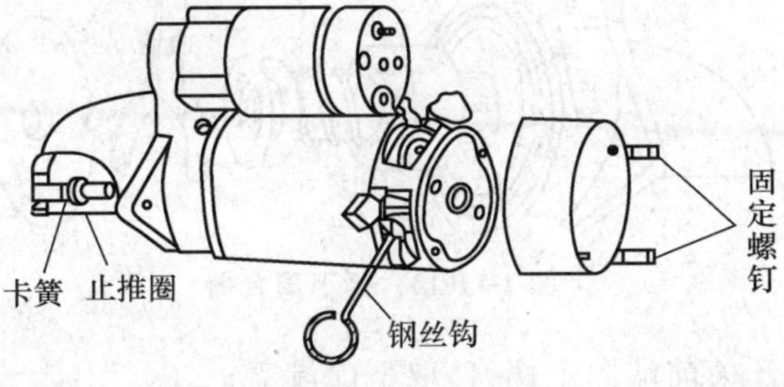

图 1-11-10 拆卸电刷

2. 用扳手旋出两紧固穿心螺栓，取下前端盖，抽出电枢，如图 1-11-11 所示。

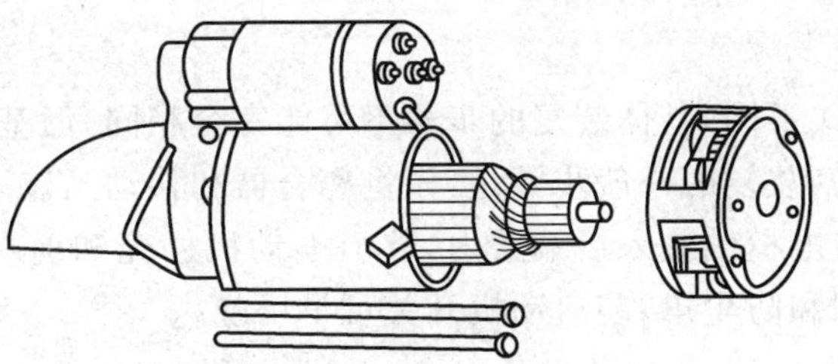

图 1-11-11 拆卸前端盖和电枢

3. 拆下电磁开关主接线柱与电动机接线柱间的导电片；旋出后端盖上的电磁开关坚固螺钉，使电磁开关后端盖与中间壳体分离，如图 1-11-12 所示。

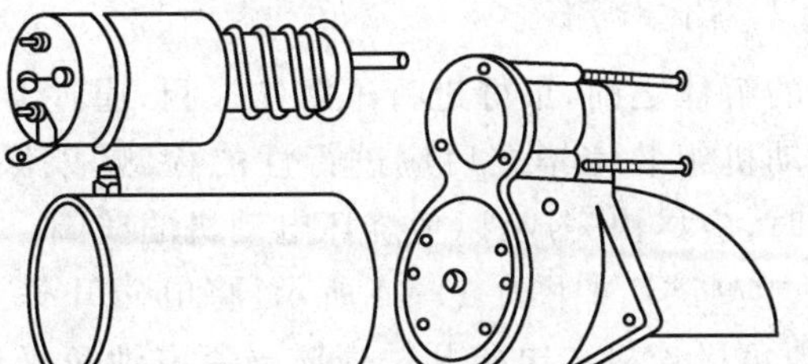

图 1-11-12 拆卸电磁开关

4. 从后端盖上旋下中间支承板坚固螺钉，取下中间支承板，旋出拨叉轴销螺钉，抽出拨叉，取出离合器，如图 1-11-13 所示。

5. 将已解体的机械部分浸入清洗液中清洗，电气部分用棉纱蘸少量汽油擦拭干净。有必要时，可分解电磁开关，其步骤如下：

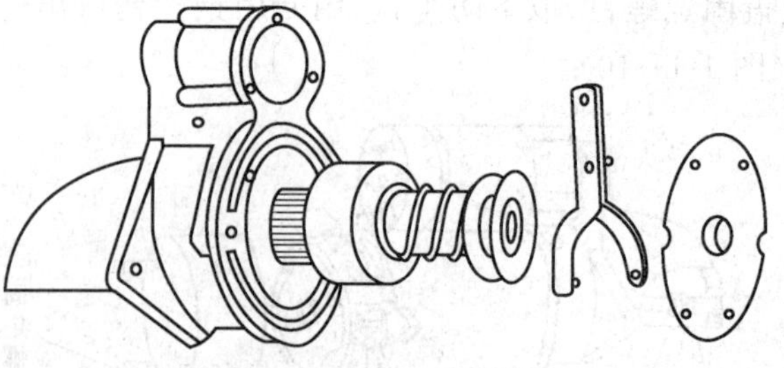

图 1-11-13 拆下离合器

(1)拆下电磁开关前端固定螺钉,取下前端盖;

(2)取下独盘锁片、触盘、弹簧、抽出引铁;

(3)取下固定铁芯卡簧及固定铁芯,抽出铜套及吸引和保持线圈。

(二) 启动机装复

启动机的形式不同,具体装复的步骤不可能完全相同,但基本原则是按分解时的相反步骤进行。装复的一般步骤是:先将离合器和移动叉装入后端盖内,再装中间轴承支撑板,将电枢轴装入后端盖内,装上电动机外壳和前端盖,并用长螺栓结合紧,然后装电刷和防尘罩,装启动机开关可早可晚。

三、启动机的检测

启动机的检测分为解体检测和不解体检测两种,解体测试随解体过程一同进行。不解体测试可以在拆卸之前或装复以后进行。

(一)启动机的不解体检测

在进行启动机的解体之前,最好进行不解体检测,通过不解体的性能检测大致可以找出故障。启动机组装完毕之后应进行性能检测,以保证启动机正常运行。在进行以下的检测时,应尽快完成,以免烧坏电动机的线圈。

1. 吸引线圈性能测试　如图 1-11-14 所示,将电磁开关上与启动机连接的端子 C 断开,与蓄电池负极连接。电磁开关壳体与蓄电池负极连接。将电磁开关上与点火开关连接的端子 50 与蓄电池正极连接。

注:启动机驱动齿轮应向外移出,否则说明电磁开关有故障,应予以修理或更换。

2. 保持线圈的性能测试　接线法如图 1-11-15 所示,在吸引线圈性能测试的基础上,在驱动齿轮移出之后从端子 C 上拆下导线。

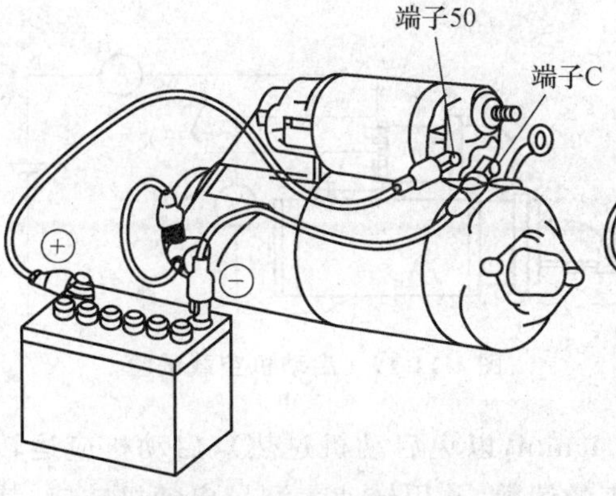

图 1-11-14 吸引线圈的功能测试

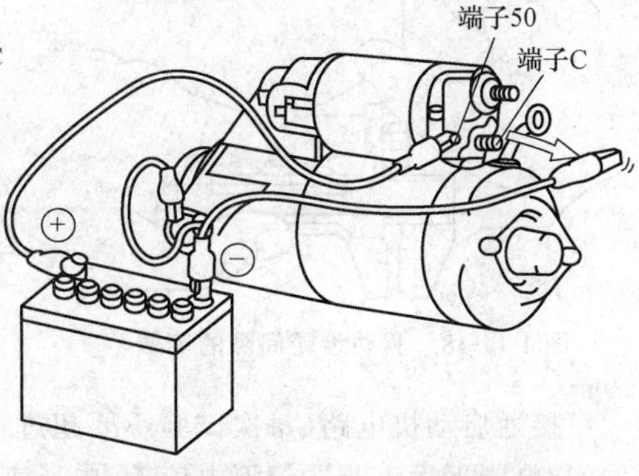

图 1-11-15 电磁线圈和保持线圈功能试验

注:驱动齿轮应保持在伸出位置不动。否则,说明保持线圈损坏或搭铁不正常,应修理或更换电磁开关。

3. 驱动齿轮回位的测试 如图 1-11-16 所示,拆下蓄电池的负极接外壳的接线夹后,驱动齿轮能迅速返回原始位置即为正常。如不能复位,说明复位弹簧失效,应予以更换。

4. 驱动齿轮间隙的检查 按如图 1-11-17 所示,连接蓄电池和电磁开关,按图 1-11-18 所示,进行驱动齿轮间隙的测量。

注:测量时先把驱动齿轮推向电枢方向,消除间隙后测驱动齿轮端和止动套圈的间隙,并和标准值进行比较。

5. 启动机空载测试 测量启动机的空载电流和空载转速并与标准值比较,以判断启动机内部有无电路和机械故障。将启动机固定,按照图 1-11-19 所示方法连接导线。

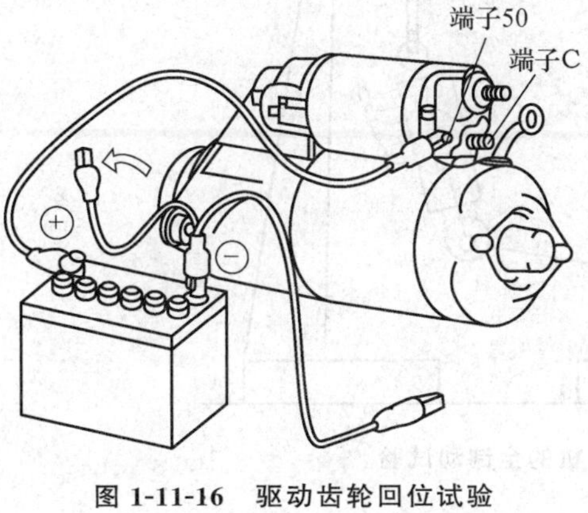

图 1-11-16 驱动齿轮回位试验

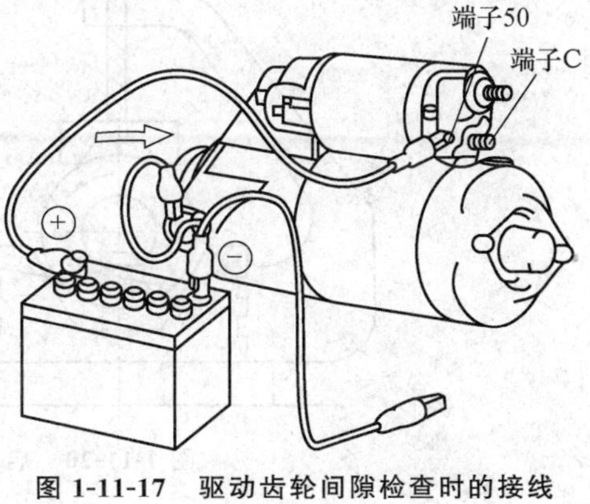

图 1-11-17 驱动齿轮间隙检查时的接线

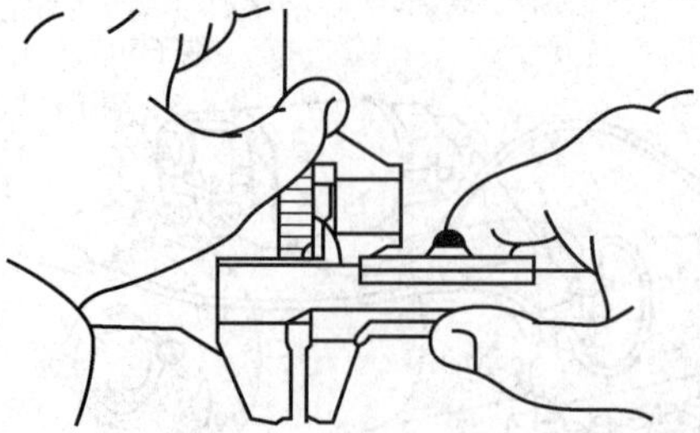

图 1-11-18 驱动齿轮间隙的测量

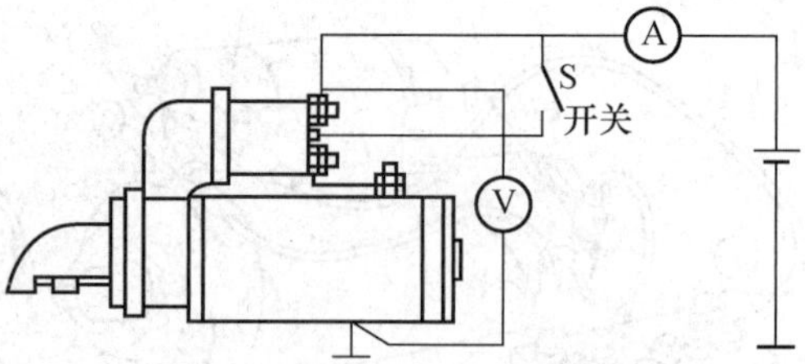

图 1-11-19 启动机空载试验

接通启动机电路(每次试验不要超过 1 min,以免启动机过热),启动机应运转均匀、电刷下无火花。记下电流表、电压表的读数,并用转速表测量启动机转速,其值应符合规定值。同时观察换向器是否出现较大火花,倾听有无不正常的机械响声。

若电流大于标准值,而转速低于标准值,表明启动机装配过紧或电枢绕组内有短路或搭铁故障。若电流和转速都小于标准值,则表示启动机线路中有接触不良的地方(如电刷弹簧压力不足,换向器与电刷接触不良等)。

6. 启动机全制动试验　全制动试验应在空载试验的基础上进行,空载试验不合格的启动机不应进行全制动试验。全制动试验的目的是测量启动机在完全制动时所消耗的电流(制动电流)和制动力矩,以判断启动机主电路是否正常,并检查单向离合器是否打滑。将启动机夹持在试验台上,使杠杆的一端夹住启动机驱动齿轮的三个齿,如图 1-11-20 所示。

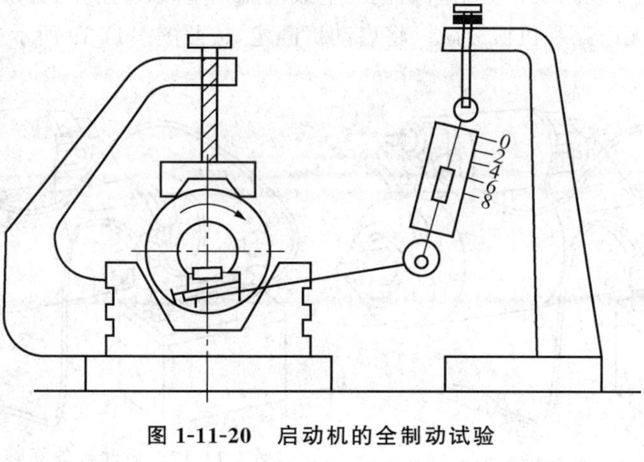

图 1-11-20 启动机的全制动试验

电路连接与空载试验相同。接通启动机电路，呈现制动状态，观察单向离合器是否打滑并迅速记下电流表、电压表、弹簧秤的读数，其值应符合规定值。

若制动力矩小于标准值而电流大于标准值，则表明磁场绕组或电枢绕组中有短路和搭铁故障。若力矩和电流都小于标准值，表明线路中接触电阻过大。若驱动齿轮锁止而电枢轴有缓慢转动，则说明单向离合器有打滑现象。

全制动试验应注意：每次试验通电时间不要超过 5 s，以免损坏启动机及蓄电池。试验中，工作人员应避开弹簧秤夹具，防止发生人身事故。

（二）启动机解体后检测

1. 检查直流电机

（1）磁场绕组的检修

①磁场绕组断路检查：磁场绕组断路，一般多是由于绕组引出线头脱焊或假焊所致，可用万用表电阻挡检查，或用一只 12 V（24 V）试灯与磁场绕组串联后接到 12 V（24 V）的直流电源上，通过试灯的亮度来检查，若试灯不亮，则表明该磁场绕组断路。

②磁场绕组匝间短路的检查：磁场绕组匝间短路多由其匝间绝缘不良引起，而匝间绝缘不良往往由于绕组外部的包扎层烧焦、脆化灯原因造成。若其外部完好无法判断其内部是否短路时，可按图 1-11-21 所示，将磁场绕组套于铁棒上，然后放入电枢感应仪中，使感应仪通电 3～5 min，如该绕组发热即表明有匝间短路故障。也可按图 1-11-22 所示，即用蓄电池一个单格的直流电检查，电路接通后，立即将起子放到每个磁极上，检查各磁极对起子的吸力量是否相同，若某一磁极吸力很小或基本不吸，表明该磁场绕组有匝间短路。

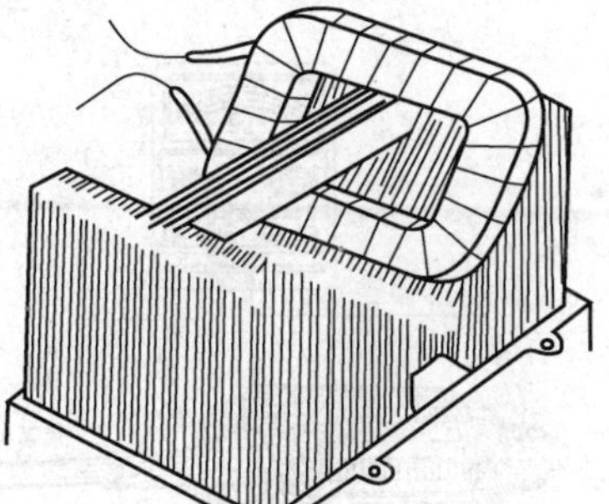

图 1-11-21　用电枢感应仪检查磁场绕组有无匝间短路故障

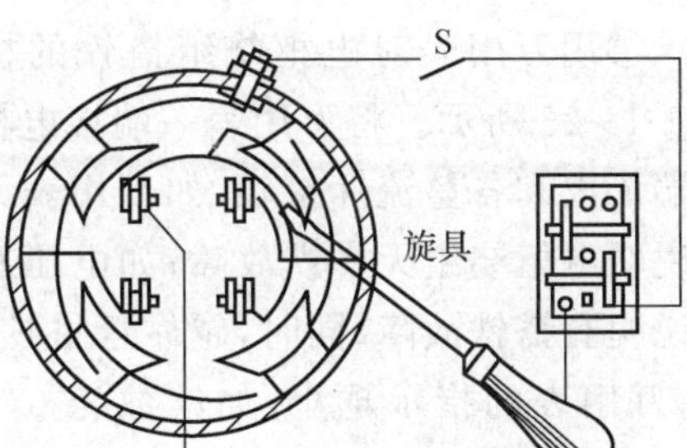

图 1-11-22　用蓄电池单格直流电检查磁场绕组有无匝间短路故障

③磁场绕组搭铁的检查：实际是检查启动机磁场绕组与定子外壳的绝缘状况，方法如下：

• 用交流试灯检查：如图 1-11-23 所示，使用一只 220 V 交流试灯，将其一端与启动机接线柱相接，另一端接交流电源，交流电源另一端接启动机外壳。试灯不亮，则磁场绕组与外壳的绝缘状况良好，即无搭铁故障；否则，表明该磁场绕组搭铁。

• 万用表电阻挡检查法：使用万用表电阻挡检查启动机磁场绕组有无搭铁故障的方法如图 1-11-24 所示，若将万用表置于 R×10k 挡，两测试棒分别接磁场绕组一端和定子外壳，R→∞，说明该绕组无搭铁故障；若将万用表置于 R×1 k 挡，两测试棒分别接磁场绕组一端和某一非搭铁电刷，其阻值应为零，否则说明磁场绕组断路。

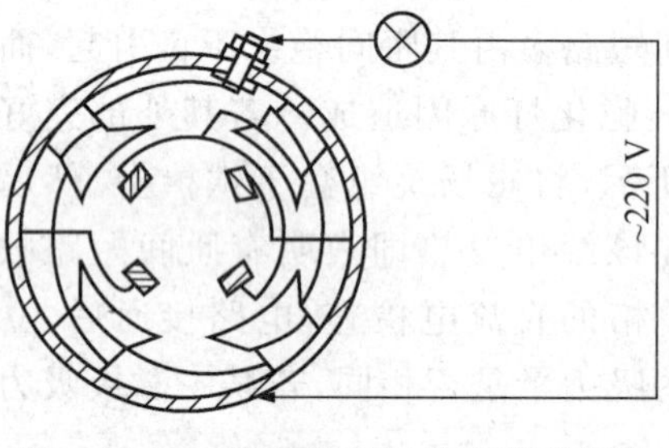

图 1-11-23 用交流试灯检查激磁绕组

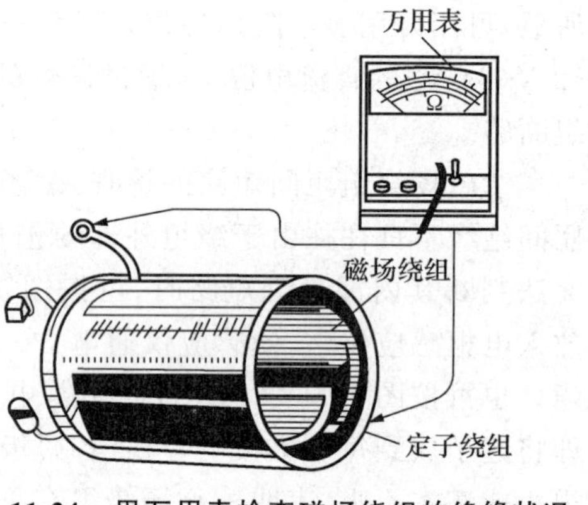

图 1-11-24 用万用表检查磁场绕组的绝缘状况

(2)检查转子(电枢部分)

①用万用表对电枢绕组搭铁的检查：如图 1-11-25 所示。将万用表一端接电枢轴，另一端依次和各整流片接触，如万用表无指示，则说明电枢绕组无搭铁故障；如电压有指示，则说明有搭铁故障，同时，越靠近搭铁的整流片，万用表的指示越小，如读数为 0，说明该整流片连接的是导线搭铁。

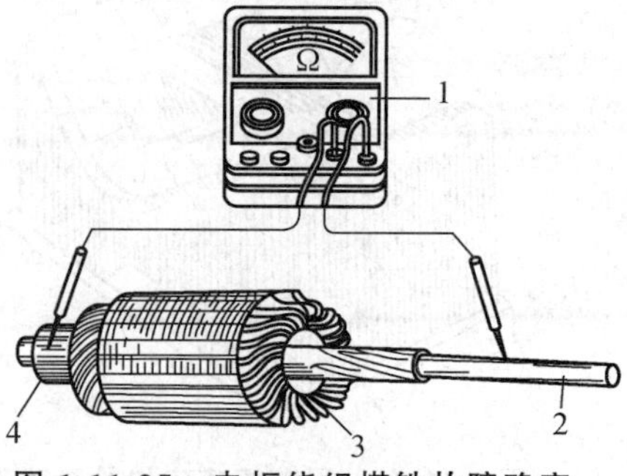

图 1-11-25 电枢绕组搭铁故障确定

1. 万用表 2. 转子轴 3. 电枢绕组 4. 换向器

②使用万用表对电枢绕组断路的检查：用万用表的直流电压挡(2.5 V)测量每相邻两整流片间的电压，如电刷绕组没有故障，则

每相邻两整流片间的电压应相同；如电刷绕组中有一处断路，则同侧（以电刷为准）的所有各相邻整流片之间的电压均等于零，而断路的那对整流片上的电压最大，如图 1-11-26(a)所示；当有几处断路时，必须将电压表的一端接正电刷，另一端从负电刷依次与各整流片接触如图 1-11-26(b)所示，当移到断线绕组的整流片上时，电压表上无读数，此时应将所发现的断路连上，然后再寻找其他的断头。

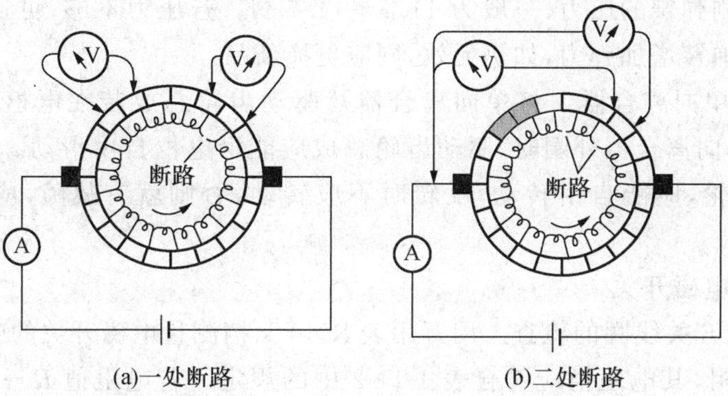

图 1-11-26　电枢绕组断路的检查

③使用短路测试仪对电枢绕组短路的检查：将电枢放在电枢感应仪的“V”形槽上，如图 1-11-27 所示。接通电源，用一薄钢片放在电枢铁芯上方的线槽上，同时转动电枢，在每槽上依次试验，若钢片在某一槽上发生振动，则表示该槽内线圈有短路。这是因为当线圈发生短路后，短路的线匝形成闭合回路，在感应仪交变磁场的作用下，产生交变电流，该交变电流又产生一局部的交变磁场，钢片就会在交变磁场的吸引下而振动。如果清除整流片间的赃物后，钢片仍跳动，表明线圈匝间短路。

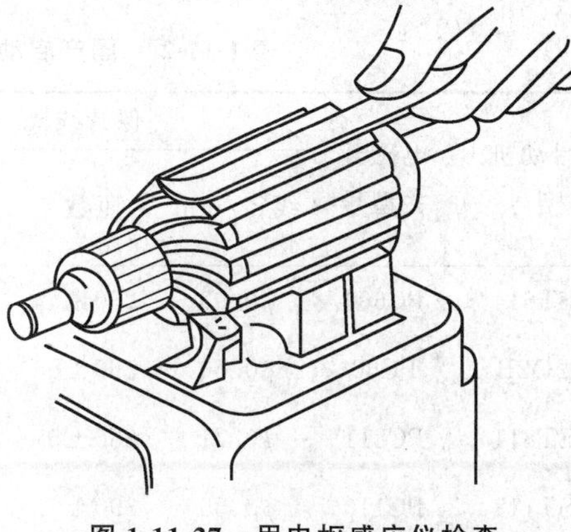

图 1-11-27　用电枢感应仪检查电枢的短路故障

当电枢组为叠线时，一个线圈匝间短路，会在两个线槽（相距一个线圈的节距）上出现钢片振动现象；电枢绕组为波绕时，一个线圈匝间短路，会在四个线槽中出现钢片振动现象；如果钢片在所有的槽上振动，则说明是某槽内面线与底线上、下层间发生了短路。

(3)电刷组件的检查　电刷的高度应不低于新电刷高度的2/3(国产启动机电刷高度为14 mm),电刷与换向器的接触面积应在75%以上,电刷在电刷架内应活动自如,无卡滞现象。

用万用表检查绝缘电刷架的绝缘情况,若电刷架搭铁,则应更换绝缘垫后重新铆合。

检查电刷弹簧的压力,一般为11.7～14.7 N。若压力不够,可逆着弹簧的螺旋方向搬动弹簧增加弹力,如仍无效,则应更换新品。

2. 检查单向离合器　将单向离合器及驱动齿轮总成装在电枢轴上,握住电枢,当转动单向离合器外圈时,驱动齿轮总成应能沿电枢自由滑动。握住外座圈,转动驱动齿轮,应能自由转动,反转时不应转动,否则就有故障,应更换单向离合器。

3. 检查电磁开关

(1)电磁开关线圈的检查　用万用表R×1 k挡测量电磁开关的吸引线圈和保持线圈的电阻,其电阻值应符合表1-11-2中的规定。若电阻值$R\to\infty$,说明线圈断路;若电阻小于规定值,表明线圈有匝间短路故障。线圈断路或短路严重时应予重新绕制。

表1-11-2　国产启动机电磁开关的有关参数

启动机型号	电磁开关型号	保持线圈			吸引线圈		
		线径/mm	匝数	20℃电阻/Ω	线径/mm	匝数	20℃电阻/Ω
ST614	PC604	ϕ0.93	230±5	0.6	ϕ0.93	230±5	0.8
2Q2B	PC60	ϕ0.80	160±5	0.57	ϕ0.80	160±5	0.275
ST811	PC811	ϕ0.71	230±5	1.13	ϕ0.71	230±5	0.53
ST111	PC110	ϕ0.55	390±5	5	ϕ0.55	390±5	0.94
ST710	PC20	ϕ0.93	350±5	1.2～1.3	ϕ0.93	140	0.14～0.15
ST711	PC21	ϕ0.93	350±5	1.2～1.3	ϕ0.93	140	0.14～0.15
321	384	ϕ0.83	245±3	0.97	ϕ0.83	235	0.6
DQ124F	384A	ϕ0.83	245±3	0.97±0.1	ϕ0.83	235	0.6±0.05
372A	384C	ϕ0.83	245±3	0.97	ϕ0.83	235	0.6

续表 1-11-2

启动机型号	电磁开关型号	保持线圈			吸引线圈		
		线径/mm	匝数	20℃电阻/Ω	线径/mm	匝数	20℃电阻/Ω
QD50	DK50	ϕ0.8	250±3	1.3	ϕ0.8	250±3	0.45
QD273	DK50	ϕ0.8	250±3	1.3	ϕ0.8	250±3	0.45
QD26	DK26	ϕ0.8	160±3	1.3	ϕ0.8	82+2	0.083
AQD27EF	DK27	ϕ0.95	220±3	1.0	ϕ0.95	200+5	0.28
340 340A	388	ϕ0.95	330	1.98	ϕ0.95	320	0.69

(2)电磁开关工作能力的检查

①电磁开关吸合和释放电压的检查:检查时应按图 1-11-28 所示的电路接线。先将开关接通,逐渐调高电压,当万用表(电阻挡)指示阻值为零时,电压表的指示值为开关的吸合电压;然后再逐渐调低电压,当万用表指示电阻值为∞时,电压表

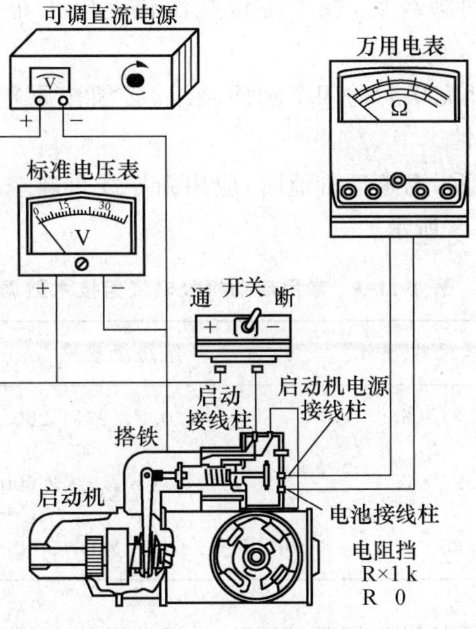

图 1-11-28 启动机电磁开关吸合及释放电压的检查

的指示值则为开关的释放电压。其吸合电压不应大于额定电压的 75%,释放电压不应大于额定电压的 40%。

②电磁开关断电能力的检查:当启动机驱动齿轮静止,并处于啮合位置时,将电磁开关的电源切断。此时,电磁开关的主触点应能迅速、可靠地断开。

四、启动机的修理

(一)励磁绕组和电刷绕组

1. 励磁绕组的修理　励磁绕组抽头如在接线处断裂,应用相同规格的铜条,铆接加长后施焊。如绕组局部损伤、搭铁,则应拆下局部包扎物,重新用电工布带包扎后,进行浸漆处理。若绕组多处损伤或发生匝间短路,则必须更换全部绝缘物重新包扎,其步骤如下:

(1)拆除绕组外部绝缘物。

(2)将绕组烧红(注意温度不可以过高),然后浸入水中使铜线变软,并清除匝间残留物质(保留原绕组形状,不得拆散)。

(3)用 0.2～0.3 mm 厚的电工绝缘纸,剪成长条,其宽度应稍宽于扁线,仔细地将绝缘纸插入绕组缝隙里。

(4)全部垫好匝间绝缘后,按半叠包扎法包上电工布带,然后进行浸漆烘干处理。

(5)浸漆烘干处理完毕后的四个励磁绕组,必须按原来的连接方式连接,以保证相邻的磁极为异极性。

如果绕组损坏严重,无修理价值时,应用新导线重新绕组。常用启动机励磁绕组技术数据如表 1-11-3 所示。

表 1-11-3　常用启动机励磁绕组技术数据

启动机型号	导线尺寸/mm	匝数	绝缘纸规格/mm	布带规格/mm
QD-95	1.81×6.9	6	0.2×7×1 260	0.1×20×1 600
QD-02A	1.25×6.9	8	0.2×7.3×2 600	0.55×15×2 900
QD-04	1.45×9.3	10.5	0.2×9.8×3 000	0.15×20×3 200

2. 电枢绕组　除了甩锡、局部断线和端部或尾部有匝间短路可以只进行局部修复外,其他故障均应全部拆除重绕修复。重绕修复步骤如下:

(1)拆除绕组时,应记下元件的整流片节距和元件的槽节距(或称第一节距,前节距),然后烫开绕组端头与换向片的连接,用手钳将导线扳直,从电枢的后端将元件抽出。在抽出绕组时,应特别注意勿用力过猛,以免破坏绕组后端部的形状,否则不易恢复原状。

(2)元件抽出后,修整电枢铁芯,必须使各槽保持平行,无毛刺。应彻底清除槽内残余的绝缘物,并用汽油洗净。然后检查轴的变形情况,检查换向器铜片间有无短路和搭铁短路的情况,若短路严重,应换新,然后将厚度为0.3～0.4 mm的青壳纸卷成S形,插入电枢各个槽孔内,两头各伸出3～5 mm,即可进行重绕线工作。

当线匝向电枢铁芯中穿入时,为了防止导线与铁芯相擦而损坏导线绝缘,应将绝缘纸向外露一些,待全部元件插入铁芯后,再轻轻把绝缘纸推向槽内。全部线匝插入铁芯后,应进行一次搭铁和短路检查,查明各元件是否搭铁,处于同槽口中的两个元件边是否短接。若有搭铁或短路,表明该槽内的绝缘纸已破损,应重新更换绝缘纸。然后将位于下层的导线边弯成规则的形状,焊在所对应的换向片上,焊好后,裹上一层绝缘纸,再把上层导线的端头也弯成规则的形状,焊在所对应的换向片上。待全部焊接完毕后,再进行一次搭铁和短路检查。最后用两层绝缘纸把上层端裹好,并用细铁丝绑扎,铁丝的接头拧紧后用锡钎焊牢。最后再进行浸漆烘干绝缘和硬化处理。

(二)电磁开关的修理

1. 电磁开关线圈的重绕　经检查,电磁开关线圈有匝间短路或烧毁时,应重绕。方法如下:

(1)烫开电磁开关盖上各连接处焊锡,拆下紧固螺钉,取下开关盖。

(2)剔开开关壳的铆压边,取出线圈组。

(3)拆除旧线圈,检查线圈架和绝缘压板是否烧毁,若烧毁,可依原样重新制作。

(4)参照表1-11-4所列数据在绕线机上重绕线圈。

绕线时应注意:若两组线圈绕向相同时,可分别一次绕成,中间不要有接头,在线圈间及线圈与线圈架和外壳间均应垫以绝缘纸。两组线圈的起头和末尾应分别留在绝缘压板的一侧,细线起头留15 mm左右,粗线起、末头和细线末头留出50 mm。并在根部套上绝缘管,以防磨掉导线的绝缘漆皮。

(5)将毛毡、线圈组、挡铁放入开关壳后重新铆好。粗、细线圈的末头拧在一起,并用锡钎焊牢,细线起头焊在挡铁上。

表 1-11-4 电磁开关的技术性能和绕线参数

电磁开关型号		DK-90	DK-02A	DK-04
配用启动机型号		QD-95	QD-02A ST-95 ST-94	QD-04
额定电压/V		12	12	24
吸引电压(不大于)/V		11	11	18
释放电压(不大于)/V		5	5	6
保持线圈	直径/mm	0.8	0.8	0.74～0.8
	圈数	160±5	160±5	195±5
	常温下电阻/Ω	0.57	0.57	0.76
吸引线圈	直径/mm	1.35	1.35	1.16～1.24
	圈数	160±5	160±5	195±5
	常温下电阻/Ω	0.275	0.275	0.42

(6)将接触盘、开关盖装上，拧在一起的粗、细线圈的公共末端从电磁开关线圈接线柱的连接片孔中伸出，并焊在该片上；粗、细线圈的起头从电磁开关“磁场”柱上连接片的孔中伸出，并焊牢在该片上。

2. 电磁开关触头和接触盘的修理

(1)触头和接触盘表面只有轻微烧损，可用“00”号砂纸磨光。烧损严重时，接触盘可翻面使用，触头可拆下磨平。当接触盘烧损严重不能继续使用时，可用厚2.5 mm的纯铜板按原尺寸重新配制。安装接触盘时，其前后的每个垫圈、锁片和弹簧的位置，不可装错和漏装。当固定触点表面烧蚀严重，磨平后厚度过小时，可用铜焊补焊，焊后应按原尺寸修整。

(2)为了使接触盘与触头在非工作状态下保持一定的间隙，而在工作状态下又能保持足够的压力，修整触头后，应对在开关内触头工作面的位置进行检查和调整。电磁开关触头工作面与开关盒边缘距离应为(17±0.5)mm，机械式开关触头工作面与接触盘间距离为(2.5±0.5)mm。若距离过大，可在触点后加垫；距离过小时应酌情减小工作面的厚度。触头位置确定后，两接触平面相对不平度应小于0.3 mm，若不符应调整。

(三)单向离合器的修理

1. 滚柱式单向离合器 常因滚柱和楔形槽磨损而引起打滑。修理方法如下:

(1)若滚柱严重破损、破裂、有麻点等,应更换损坏的滚柱。新滚柱可用工具钢或轴承钢按略大于原尺寸车制,并进行热处理,使表面硬度达标。

(2)用镀铬或镀铁法消除磨损量。修复后的离合器,先将内、外圈的滚柱装在电枢轴上,按传递转矩方向转动时,滚柱与楔槽窄面顶部的距离应大于 1.7 mm,反转时应能打滑无卡滞,然后铆压铁罩,如铆不紧可定位焊接加固。

2. 摩擦片式单向离合器 常因螺母松动、卡簧脱落、摩擦片过度磨损等原因引起打滑。如属螺母松动,卡簧脱落,可重新安装;若主被动摩擦片磨损时,可在压环和摩擦片间加薄钢垫片。装配前,应在摩擦片间涂少量石墨润滑脂,并注意不要把压环和特殊螺母的凸缘装反。

3. 弹簧摩擦式离合器的修理 弹簧中部的几圈易产生塑性变形或折断。若变形不严重,不影响转矩传递,可继续使用;若变形严重或折断时,可参照原尺寸用弹簧钢丝重新制作。

(四)启动机的装配与调整

1. 装配技术 电动机修后,装配时应达到以下要求:

(1)电刷在刷架上、下活动自如,电刷弹簧压力应在 8.82～14.7 N,电刷与换向器的贴合面应占电刷工作面的 80%以上。

(2)电刷轴与铜套的配合间隙应小于 0.1～0.15 mm;电枢的轴向间隙应不大于 0.5～1 mm;大于 1.0 mm 时,允许在轴头加垫调整。

(3)电枢铁芯表面和磁极铁芯表面之间的间隙不大于 0.55 mm。

(4)拨叉滑柱应正确地安装在拨叉套内,拨叉应与电磁开关铁芯可靠地连接。

(5)启动机大都采用石墨青铜轴承,且无油封装置,在装配启动机轴承时应滴入数滴润滑油或在装配前把轴承放在润滑油中烧煮,但也不宜加油过多,否则使电动机内部油污。

(6)启动机换向器的换向片之间的绝缘物不应割低。

(7)装配后,电枢应转动自如,无卡滞现象和异常响声。

2. 启动机的调整

(1)机械强制式启动机:如 ST-8D 启动机,其小齿轮端面不工作时,距前轴承端面为 27～28 mm。扳动拨叉使主触头开始接通(可用万用表检查),此时齿轮前端面和前轴承端面之间距离 5 mm。如不符,可调整开关顶杆。主触头接通后,开关顶杆应有不少于 1 mm 压紧触点的附加行程,如不是 1 mm,应检查调整触头间隙。驱动齿轮在极限啮合位置时，应与前轴承端面有 2 mm 间隙。如不符，用限位螺钉进行调整。

(2)电磁强制式启动机：ST-95D、ST-95、ST-94、QD-02A 启动机装配时，当电枢小齿轮端面与轴头螺母(或止推垫圈)端面间隙为(8±1) mm 时，活动触桥应接通主触头，且铁芯应有大于 1 mm 的附加行程。如开关接通过早或过晚，可调整在橡皮护套内位于铁芯内连接螺钉的长度，如主电路接通过早，应拧进螺钉；反之拧出，使之符合要求。启动电动机向发动机安装时，应使电枢轴与发动机飞轮端面垂直，不允许偏斜。启动机小齿轮端面与飞轮齿圈端面距离应保持 2.5～5 mm(可用卡尺测量后算出)。如不符，可在启动电动机凸缘平面与发动机安装平面之间增减垫片调整之。

QD-04 型启动机输入电压 24 V，带有摩擦片式单向离合器。组装后，按转矩传递方向，用力旋紧花键套管。此时内花键的端面与花键套的外螺纹凸起之间有 2 mm 间隙。当被动片磨损后，此间隙应小些(1.5～2 mm)。当使用时间不长时，此间隙可稍大(2～2.5 mm)。当小齿轮端面与轴头螺母端面距离 10 mm 时，主电路应接通(用万用表测量)，如不符，可调整偏心距为 1.5 mm 的拨叉轴。由于改变了轴的中心位置，开关接通位置也随之改变。当主电路接通过早时，应松开锁紧螺母转动拨叉轴，使偏心在朝上的位置范围内调整。如主电路接通仍过早，可在外壳与电磁开关接合面添加垫片，使之符合要求。

启动机电枢轴与轴承的配合间隙会影响启动机的输出功率和转矩，应符合表 1-11-5 所示的数据。

表 1-11-5 电枢轴与轴承的配合间隙 mm

名称	标准间隙	允许最大间隙	铜套外圆与孔的公盈
前端盖铜套	0.05	0.1	0.005～0.075
后端盖铜套	0.05	0.1	0.05～0.095
中间轴承支撑板铜套	0.15	0.3	0.05～0.095
驱动齿轮铜套	0.06	0.15	0.02～0.095

思考题

一、填空题

1. 启动系统将储存在蓄电池内的(　　)变成(　　),要实现这种转换,必须使用启动机。

2. 启动系统包括:(　　)、(　　)、(　　)、(　　)、启动机、(　　)等。

3. 启动机由直流电动机、(　　)和控制装置三部分组成。

4. 启动机的调整是指启动机工作时,驱动齿轮的(　　)与启动开关(　　)的配合调整。

5. 做火花强度试验时,为了节省时间,点火线圈可以不加温,在冷状态下试验,应将火花针间隙由 7 mm 调至(　　)。

6. 启动继电器闭合电压和(　　)是启动继电器工作好坏的两个主要参数。

7. 定子由定子(　　)和(　　)组成。

8. 电刷及电刷架由两只(　　)、(　　)和(　　)组成。

9. 控制装置控制电启动机电路的(　　);控制驱动齿轮与飞轮齿圈的(　　)与(　　)。

10. 电磁开关结构由吸引线圈与电动机(　　),保持线圈与电动机(　　),活动铁芯一端通过接触盘控制主电路的(　　);另一端通过拨叉控制驱动齿轮的(　　)。

11. 电磁转矩的产生是由直流电动机是将(　　)转变为(　　)的装置,根据带电导体在磁场中受到(　　)作用的这一原理制成。

二、简答题

1. 启动系统主要由哪些部分组成?

2. 电启动机一般由哪三部分组成?

3. 简述直流电动机转矩自动调节原理。

4. 简述电启动机的电磁开关的工作原理。

5. 启动时,启动机不转,试分析原因及排除方法。

6. 使用启动机应注意哪些事项?

实训十二　发电机与调节器的使用与维护

实训项目说明

本教学实训项目属于技能训练模块，主要是掌握发电机与调节器的使用与维护；了解发电机的作用、类型及结构；掌握发电机的工作原理，同时掌握发电机的拆卸与装配技能。技能训练时以校内实训室和实训基地为依托，理实结合，教、学、做一体化。结合多媒体教学、实验观察和利用课程网站引导学生自主学习，并通过布置综合性思考题的方式，巩固学生的基础知识和基本技能。

基本知识

一、发电机的作用

农业机械上虽然装有蓄电池，但蓄电池存储的电能非常有限。例如启动发动机时，启动机要消耗大量电能，若不及时对其进行补充充电，就不能满足机械上不断增多的用电设备的要求，也就很难保证机械的频繁启动与正常运行。发电机的作用是将发动机的部分机械能变成电能，向除启动机以外的所有用电设备供电，并及时对蓄电池进行补充充电，所以说发电机是农业电气系统的主要电源。

二、发电机的类型

发电机可分为直流发电机和交流发电机，由于交流发电机与直流发电机相比，具有体积小、重量轻、结构简单、维修方便、使用寿命长、配用的调节器简单、产生的无线电干扰信号弱等诸多优点，因此交流发电机被广泛采用。交流发电机采用二极管整流，输出直流电，因此交流发电机也称为硅整流发电机。交流发电机可按总体结构、整流结构、搭铁形式、散热形式等进行分类。

(一)按总体结构分类

(1)普通交流发电机:既无特殊装置,也无特殊功能与特点的交流发电机,如JF132型发电机。

(2)整体式交流发电机:内装电子调节器的交流发电机,如JFZ32型发电机。

(3)无刷交流发电机:无电刷和集电环结构的交流发电机,如JFW2621型发电机。

(4)带泵交流发电机:带真空制动助力泵的交流发电机,如朝柴6102发动机装用的JFB2729型发电机。

(5)永磁交流发电机:转子磁极采用永磁材料的交流发电机,如JFY系列。

上述分类并不相互排斥,有的发电机既是整体式又带泵,如JFB2729型发电机;有的发电机既是无刷的又是整体式,如JFW2621型发电机;还有的发电机既是无刷结构,又带泵带调节器,如东风型车用的JFB1622型发电机。此外,随着新技术的应用,混合励磁式发电机和水冷式发电机等新型结构不断涌现。

(二)按整流器结构分类

(1)六管交流发电机:其整流器由六个硅整流二极管组成三相桥式全波整流电路,可以采用单个的硅整流二极管压装,也可以采用在极板上烧结硅管组成整流组件。

(2)八管交流发电机:其整流器总成有八个硅整流二极管,除六个组成三相桥式全波整流外,在定子绕组中性线输出端上也接有两个硅整流二极管,用以对三相电路不均衡产生的中性点波形进行整流。

(3)九管交流发电机:在六管交流发电机的基础上又增加了三个励磁二极管,组成两套三相桥式全波整流电路,提供电压检测点和励磁电流。

(4)十一管交流发电机:在八管交流发电机的基础上,其整流器增加了三个励磁二极管。

(三)按励磁绕组搭铁形式分类

(1)内搭铁式发电机:励磁绕组的一端与发电机端盖相连接的交流发电机。

(2)外搭铁式发电机:励磁绕组的一端经调节器后搭铁的交流发电机。

由于整体式交流发电机调节器装在发电机内部,不论是内搭铁还是外搭铁对机械电路均无影响。因此,内、外搭铁形式的区别只针对非整体式发电机。在使用时,必须与同样搭铁方式的调节器相配用,才能正常工作。

(四)按散热形式分类

(1)密封式发电机:其两端端盖密封,端盖上制有很多散热助,通过风扇带动空气流通使端盖散热。这种形式散热效果较差,只适用于小功率、有特殊使用环境要求的场所。

(2)普通单外风扇发电机:在两端盖上制有通风孔,通过风扇抽风,使冷空气流经电机内部带走热量,散热效果一般。

(3)内外双风扇发电机:在端盖外面和内部各装有一个风扇,通过抽风实现散热,散热效果较好。

(4)双风扇发电机:在两端盖内装有两风扇,分别装在两磁极背面。这种结构散热效果好,但成本较高、结构较复杂,一般用在轿车和轻型客车等功率要求较高的车辆上。

三、硅整流发电机的结构

由于硅整流发电机具有体积小、重量轻、发电能力强、结构简单及维修方便等优点,因此在农业机械上得到了广泛的应用。

硅整流发电机实质上是自励式三相交流同步发电机,发出的是三相交流电,通过三相桥式整流器变成直流电。由于硅整流发电机输出电压既随发电机转速变化(转速升高,电压升高)又随负荷变化(负荷增加,电压下降),必须与调节器配合才能正常工作。

硅整流发电机主要由转子、定子、电刷及电刷架、风扇、皮带轮、前后端盖等组成,如图 1-12-1 所示。

(一)转子

转子是硅整流发电机的磁场部分,转子的结构如图 1-12-2 所示。转子的作用是产生旋转磁场,主要由两块爪极、磁场绕组、轴和滑环等组成。每个爪极有 4 个爪指,两爪极的爪指互相嵌合,爪极的内腔有磁轭,上有绕组,绕组两端分别接到与轴绝缘的集电环上,再经电刷去接励磁电源,通电后形成 6 对相互交错的磁极。

(二)定子

又称电枢,定子作用是产生三相交流电。定子由定子铁芯和定子绕组组成。铁芯由硅钢片叠成,内侧有 24 个槽,槽内嵌上绕组,每 8 个绕组串为一相,分为三相对称的定子绕组,其相位差为 120°,一般用 Y 形连接,相头与整流器的硅二极管相接,相尾接在一起,形成中性点 N(图 1-12-3)。

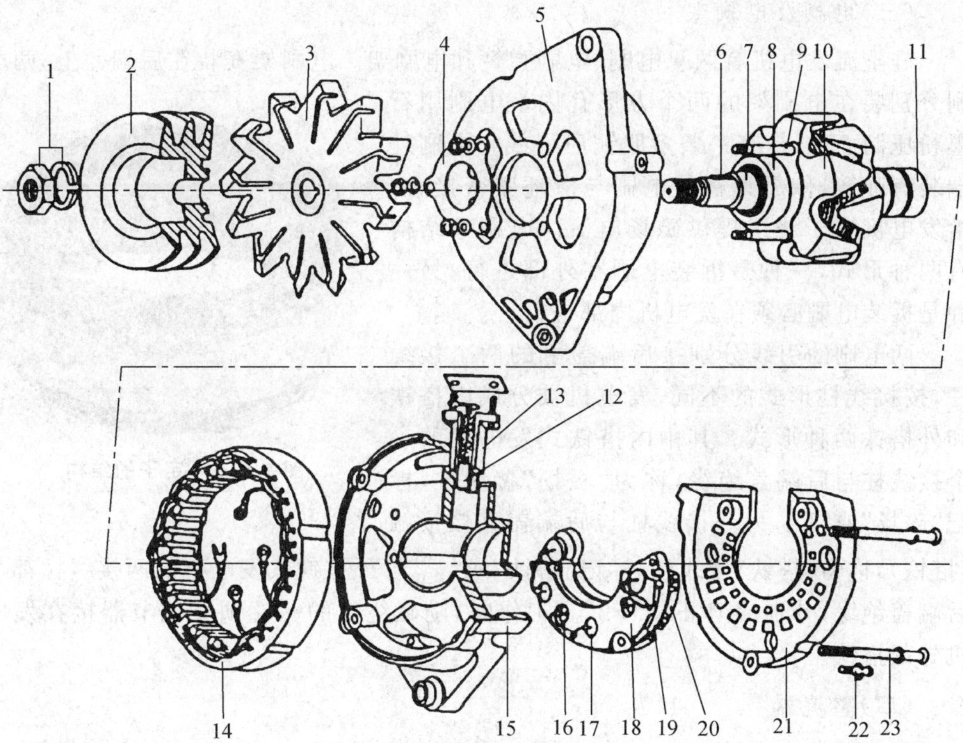

图 1-12-1　发电机结构

1. 紧固螺母及弹簧垫圈　2. 带轮　3. 风扇　4. 前轴承盖　5. 前端盖　6. 半圆键　7. 定位套筒　8. 前轴承(个封闭式)　9. 轴承套紧固螺栓　10. 转子总成　11. 后轴承(个封闭式)　12. 电刷　13. 电刷架　14. 定子总成　15. 后端盖　16. 正极管　17. 负极管　18. 绝缘板　19. 搭铁散热板　20. 绝缘散热板　21. 防护罩　22. 防护罩固定螺钉　23. 拉紧螺栓

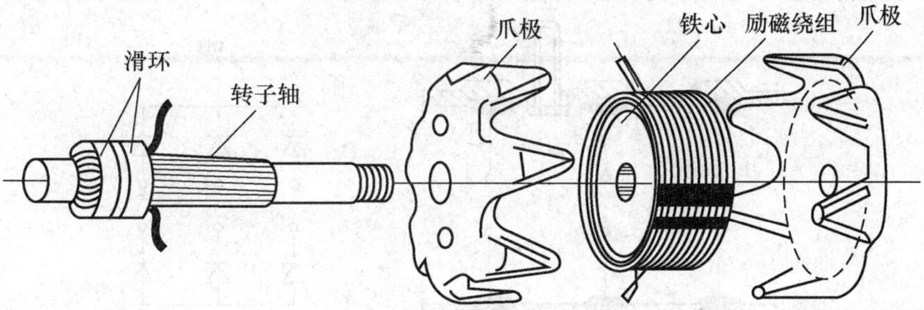

图 1-12-2　转子的结构

（三）电刷及电刷架

硅整流发电机有两只电刷、电刷弹簧和电刷架。电刷架安装在后端盖上，两电刷分别装在电刷架的两个方形孔内。电刷用石墨粉压制而成，带有一条多股铜质引线。电刷外端装有弹簧，依靠弹簧使电刷与滑环紧密接触，给发电机转子绕组提供磁场电流。电刷架结构有两种形式，一种是拆装电刷在外部进行，另一种是拆装电刷必须在发电机内部进行。

图 1-12-3 定子的结构

两电刷的引线分别接后端盖上的两个接线柱，按接线柱形式的不同，发电机被分成内搭铁和外搭铁两种形式。其中内搭铁式发电机的一个接线柱与后端盖绝缘，称为“磁场”接线柱，标记“磁场”或“F”，另一接线柱与后端盖直接接触（搭铁），称为“搭铁”接线柱，标记“搭铁”或“－”。外搭铁式发电机的两接线柱都与后端盖绝缘，分别标记“F1”“F2”。工作时，励磁绕组的一端须经调节器接在发电机外部搭铁。

（四）整流器

整流器的作用是将发电机定子绕组产生的三相交流电变换为直流电，一般由6只硅整流二极管及散热板组成桥式整流电路。整流二极管的外形如图 1-12-4 所示，二极管的外壳和中心引线分别是它的两个电极。按中心引线极性的不同，二极管有两种形式：一种是中心引线为二极管的正极，称正极管；另一种是中心引线为二极管的负极，称负极管，便于区分，正极管管壳的顶部涂有红色标记，负极管管壳的顶部涂有黑色标记。负极管压装在后端盖上，正极管压装在元件板上。元件板

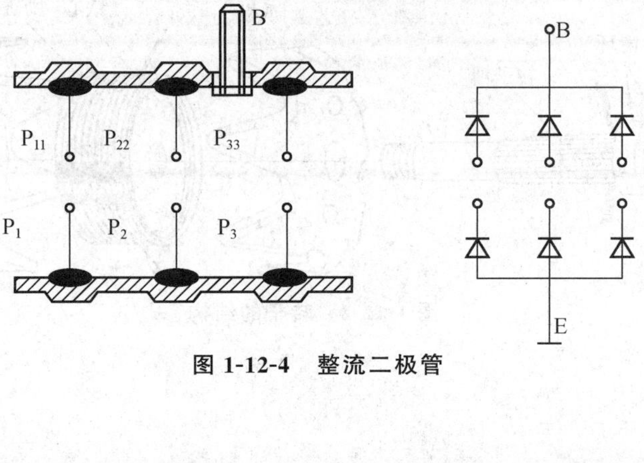

图 1-12-4 整流二极管

与后端盖绝缘并通过与后端盖绝缘的螺栓引出，作为发电机的火线接线柱，标记为“电枢”或“＋”。

元件板由铝合金材料制成，以利散热，它固定在后端盖内。

有些发电机将同一极性的硅整流元件直接制作在一块散热板上，制成整体式整流器。这种形式的整流器只要有一只二极管损坏，整个整流器即报废，但整体式整流器更换维修方便，因而应用也较广泛。

（五）前、后端盖

前、后端盖由非导磁材料铝合金制成，漏磁少、轻便、散热性好。前后端盖分别装有轴承，用来支撑转子。伸出前端盖外面的转子轴上装有风扇和带轮。后端盖内装有整流器，盖外有三个接线柱，其中“＋”为电枢绕组柱，“F”为励磁绕组柱，“－”为搭铁柱。电刷装在后端盖上的电刷架内，靠弹簧的压力与集电环保持接触，其中一个电刷与“－”接线柱连接，另一个与“F”接线柱相连。

（六）风扇及皮带轮

发电机前端装有皮带轮，皮带轮一般用铸铁或铝合金铸造而成，有双槽和单槽之分。发动机通过风扇传动带驱动发电机旋转，风扇可对发电机强制通风冷却，风扇一般用低碳钢板冲压而成。

四、发电机的工作原理

（一）发电机原理

硅整流发电机的三相定子绕组是对称的。即每相绕组的个数及每个线圈的匝数都相等。

绕组的绕法也相同，且按相同的规律分布在定子铁心的槽中，它们之间互差120°电角度，绕组的接法见图1-12-5(a)。发电原理如下：

当励磁绕组有电流通过时，转子的两块爪极被磁化，形成了N、S极相互交错的三对磁场。发电机工作时，磁场同时旋转。于是，定子三相绕组与磁场发生相对运动，定子绕组切割磁场磁力线，产生感生电动势。三相定子绕组所产生的感生电动势是频率相同、最大值相同、相位相差120°的三相对称正弦交流电动势。

发电机的三相绕组与整流器连接在一起时，三相绕组向整流器输出三相交流电，发电机输出的交流电压 u_A，u_B，u_C 也是对称的，电压波形见图1-12-5(b)。

（二）整流原理

利用二极管的单向导电性，组成三相桥式全波整流电路，将电枢绕组产生的三相交流电变为直流电。

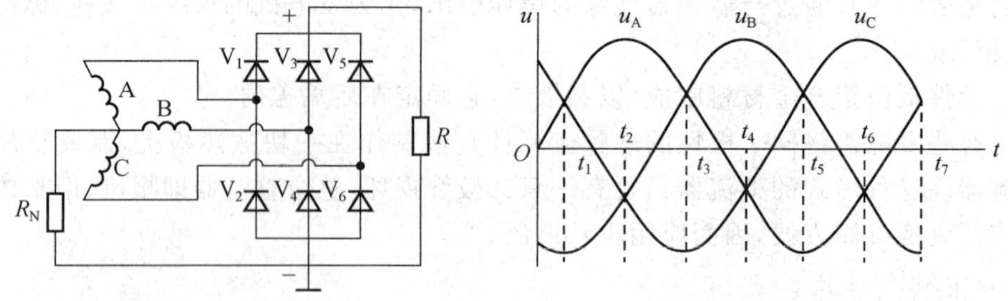

(a) 绕组的接法 (b) 电压波形

图 1-12-5 发动机绕组的连接及整流波形

1. 二极管的导通原则 硅二极管具有单方向导电特性，只要二极管正极的电位交于负极电位，管子呈低电阻，处于“导通”状态，反之管子呈高电阻，处于“截止”状态。电枢绕组输出的三相交流电，在某一瞬间，有一相电压最高，同时还有一相电压最低，接在电压最高的相线上的正极管获得正向电压导通。同时，接在电压最低的相线上的负极管也获得正向电压导通(此时相线上的电位低于接地电位，或者说，接地电位高于该相线电位，因而该二极管导通)。其余四个二极管皆因承受反向电压而截止。由于这两个二极管的导通，整流器的“+”端电位最高，“−”端电位最低，将发电机两相线之间的电压(线电压)加在负载 R 上。

由于三只正二极管(VD_1、VD_3、VD_5)的正极分别接在硅整流发电机三相绕组的始端(A,B,C)上，它们的负极又通过散热板连接在一起，所以三只正二极管的导通原则是在某一瞬间正极电位最高者导通；由于三只负二极管(VD_2、VD_4、VD_6)的负极与硅整流发电机三相绕组的始端相连，其正极通过散热板连接在一起，所以三只负二极管的导通原则是在某一瞬间负极电位最低者导通；三相整流电路如图 1-12-6(a)所示，整流过程如图 1-12-6(b)所示。

2. 发电机的励磁方式 当硅整流发电机低速运转时，发电机电压低于蓄电池电动势，由蓄电池供给磁场绕组激励电流，称为他励。由于激磁电流较大，磁极磁场很强，从而使发电机很快建立电压。当发电机转速够高时，其电压高于蓄电池电动势，磁场绕组的激磁电流由发电机自给，称为自励。

由于硅整流发电机低速运转时，由蓄电池向激磁线圈供电，建立电压快；发动机与发电机之间的传动比大，所以硅整流发电机低速充电性能好。

硅整流发电机的激磁电流通断路由开关控制，车辆停驶发动机熄火后，将开关断开，蓄电池不会再对磁场绕组供电而烧坏磁场绕组。

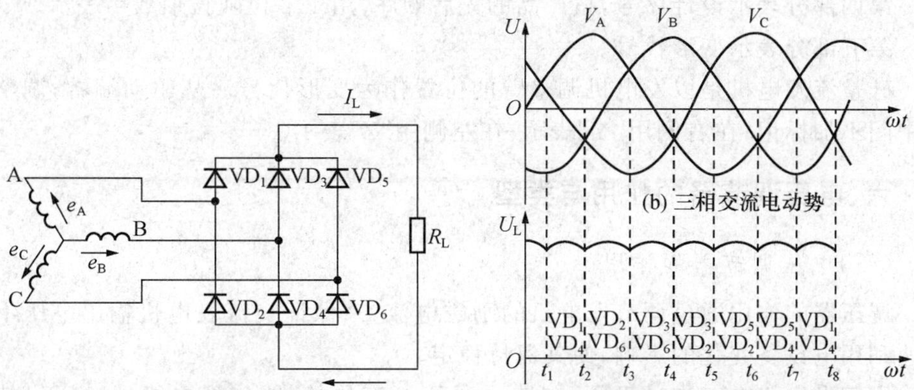

图 1-12-6 三相桥式整流电路及电压波形

五、整流发电机型号

根据 JB 1546—1983 的规定，硅整流发电机型号由五部分组成：

1	2	3	4	5

第一部分表示产品代号，由两个或三个大写拼音字母表示，硅整流发电机的产品代号有以下四种：

JF——硅整流发电机；

JFZ——整体式硅整流发电机；

JFB——带泵硅整流发电机；

JFW——无刷硅整流发电机。

第二部分表示电压等级代号，用一位阿拉伯数字表示，1 表示 12 V、2 表示 24 V、6 表示 6 V。

第三部分表示电流等级代号，用一位阿拉伯数字表示，其含义见表 1-12-1。

表 1-12-1 电流等级代号

代号	1	2	3	4	5	6	7	8	9
电流/A	0～19	20～29	30～39	40～49	50～59	60～69	70～79	80～89	≥190

第四部分表示设计序号，按产品的先后顺序，用1、2位阿拉伯数字表示。

第五部分表示变形代号。

硅整流发电机是以发电机调整臂的位置作为变形代号。从驱动端看，调整臂在中间不加标记；在右侧用"Y"表示；在左侧用"Z"表示。

六、电压调节器的作用与类型

(一)电压调节器的作用

调压器的作用通过调节发电机的励磁电流，来保证交流发电机输出电压不受转速和用电设备变化的影响，使其保持稳定。

由于发电机在工作过程中，转速 n 是不断变化的，要使发电机端电压保持不变，可以通过改变磁通量的大小来进行调节，而磁通的大小是由励磁电流决定的。因此，当发电机转速增高时，可以减小励磁电流使磁通减小，保持发电机的输出电压不变；反之，当发电机转速降低时，增大励磁电流。电压调节器的作用就是在发电机转速变化时，自动改变励磁电流的大小，使发电机输出电压保持不变。为了保证用电设备正常工作，防止蓄电池过充电及损坏电子装置，硅整流发电机必须配用电压调节器，使其输出电压保持不变。

(二)电压调节器的类型

常用电压调节器有机械振动触点式调节器和电子式调节器两种。机械振动触点式调节器按触点数目又分双级式触点式和单级式触点式，电子式调节器又分为晶体管式、集成电路式和可控硅式。

触点式调节器存在着以下缺点：触点间存在电火花，触点容易烧蚀、故障多，且产生无线电干扰。由于动铁的机械惯性和磁滞惯性较大，工作频率低，输出电压脉动大。结构复杂、体积大。为克服触点式调节器的上述缺点，现代车辆上广泛使用电子式调节器。

(三)调节器的基本原理

1. 单极触点式电压调节器　FT111型单极触点式电压调节器的结构如图1-12-7所示。其工作原理如下：

接通点火开关，在发电机电压建立的过程中或发电机电压已建立(高于蓄电池电压)但低于调节电压值(13.8～14.6 V)时，调节器触点处于闭合状态。发电机所需的激磁电流由蓄电池(或发电机)供给，其电路为：

蓄电池(或发电机)(+)→电流表→点火开关→调节器正接线柱→磁轭→活动触点臂→触点K→固定触点臂→调节器磁场接线柱→发电机"F"接线柱→激磁线

圈→搭铁→蓄电池(或发电机)(一)。

当发电机转速上升,发电机电压达到或大于调节电压值后,由于磁化线圈的作用,铁芯吸力增强,克服了弹簧拉力,触点张开。此时,激磁电流经过加速电阻和调节电阻构成回路。由于激磁回路串入电阻,激磁电流减小,发电机电压下降。当电压下降至一定值,磁化线圈的磁通减弱,铁芯吸力减小,在弹簧的作用下,触点重新闭合,加速电阻和附加电阻被短路,激磁电流又经触点构成回路,激磁电流回升,发电机电压回升。当发电机电压上升后,触点又张开,如此周而复始开闭触点,在发电机极限转速范围内,电压稳定在规定的范围内。

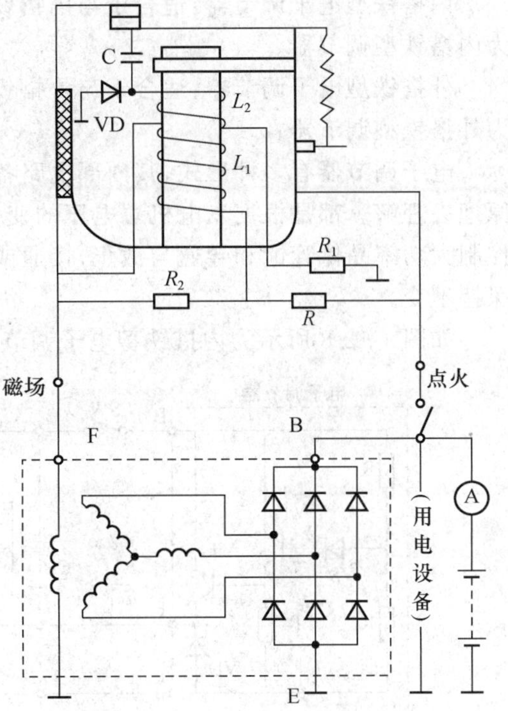

图 1-12-7　FT111 型单极触点式电压调节器

R_1. 加速电阻(4 Ω)　R_2. 调节电阻(150 Ω)　R_3. 温度补偿电阻(15 Ω)　L_1. 磁化线圈(900 匝)　L_2. 轭流线圈(15.5 匝)　VD. 二极管(2CZ85D)　C. 电容器

电容 C、二极管 VD、轭流圈 L_2 构成灭弧系统,灭弧系统的工作原理:在触点打开的瞬间,由于励磁电流减小,在励磁绕组中就产生了自感电动势,并正向加在二极管 VD 上,感应电流通过二极管 VD 和轭流线圈 L_2 构成了回路,同时电容 C 与轭流线圈 L_2 串联后并联在触点两端,也限制了自感电动势的增长,保护了触点,用来吸收自感电动势。轭流线圈 L_2 的作用是在触点打开时,感应电流通过它产生退磁作用,以加快触点的闭合,提高了触点振动频率,使电压更趋稳定。

2. 电子调节器　电子调节器是利用三极管的开关特性制成的。即将三极管作为一只开关串联在发电机的磁场电路中,根据发电机输出电压的高低,控制三极管的导通和截止,从而调节发电机的激磁电流,使发电机输出电压稳定在一定范围内。

电子调节器按所匹配的交流发电机搭铁形式可分为内搭铁型电子调节器和外搭铁型电子调节器。

内搭铁型电子调节器:适合于与内搭铁型交流发电机所匹配的电子调节器称为内搭铁型调节器。

外搭铁型电子调节器:适合于与外搭铁型交流发电机所匹配的电子调节器称为外搭铁型调节器。

电子调节器有多种形式,其内部电路各不相同,但工作原理可用基本电路工作原理去理解。都是根据发电机端电压的变化,使稳压管及时地导通或截止,进一步控制大功率晶体管饱和导通与截止,接通或切断发电机励磁电流,使发电机端电压保持不变。

如图 1-12-8 所示为内搭铁型电子调节器的基本电路原理。

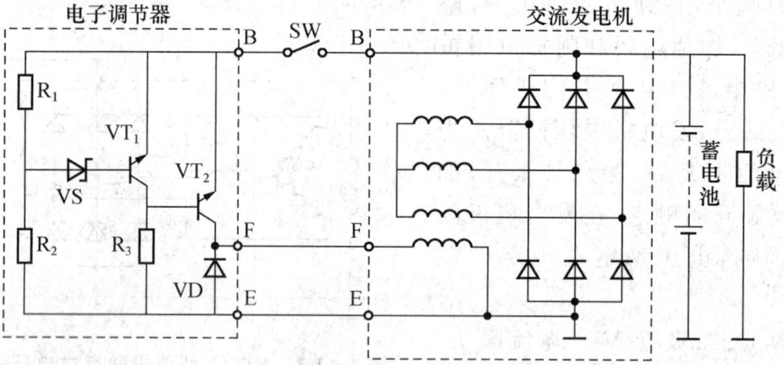

图 1-12-8 内搭铁式电子调节器的基本电路

内搭铁型电子调节器基本电路的特点是晶体管 VT_1、VT_2 采用 PNP 型,发电机的励磁绕组连接在 VT_2 的集电极和搭铁端之间,与外搭铁型电路显著不同,电路工作原理和结构与外搭铁型电子调节器类似。

(1)点火开关 SW 刚接通时,发动机不转,发电机不发电,蓄电池电压加在分压器 R_1、R_2 上,此时因 UR_1 较低不能使稳压管 VS 的反向击穿,VT_1 截止,VT_1 截止使得 VT_2 导通,发电机磁场电路接通,此时由蓄电池供给磁场电流。随着发动机的启动,发电机转速升高,发电机他励发电,电压上升。

(2)当发电机电压升高到大于蓄电池电压时,发电机自励发电并开始对外蓄电池充电,如果此时发电机输出电压 UB 小于调节器调节上限 UB_2,VT_1 继续截止,VT_2 继续导通,但此时的磁场电流由发电机供给,发电机电压随转速升高迅速升高。

(3)当发电机电压升高到等于调节上限 UB_2 时,调节器对电压的调节开始。此时 VS 导通,VT_1 导通,VT_2 截止,发电机磁场电路被切断,由于磁场被断路,磁通下降，发电机输出电压下降。

(4)当发电机电压下降到等于调节下限 UB_1 时，VS 截止，VT_1 截止，VT_2 重新导通，磁场电路重新被接通，发电机电压上升。周而复始，发电机输出电压 UB 被控制在一定范围内，这就是外搭铁型电子调节器的工作原理。

如此反复，发电机电压就稳定在规定值上。

3. 集成电路调节器　集成电路式调节器一般是将集成电路与部分不便于集成的电子元件焊接在一起的。其工作原理与晶体管调节器相同，这种调节器具有体积小、质量轻、调节精度高等优点，可将其装在发电机内部，形成整体式发电机。

集成电路调节器是利用集成电路(IC)组成的调节器，如果它直接在发电机上检测发电机的输出电压称为发电机电压检测法；如果用连接导线检测蓄电池的端电压来调节发电机的输出电压称为蓄电池电压检测法。

(1)发电机电压检测法　如图 1-12-9 所示，加在电阻 R_1、R_2 上的电压是励磁二极管 VD_L 输出端电压 U_L，它和发电机输出端 B 的电压相等，检测点 P 的电压为：

$$U_P = \frac{R_2}{R_1 + R_2} \cdot U_L = \frac{R_2}{R_1 + R_2} \cdot U_B$$

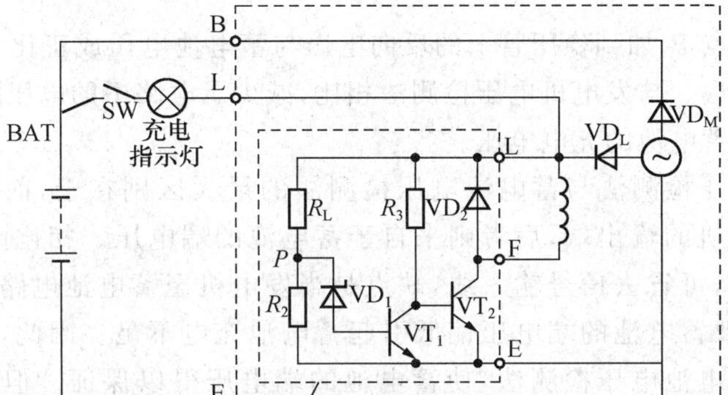

图 1-12-9　发电机电压检测法

由于检查点 P 加在稳压管 VD_1 两端反向电压与发电机端电压 U_B 成正比，所以称为发电机电压检测法。

关闭车上所有电器，启动发动机保持在 2 000 r/min，测量蓄电池的空载充电电压，应比参考电压(原蓄电池端电压)高些，但不超过 2 V；仍在 2 000 r/min 时，接通所有电器，测量蓄电池负载电压，应至少高出参考电压 0.5 V。

(2)蓄电池电压检测法　如图 1-12-10 所示,加在 R_1、R_2 上的电压是蓄电池端电压 U_{BE},此时,检测点 P 的电压为:

$$U_P = \frac{R_2}{R_1 + R_2} \cdot U_{BE}$$

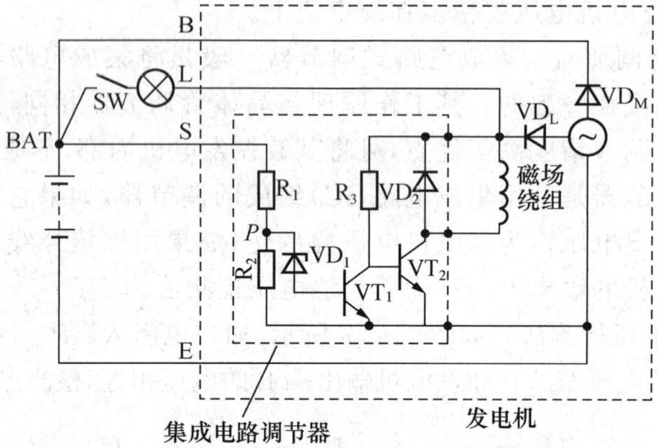

图 1-12-10　蓄电池电压检测法

所以通过检测点 P 加到稳压管上的反向电压与蓄电池电压成正比,因此称为蓄电池的电压检测法。与发电机电压检测法相比,减少了电路中的电压降,用这种方法可以直接控制蓄电池的充电电压。

发电机电压检测法与蓄电池电压检测法的最大区别在于,前者所取信号直接来自于发电机的输出端,后者则来自于蓄电池的端电压。相比而言,采用发电机电压检测法,可省去信号输入线,缺点是当发电机至蓄电池电路上的压降损失较大时,可导致蓄电池的端电压偏低引起蓄电池充电不足。因此,一般大功率发电机多采用蓄电池电压检测法,使蓄电池的端电压得以保证。但采用蓄电池电压检测法,若发电机的电压输出线或信号输入线断路时,由于无法检测发电机的工作情况,则会造成发电机电压失控现象。故在大多数实用电路中,对其电路做了相应改进。

在使用过程中,对于晶体管调节器,最好使用说明书中指定的调节器,如果采用其他型号替代,除标称电压等规定参数与原调节器相同外,代用调节器必须与原调节器的搭铁形式相同,否则,发电机可能由于励磁电路不通而不能正常工作。对于集成电路调节器,必须是专用的,是不能替代的。

七、调节器的型号

根据中华人民共和国行业标准，调节器的型号由五部分组成：

1	2	3	4	5

第一部分表示产品代号，用两个或三个汉语大写拼音字母表示，有 FT 和 FDT 两种，分别表示有触点的电磁振动式调节器和无触点的电子调节器。

第二部分表示电压等级代号，用 1 位阿拉伯数字表示，1 表示 12 V、2 表示 24 V、6 表示 6 V。

第三部分表示结构形式代号，用 1 位阿拉伯数字表示，其含义如表 1-12-2 所示。

表 1-12-2　结构形式代号

类　型	结构形式代号				
	1	2	3	4	5
有触点电压调节器	单连	双连	三连		
无触点电压调节器				晶体管	集成电路

第四部分表示设计序号，按产品的先后顺序，用 1、2 位阿拉伯数字表示。

第五部分表示变型代号，用汉语拼音大写字母 A、B、C……顺序表示(不能用 O、I)。

实训指导

一、硅整流发电机的车上检查

(一)硅整流发电机使用注意事项

1. 蓄电池必须负极搭铁，不得接反。否则，蓄电池将通过整流二极管短路放电，使整流二极管立即烧坏。

2. 发电机运转时，不能用刮火的方法检查发电机是否发电，否则，容易损坏调节器触点及发电机二极管。应采用万用表、低压试灯检查。低压试灯可用汽车仪表灯泡或发光二极管制作。

3. 一旦发现发电机不发电或充电电流很小时，就应及时找出故障并予以排除，不应再继续运转。如一只二极管短路，发电机就不能正常输出电压，并会导致其他二极管或定子绕组被烧坏。

4. 整流器的6只二极管与定子统组相连时，禁止用兆欧表(摇表)或220 V交流电源检查发电机的绝缘情况，否则将使二极管击穿而损坏。

5. 发动机自行熄火时，应将点火开关断开，否则蓄电池将长期经励磁绕组和调节器放电。

6. 发动机运行时，不得随意切断发电机与蓄电池之间的导线。以免产生过电压，损坏电子元器件。

7. 配用专用调节器，确保连线正确可靠。

(二)硅整流发电机的车上检查

1. 检查传动带的外观　用肉眼观察传动带有无磨损，带与带轮啮合是否正确。如有裂纹或磨损过度，应及时更换同种规格型号的传动带，V形带应两根同时更换。

2. 检查传动带的挠度　带过松会造成带轮与带之间打滑，使发电机输出功率降低，发动机水温过高；带过紧易使带早期疲劳损坏，加速水泵及发电机轴承磨损。所以应定期检查带的挠度。检查方法：在发电机带轮和风扇带轮中间用30～50 N的力按下带，带的挠度应为10～15 mm。若过松或过紧，应松开发电机的前端盖与撑杆的锁紧螺栓，扳动发电机进行调整，松紧度合适后，重新旋紧锁紧螺栓。

3. 检查有无噪声　当硅整流发电机出现故障(特别是机械故障，如轴承破损、轴弯曲等)后，在发电机运转时会产生异常噪声。检查时可逐渐加大发动机油门，使发电机转速逐渐提高，同时监听发电机有无异常噪声，如有异常噪声，应将发电机拆下并分解检修。当V带运转时有异响并伴有异常磨损时，应检查曲轴带轮、水泵带轮、发电机带轮是否在同一旋转平面内。

4. 检查导线连接情况

(1)检查各导线端头的连接部位是否正确；

(2)发电机“B”接线柱必须加装弹簧垫圈；

(3)采用插接器连接的发电机，其插座与线插头的连接必须锁紧，不得有松动现象。

二、发电机拆卸前的检测

(一)硅整流发电机的车上检测

1. 首先调整好硅整流发电机皮带张紧度，然后拆除发电机上的所有导线。

2. 用一根导线把硅整流发电机的“B”接线柱与“F”接线柱连起来。

3. 把万用表拨至直流电压 0～50 V 挡，将正测试棒接“B”接线柱，负测试棒接外壳。

4. 启动发动机、并把硅整流发电机“B”接线柱拆下的来自蓄电池的火线碰一下发电机的“F”接线柱，对硅整流发电机进行他励。然后将火线移开，缓缓提高发动机转速。

5. 观察电压表，若电压表所指示的电压值随转速升高而增大，则说明硅整流发电机良好；若电压表无指示，则说明硅整流发电机不发电，应进一步检查。

6. 可以用试灯代替电压表做上述检测，试灯亮表明硅整流发电机良好，试灯不亮，则表明硅整流发电机有故障。

(二)硅整流发电机的不拆卸检查

1. 测量各接线柱之间的电阻　用万用表测量发电机各接线柱之间的电阻值，若测量值不符合规定，则表示发电机有故障。正常情况下其阻值应符合表 1-12-3 所示。

表 1-12-3　硅整流发电机的各接线柱之间的电阻　Ω

发电机型号	“F”与“E”之间的电阻	“B”与“E”之间的电阻		“F”与“B”之间的电阻	
		正向	反向	正向	反向
JF11 JF13 JF15 JF21	5～6	40～50	>1 000	50～60	1 000
JF12 JF22 JF23 JF25	19.5～21	40～50	>1 000	50～70	1 000

注意：用不同形式的万用表测量的电阻值并不完全相同，但其变化趋势是相同的。若“F”与“E”之间的电阻值超过规定值，说明电刷与滑环接触不良；电阻值小于规定值，表明激磁绕组有匝间短路；如电阻值为零，则说明滑环之间短路或“F”接线柱搭铁。

若用万用表的“－”测试棒搭发电机外壳，“＋”测试棒搭发电机“B” 接线柱，表针指示在 40～50 Ω 之间，说明二极管正常，则说明装在端盖上或元件板上的二极管中有损伤或已被击穿短路。

如果发电机具有中性点“N”接线柱时，用万用表 R×1 k 挡测量“N”与“B”以及“N”与“E”之间的正、反向电阻值，可进一步判断故障所在处，详见表 1-12-4。

表 1-12-4 发电机“N”与“B”以及“N”与“E”之间的电阻值及二极管的诊断

测试部位	正向电阻/Ω	反向电阻/Ω	诊断
“N”与“B”接线柱间	10	1 000	元件板上正极二极管良好
	0	0	元件板上正极二极管短路
“N”与“E”接线柱间	10	1 000	后端盖上负极二极管良好
	0	0	后端盖上负极二极管短路或搭铁

2. 用试验台进行发电试验　用试验台测试出发电机空载转速和满载转速，如果空载转速过高或达到规定满载转速时发电机的输出电压过小，则表示发电机有故障。

三、硅整流发电机拆解与装配

(一)硅整流发电机拆解操作步骤

1. 拧下电刷组件的两个固定螺钉，取下电刷组件；

2. 拧下后轴承盖的三个固定螺钉，取下后轴承防尘盖，再拧下后轴承处的紧固螺母；

3. 拧下前后端盖的连接螺栓，轻敲前后端盖，使前后端盖分离；

4. 从后端盖上拆下定子绕组端头，使定子总成与后端盖分离；

5. 拆下整流器总成；

6. 拆下皮带轮固定螺母，从转子上取下皮带轮、半圆键、风扇和前端盖；

7. 用布或棉纱蘸适量清洗剂擦洗转子绕组、定子绕组、电刷及其他机件。

(二)硅整流发电机的装配

按拆解相反顺序组装，组装完毕后使用万用表检测各接线柱与外壳之间的电阻值，应该符合参数要求。否则应该拆解重装。

四、硅整流发电机解体后检测

(一)转子的检测

转子的检测包括：检测励磁绕组、转子轴和轴承的检修、滑环的检修。

1. 测励磁绕组　如图 1-12-11 所示，用万用表 R×1 k 挡检测两集电环之间电阻，应与标准相符。若阻值为“∞”，说明断路；若阻值小于规定值，说明短路。

2. 搭铁检查　将万用表的一个测试棒触及滑环，另一个试棒触及爪极或转子轴，如图 1-12-12 所示，测得的阻值应为无限大，说明绕组与铁芯绝缘良好，否则说明滑环与铁芯之间有绝缘不良或搭铁故障。

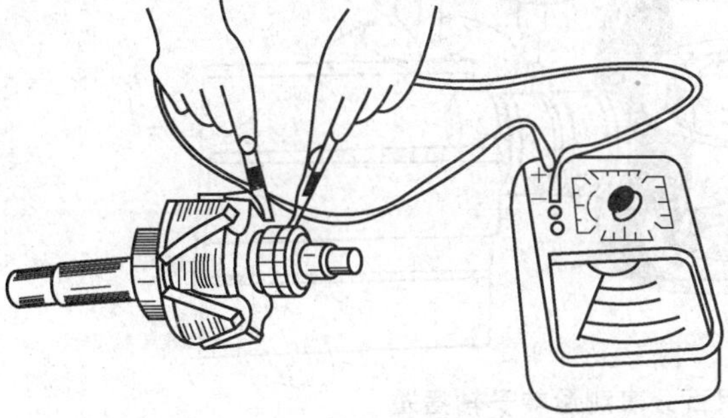

图 1-12-11　用万用表测量激磁绕组的电阻值

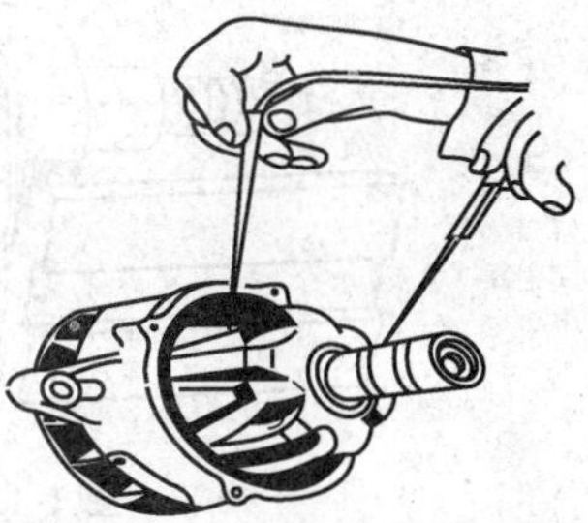

图 1-12-12　磁极绕组搭铁检查

断路应焊修或更换转子总成，短路和搭铁应更换转子总成。

3. 转子轴和轴承的检修　由于发电机转子转速很高，因此转子与定子之间不允许有任何接触，而转子磁极与定子铁心间的气隙又很小（一般为 0.25～0.50 mm，最大不超过 1.0 mm），所以要求转子磁极外圆周表面对两端轴颈公共轴线的径向圆跳动≤0.05 mm，如图 1-12-13 所示，用百分表测量转子轴摆差，应与规定相符，否则应予校正或更换。

轴承的检查，拆下内外轴承盖，用汽油洗净轴承，若轴承松旷或转动声音大，滚珠或轴承架损坏，应更换。

封闭式轴承，不要拆开密封圈，不宜在溶剂中清洗，轴承径向不应松动，滚珠和轨道应无明显损伤，转动灵活，否则更换。

4. 滑环的检修　滑环表面应光洁，不得有油污，两滑环之间不得有污物，否则应进行清洁。可用干布蘸汽油擦净，当滑环脏污严重并有轻微烧损时，可用细砂布磨光；若严重烧损或失圆，可在车床上车削修复，修复后。用直尺测量集电环厚度，应与规定相符，否则应更换。用千分尺测量集电环圆柱度，应与规定相符，否则应精车加工。修复后，滑环表面粗糙度 $Ra \leqslant 1.60\ \mu m$，滑环厚度≥1.50 mm。

（二）定子的检测

1. 断路的检查　定子绕组断路故障可用万用表按图 1-12-14(a)所示的方法

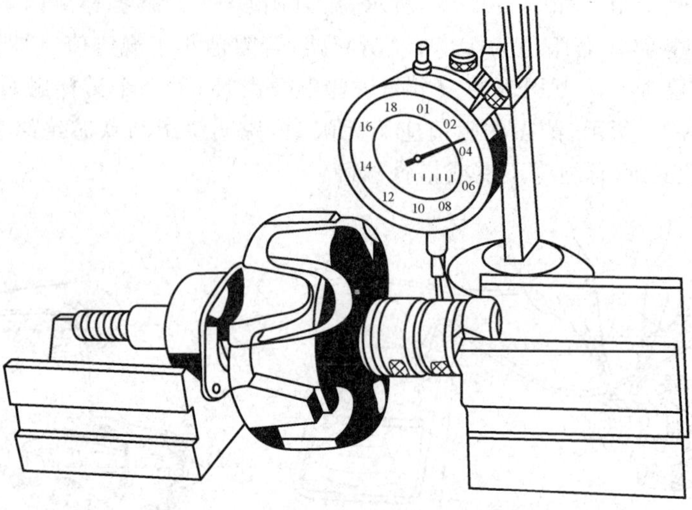

图 1-12-13 用百分表测量转子轴摆差

检查。万用表置于“Ω”挡的 R×1 k 位置，两表笔每触及定子绕组的任何两相首端，电阻值都相等并且电阻很小，说明没有断路故障；如果电阻无穷大，说明定子绕组有断路故障。

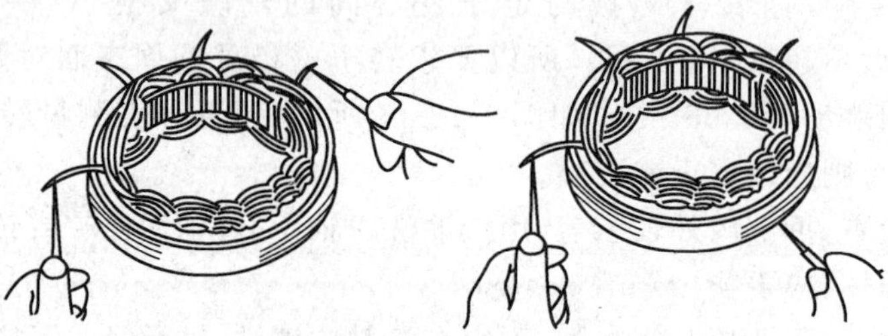

(a) 定子绕组的断路检测　　(b) 定子绕组搭铁检查

图 1-12-14 定子绕组的检测

若发现断路，应将焊在一起的三相绕组的中点分别与各绕组的另一端连接，测定断路在哪一组。

2. 搭铁的检查 用万用表“R×1 k”欧姆挡测三相绕组的任意一个首端抽头与定子铁芯间的绝缘如图 1-12-14(b)所示，测得的电阻应为无限大，否则说明有搭铁现象。如发现有搭铁现象，应将焊在一起的三相绕组末端抽头分开，测量搭铁发生在哪一相绕组。搭铁绕组确定后，可用下述方法检查搭铁部位：在 6 V 蓄电池任一极的连线中串联一个可变电阻(测前,阻值调在最大位置),并与搭铁的绕组任意一端相接,蓄电池另一极与机壳相接,调整可变电阻,使电流达 5～10 A,用螺钉旋具在铁芯上试探吸力,记下有吸力的绕组,再将蓄电池接机壳一端与该绕组的另一端相接,用同样的方法测出吸力的绕组,搭铁处即在两组有吸力绕组的中间部分。

(三)整流器的检测

1. 检查二极管好坏　将万用表的两测试棒接于二极管的两极测其电阻,再反接测一次,若电阻值一大(10 kΩ)一小(8～10 Ω),差异很大,说明二极管良好。若两次测量阻值均为∞,则为断路;若两次测得阻值均为 0,则为短路。

上述过程如无万用表,可用灯代替,将二极管与车用灯泡串联后与蓄电池连接。如灯一次亮,反向接灯不亮,则二极管良好;若灯均不亮,则二极管断路;若均亮,则二极管短路。

2. 更换二极管注意事项　对焊接式整流二极管来说,只要有一只二极管损坏,则需更换该二极管所在的正或负整流板总成;若为压装结构,则只需更换故障二极管即可。更换时需换用同型号的二极管。

3. 二极管的极性判别　常用的万用表有机械式和电子式两种,数字式万用表检测方法是:将万用表的正测试棒(红色)接二极管引出极,负测试棒(黑色)接二极管的另一极,测其电阻。若阻值大于 10 kΩ,则该二极管为负极管;若阻值为 8～10 Ω,则该二极管为正极管。

4. 整体式整流器的检查　以如图 1-12-15 所示整流板为例说明。

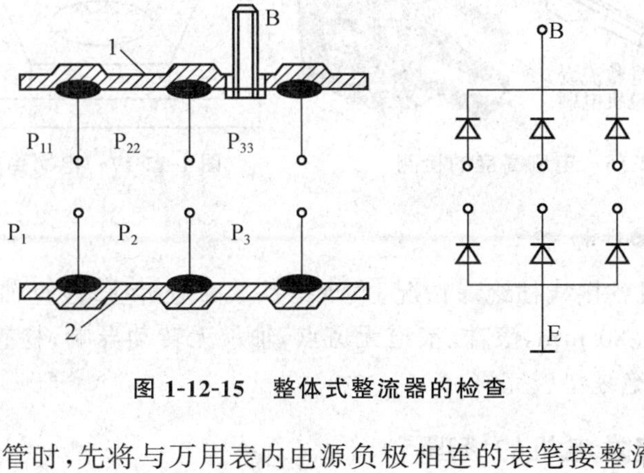

图 1-12-15　整体式整流器的检查

当检测正极管时,先将与万用表内电源负极相连的表笔接整流器端子“B”;另一只表笔分别接 P_{11}、P_{22}、P_{33} 点进行检测,万用表均应导通,如不通,说明该正极管断路,则应更换整流器总成;再调换两表笔检测部位进行检测,此时万用表应不导通，如导通，说明该正极管短路，亦应更换整流器总成。

当检测负极管时，先将与万用表(R×1 k 挡)电源正极相连的表笔接负极整流板的壳体，与电源负极相连的表笔分别接 P_1、P_2、P_3 点，万用表均应导通，如不通，说明该负极管断路，则应更换整流器总成；再调换两表笔检测，万用表应不导通，如导通，说明该负极管短路，亦需更换整流器总成。

(四)电刷组件的检测

1. 外观检查 电刷表面应无油污，无破损、变形，且应在电刷架中活动自如，无卡滞现象。

2. 电刷长度检查 电刷长度也叫电刷高度，应不低于原长度的 2/3，否则应更换，如图 1-12-16 所示，用游标卡尺或钢板尺测量电刷露出电刷架的长度应与规定相符。

3. 弹簧压力测量 如图 1-12-17 所示，用天平秤检测电刷弹簧压力应与规定相符，如弹簧自由高度一般在 30 mm 左右，当压缩至 14 mm 时，压力应为 0.1～0.2 kg，不符合规定应更换，以免造成电刷与滑环接触不良或加速电刷与滑环的磨损。

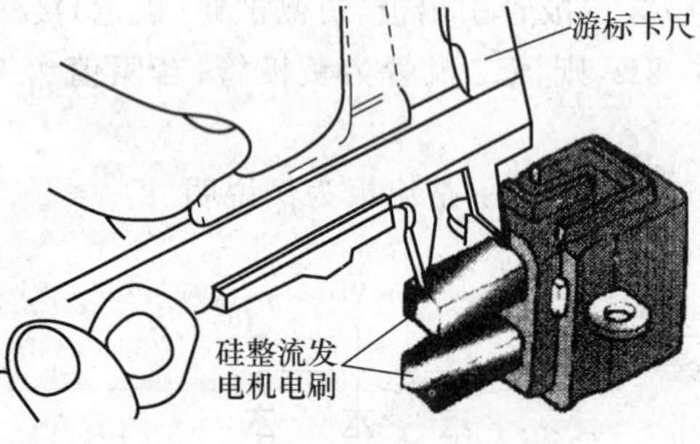

图 1-12-16 电刷高度的检测

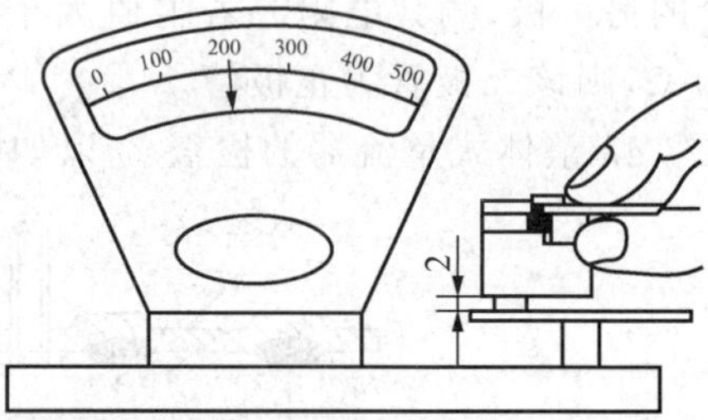

图 1-12-17 电刷弹簧压力的测量

(五)其他零件检查

检查发电机各接线柱绝缘情况，发现搭铁故障应拆检；检查轴承轴向和径向间隙均应不大于 0.20 mm，滚珠、滚道无斑点，轴承无转动异响；检查前后端盖、皮带轮等应无裂损，绝缘垫应完好。

五、硅整流发电机的修理

(一)励磁绕组的修理

励磁绕组的修理分两种，一种是局部处理，另一种是线圈重绕。

1. 局部处理

(1)线圈短路点发生在线圈表面几匝时,可先剥开外包绝缘层,把短路线匝去掉,然后用同规格的导线焊上,补偿绕组匝数补够后,焊接好引线,重新包扎外部绝缘,并浸漆烘烤处理。

(2)线圈短路点是因引出线脱焊时,可以补焊后包扎绝缘处理。

(3)找到线圈的接地点在槽口或绝缘表面,则可用绝缘垫垫上,进行局部处理。

2. 线圈重绕　线圈重绕的理由是采取局部处理方法不能解决绕组的问题,比如线圈绝缘老化、线圈短路点发生在线圈内部,并且已短路许多线匝;线圈接地故障已使线圈烧毁等,均要重绕线圈修复。

(二)定子绕组的修理

除发生在线圈表面和连接处的断路可直接焊接外,其他故障均需将整个线圈拆去重绕。重绕线圈的工艺如下:

1. 拆除旧线圈　首先拆掉槽口内的槽楔,然后逐个地将线圈从定子铁芯槽口中取出。对于型号不清的发电机,在拆除旧线时,应将导线直径、每组绕组的线圈数、线圈匝数和跨距、绕制方向、同一相两线圈之间的槽距、各项绕组起头槽距和三相绕组末端接法记录下来,以便重绕时参考。

2. 清理槽口,整理铁芯　认真清理残留在槽口内的绝缘物,整理铁芯,锉去槽口边的毛刺,然后槽内放入绝缘纸。

3. 线圈参数的确定　为了重绕定子线圈,绕线前必须将线圈的有关参数计算出来或查阅有关资料。参数确定后,就可以绕线。导线直径应与原线直径相同。

4. 下线　当全部线圈下完以后,再按照同一相各线圈间尾边线头接起边线头的原则,把各线圈串联起来。这样每一相就余下两个头,即第一线圈的起边头和第四线圈的末边头。

5. 浸漆和烘干　定子绕组全部下完后,用竹楔封口,然后检查有无断路和短路,若无问题,再进行预烘、浸漆和烘干。浸漆后,将三相首端留 55 mm 长的抽头,并在 180°内均布,头部刮漆,套入绝缘管,然后焊好接头。

(三)轴承座孔和集电环的修理

1. 驱动端盖轴承座孔磨损时,应以端盖上与定子铁芯相配合的圆为基准,镗孔镶圈。若原端盖已有镶圈,可换用新圈。

2. 集电环磨损不光滑或有烧损现象,可以"00"号砂纸打光,也可在车床上精车。如果集电环已经不能再车小,则必须换新的集电环。

六、电压调节器的使用

1. 调节器与发电机的电压等级必须一致，否则充电系不会正常工作。

2. 调节器与发电机的搭铁形式必须一致，当调节器与发电机的搭铁形式不匹配而又急于使用时，可通过改变发电机磁场绕组的搭铁形式及线路的连接来临时替代。

3. 调节器与发电机之间的线路连接必须正确，由于调节器的结构形式很多，其接线位置也各有不同，因此使用时必须根据使用说明书所给出的接线图或有关说明正确连接充电系统线路，否则充电系统不能正常工作，甚至会损坏调节器和发电机等电器部件。

4. 配用双级式电压调节器时，当检查充电系不充电故障时，在没有断开发电机与调节器接线之前，不允许将发电机的“B”与“F”(或调节器的“＋”与“F”)短接，否则将会烧坏调节器的高速触点。

5. 调节器必须受点火开关控制，因调节器控制磁场电流的大功率管在发电机输出电压较低时就始终导通，如果不受点火开关控制，当车停驶时，大功率管一直导通，将缩短调节器使用寿命，而且还会导致蓄电池亏电。

6. 交流发电机的功率不得超过调节器设计时所能配用的交流发电机的功率。交流发电机的功率愈大，励磁电流的大功率晶体管的技术要求就越高，成本也越高。大功率发电机的调节器，配小功率发电机虽然可用，但成本较高、不经济。而小功率发电机的调节器则不宜与大功率发电机配用，一方面是调节器会因超负荷工作而使用寿命大为缩短；另一方面是控制励磁电流晶体管的管压降增大，励磁电流最大值减小，将降低发电机的实际输出功率。

7. 机械停驶时，应将点火(或电源)开关断开。

七、调节器的检测

调节器的检验主要是指其是否能工作和工作是否正常，工作不正常时就需要调整。

(一)电磁振动式调压器的检测

当充电系统出现故障，经检查确认发电机工作正常而调节器有故障时，应将调节器从车上拆下进行检测与调整。

1. 检查调压器的完好程度　可打开调节器壳盖，检查线圈的连接是否可靠，有无断路、短路，各机械连接处是否牢固，各触点是否光洁，有无烧损电蚀，如不合要求可用细砂布打磨然后除尽磨屑，若触头严重烧蚀或厚度小于 0.4 mm，则应更换触头。另外,动、静触头应对正,确保接触良好。

2. 检查调整气隙 电磁振动式调压器的间隙是指高速触头间隙和动铁芯与铁芯间的气隙,触点闭合时,振动臂与电磁铁上端面间的气隙应在 1.4~1.5 mm。气隙大小用厚薄观测量,如不合要求,可松开固定触点臂的螺钉,上下移动固定触点臂来调整。调整时应注意保证触点全面接触,气隙均匀。

3. 检查调整限额电压值 用万用表测量各接线柱间的阻值可以判断电磁振动调节器电器部件的技术状况,检测时使用 R×1 k 欧姆挡。

(1)检测接线柱“B”(或“S”)与接线柱“F”间的阻值:当触头 K1 闭合、触头 K2 断开时,阻值应小于 0.5 Ω,此时所测阻值为低速触头的接触电阻值;当 K1 断开、K2 闭合时,对于 FT61 型调节器阻值应为 7.2 Ω 左右。

(2)检测“B”与“E”接线柱间的阻值:当触头 K1 闭合、触头 K2 断开时,对于 FT61 型调节器阻值应为 23.5 Ω;当 K1 断开、K2 闭合时,对于 FT61 型调节器阻值应为 7.2 Ω 左右。

在上述检查过程中,若阻值不符,则应检查各部分元件。一般地说,阻值偏小时可能是电阻或线圈短路,阻值过大可能是触头烧蚀,使接触电阻增大或电阻、线圈断路。

调压器的限额电压为 13.8~14.6 V。不符合正常规范时,可用尖嘴钳扳动弹簧的下挂钩来调整。

(二)电子调节器的检测

电子调节器的检测分为搭铁形式检测和好坏检测。电子调节器可用电子调节器专用检测仪,可调直流电源按图 1-12-18 所示检测线路进行检测,图中小灯泡可

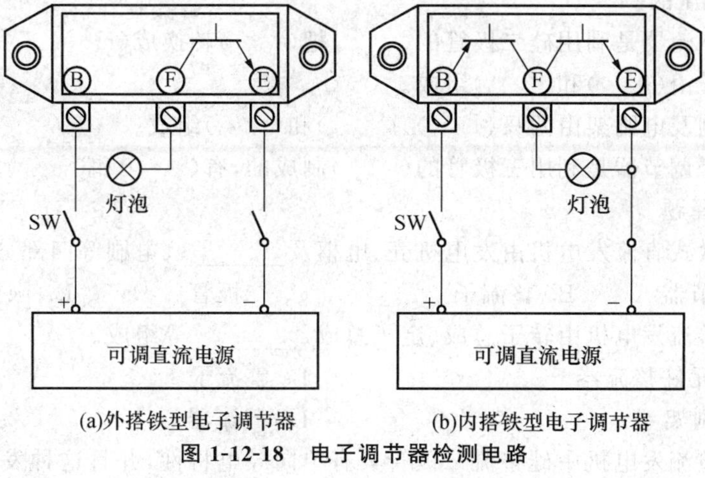

(a)外搭铁型电子调节器 (b)内搭铁型电子调节器

图 1-12-18 电子调节器检测电路

用充电指示灯代替。

1. 搭铁形式的检测　当不知电子调节器的搭铁形式时,可按外搭铁线路进行检查,具体方法如下:

(1)将直流电源电压调到 12 V(28 V 调节器调到 24 V);

(2)接通开关 SW,若小灯泡不亮,则该调节器为内搭铁型调节器;若灯泡亮则为外搭铁型调节器。

2. 搭铁好坏的检测　按图 1-12-18 接好检测线路,先接通开关 SW,然后由 0 V 逐渐调高直流电源电压,此时小灯泡的亮度应随电压升高而增强。

(1)当电压调高到调压电压值时,若小灯泡熄灭,则调节器工作正常;

(2)若小灯泡始终发亮,则调节器已经损坏,可能是大功率晶体管短路或前级驱动电路的晶体管或稳压管断路;

(3)若小灯泡始终不亮(灯泡未坏),则可能大功率晶体管断路或前级驱动电路的晶体管或稳压管短路。

思考题

一、填空题

1. 交流发电机中转子的作用是(　　),定子的作用是(　　)。

2. 整体式交流发电机的主要功能是(　　)、(　　)、(　　)。

3. 中性点"N"对发电机外壳之间的电压叫做(　　)电压。其值等于发电机直流输出电压的(　　)。

4. 硅整流器是利用硅二极管的(　　)把(　　)转换成(　　)。

5. 定子由(　　)和(　　)组成。

6. 电刷及电刷架由两只(　　)、(　　)和(　　)组成。

7. 电子调节器是利用三极管的(　　)制成的,有(　　)和(　　)之分。

二、选择题

1. 并激式直流发电机由发电机壳、电枢及________、电刷等四部分组成。

A. 调节器　　B. 整流子　　C. 二极管　　D. 限流器

2. 硅整流发电机由转子总成、定子总成、________等组成。

A. 硅元件整流器　　B. 整流子

C. 碳刷架　　D. 截流器

3. 硅整流发电机中硅整流二极管具有单向导电特性,并且这种发电机是一台交流发电机能自动控制输出电流，所以硅整流发电机调节器只要有________即可。

A. 限流器　　B. 调压器　　C. 截流器　　D. 变压器

4. 直流发电机调节器由调压器、限流器和________等三部分组成。

A. 变压器　　B. 变阻器　　C. 截流器　　D. 调速器

5. 硅整流发电机通过________只硅二极管进行整流后，即可得到直流电。

A. 6　　B. 4　　C. 2　　D. 1

第二部分
拖拉机常见故障现象分析

项目一　内燃机常见故障现象分析

一、机体零件与曲柄连杆机构的故障

(一)活塞常见损伤分析

1. 顶部热裂纹

现象:活塞顶面,主要在燃烧室边缘出现裂纹(图 2-1-1)。

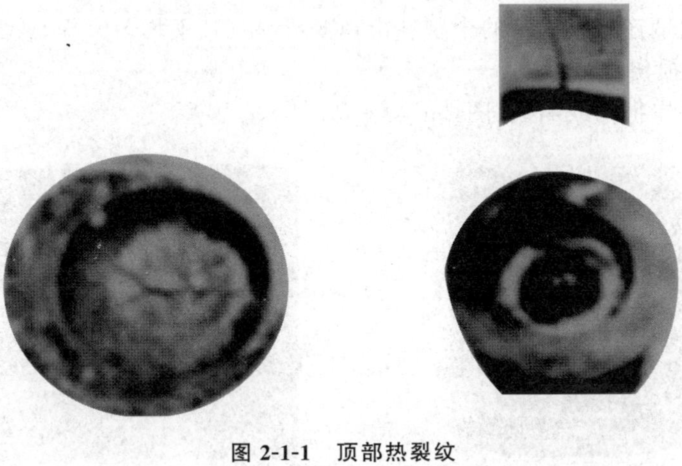

图 2-1-1　顶部热裂纹

原因:喷油量过大;超负荷运行;内燃机负荷波动大,负荷波动频繁;增压压力过高。

2. 四点划伤

现象:活塞销孔两侧裙部拉伤图(2-1-2)。

原因:冷却液温度过高或过低;超负荷运行;大负荷工作后马上停车;长期低负荷运行;活塞销与销孔配合过紧,或在连杆衬套中卡住。

3. 活塞倾斜运行

现象:活塞推力面出现倾斜磨痕,其结果可能是导致窜油、窜气、不均匀磨损和内燃机敲击声(图 2-1-3)。

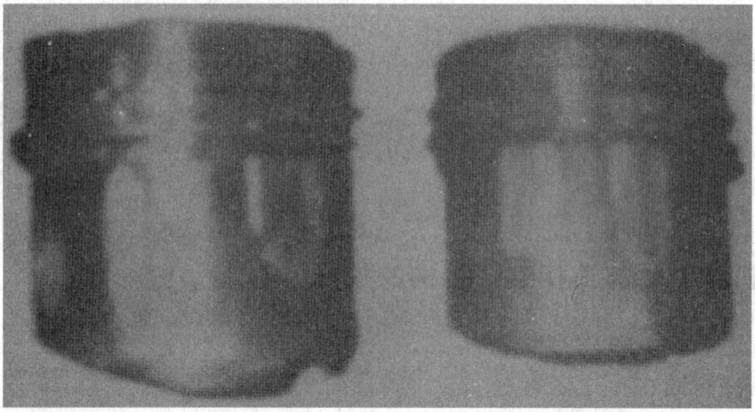

图 2-1-2 四点划伤

原因:曲柄连杆机构中的个别件出现变形、扭曲、不均匀磨损,或曲轴蹿动。

4. 环岸损伤

现象:环岸损伤或断裂(图 2-1-4)。

图 2-1-3 活塞倾斜运行

图 2-1-4 环岸损坏

原因:喷油或点火正时过早;燃料不合要求,十六烷值或辛烷值低;积炭严重,压缩比增大;环槽严重磨损,侧间隙过大;活塞环断裂撞击环岸;更换活塞环时没有修去缸肩致使环岸受力过大;在低温下频繁冷启动。

5. 裙部拉伤

现象:活塞裙部一侧或两侧出现大面积拉伤(图 2-1-5)。

原因:汽缸变形或缸垫损坏;冷却系统故障,冷却不良;缺机油,机油不洁或品质不好;怠速转速过低;长期大负荷运行或超负荷运行;启动后马上加大负荷;新活塞与汽缸未良好磨合立即投入大负荷运行。

6. 活塞销孔周围损伤

现象：销孔周围出现抛击状（类似熔化状）的损伤痕迹，汽缸壁相应受到损伤（图 2-1-6）。

图 2-1-5 裙部拉伤

图 2-1-6 活塞销孔周围损伤

原因：该损伤是由于活塞销挡圈脱落或断裂所引起，其原因可能是：安装了旧的受伤挡圈；挡圈在槽中刚度不够或位置不正确；连杆弯曲；曲轴轴向间隙过大；连杆轴颈或曲轴回转中心与汽缸不垂直等。

7. 气门顶撞活塞

现象：活塞顶受气门撞击形成深坑。工作中，气门连续高频率地撞击活塞顶部，造成气门断裂或活塞破碎（图 2-1-7）。

原因：配气相位紊乱或气门间隙调整不正确。

8. 活塞顶烧穿、局部烧蚀

现象：活塞顶面烧熔甚至烧穿，或在活塞顶边缘及火力岸出现局部蜂窝状烧蚀坑（图 2-1-8）。

原因：喷油器故障，如喷射不良，喷油量过大，喷油器安装不当等；喷油或点火过早；非正常燃烧（如爆燃、早燃）导致燃烧压力过大；超负荷运行；使用燃油不当（辛烷值或十六烷值低）。

9. 销孔内侧压裂

现象：销孔内裂纹，严重裂纹沿销座扩展至活塞顶部（图 2-1-9）。

原因：供油量过多，点火或供油提前角过早，不适宜的燃油，增压压力过高，超负荷运行灯引起过大机械负荷将销孔压裂。

10. 活塞裙部破裂

现象：活塞推力面开裂甚至破损（图 2-1-10）。

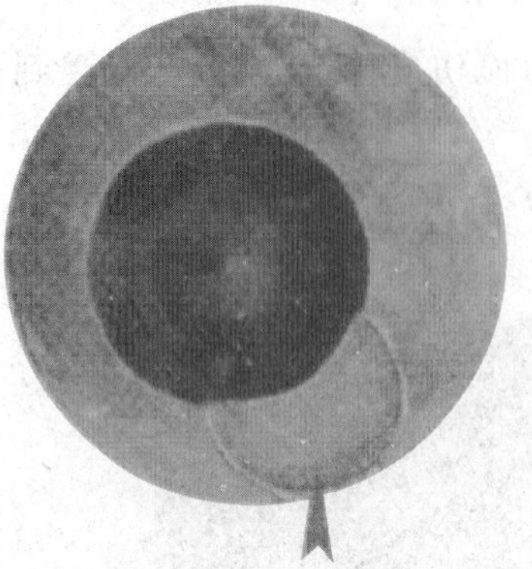

图 2-1-7　气门顶撞活塞

图 2-1-8　活塞顶烧穿、局部烧蚀

原因:喷油点火提前过早;燃油不合适(十六烷值或辛烷值过低);汽缸活塞磨损过度,汽缸间隙过大。

11. 活塞头部损伤

现象:活塞头部环岸至顶面区域烧伤或拉伤,活塞环黏结(图 2-1-11)。

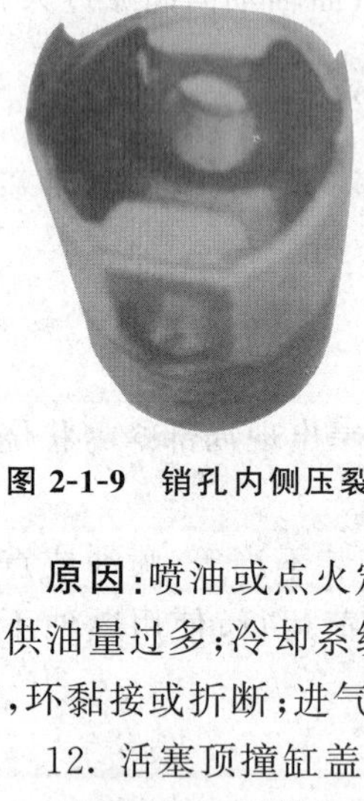

图 2-1-9　销孔内侧压裂

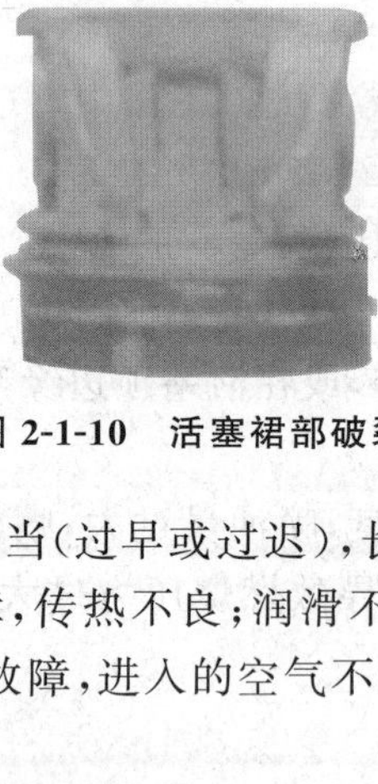

图 2-1-10　活塞裙部破裂

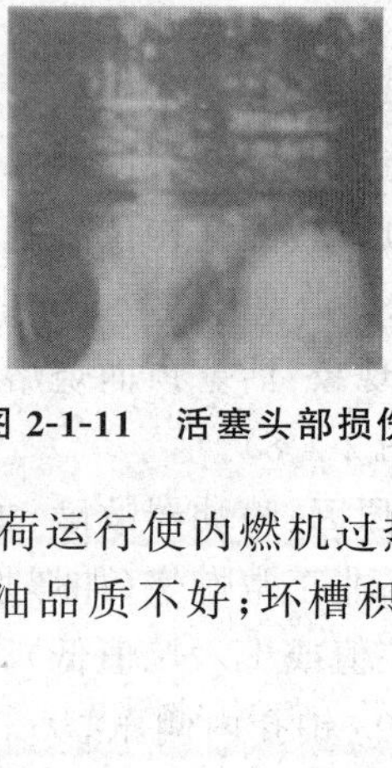

图 2-1-11　活塞头部损伤

原因:喷油或点火定时不当(过早或过迟),长期超负荷运行使内燃机过热;循环供油量过多;冷却系统故障,传热不良;润滑不良或机油品质不好;环槽积炭太多,环黏接或折断;进气系统故障,进入的空气不洁。

12. 活塞顶撞缸盖

现象:活塞顶部变形。活塞顶连续撞击缸盖,结果造成顶部变形,甚至活塞破碎(图 2-1-12)。

原因:活塞顶部余隙过小或曲柄连杆机构故障造成活塞行程加长。

13. 活塞拉缸

现象:汽缸内表面或活塞表面拉毛或拉出沟槽(图 2-1-13)。

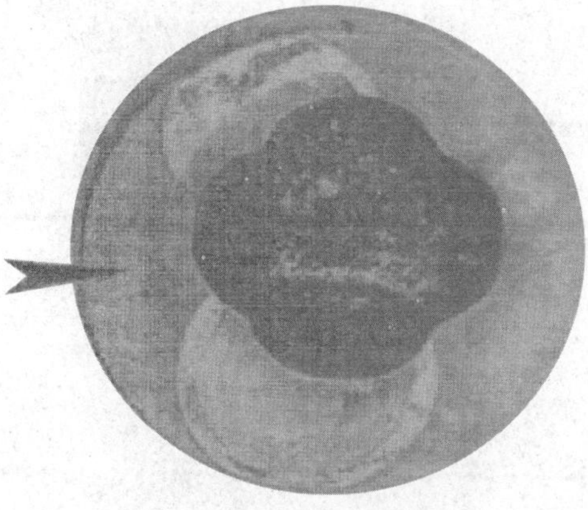

图 2-1-12 活塞顶撞缸盖

图 2-1-13 活塞拉缸

原因:缸套与活塞或活塞环装配间隙过小,润滑不足;活塞裙边有毛刺、沙粒附着表面;润滑油变质或有杂质;节温器失效,造成内燃机温度过高;超载行驶,内燃机长期大负荷运转;活塞环断裂;连杆弯曲,使活塞一侧压紧汽缸,产生单边拉缸。

排除:保证装配质量。汽缸间隙为 0.05～0.07 mm;清除活塞毛刺及表面上的磨粒;保证良好润滑,选用优质润滑油;更新节温器;按规定装载,避免内燃机长时间、大负荷运转;更新活塞环;检查连杆,校正或更换连杆。

(二)曲轴常见损伤分析

1. 前端小头端断裂

现象:靠近小头端方向的曲柄断开(图 2-1-14)。

原因:皮带轮-减震器总成失效(减震效果差,减震橡胶破损或脱出,皮带轮平衡差);小头端负荷增加,如加长皮带轮或在原皮带轮上叠加皮带轮等;使用了假冒皮带轮-减震器。

2. 键槽破损

现象:键槽侧面缺损并有严重挤伤痕迹(图 2-1-15)。

原因:使用非标准键,启动爪拧紧力不足,皮带轮-减震器内孔大,皮带轮-减震器内锥套失效。

3. 小头轴颈表面损伤

现象:小头轴颈处有划痕,呈凹凸不平,手感明显(图 2-1-16)。

原因:齿轮没有采用加热装配或拆卸;选错曲轴型号后,齿轮用了冷装拆等不正确的方法。

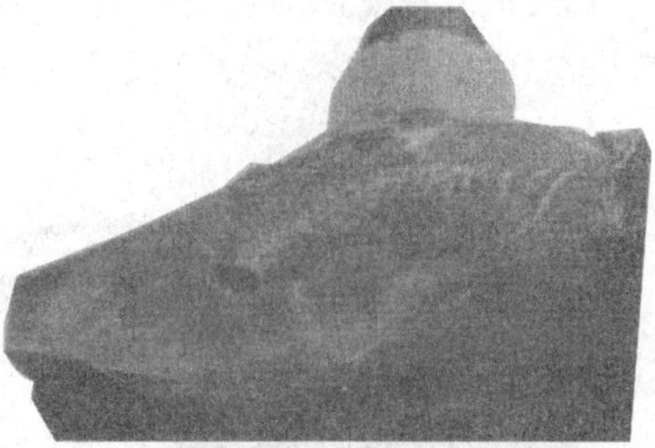

图 2-1-14 前端小头端断裂

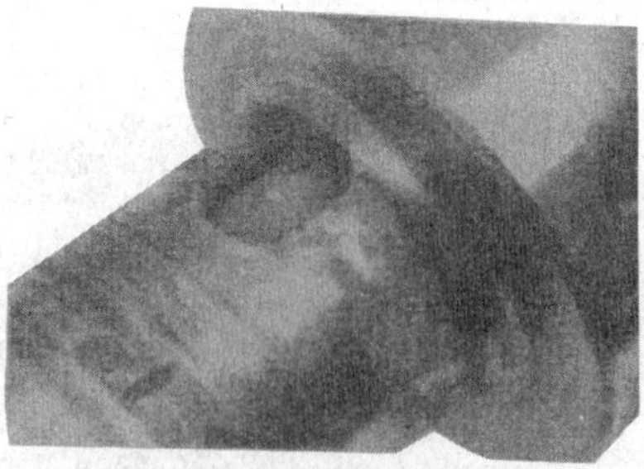

图 2-1-15 键槽破损

4. 法兰盘端面或螺栓孔损坏

现象:飞轮螺栓孔缺损,端面磨损变形,严重时,法兰端面也出现划痕(图 2-1-17)。

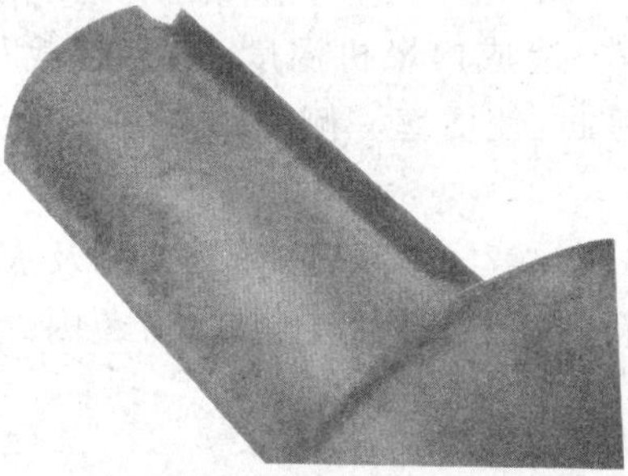

图 2-1-16 小头轴颈表面损伤

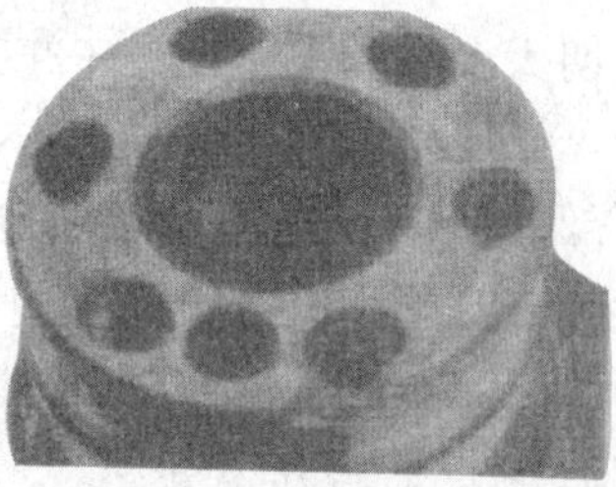

图 2-1-17 法兰盘端面或螺栓孔损坏

原因:未按规定顺序和力矩扭紧螺栓,未安装飞轮锁片而造成螺栓松动,飞轮与曲轴接触平面有磨损,使用不合格螺栓。

5. 大头端凸缘破损

现象:大头端凸缘局部或整圈脱落(图 2-1-18)。

原因:齿轮没有采用加热装配或拆卸,如用锤敲打过量等;漏装齿轮定位销。

6. 止推轴颈侧面异常磨损

现象:止推面出现拉痕,严重时会造成止推面磨出凹环(图 2-1-19)。

原因:装错或装反止推片,或紧固不牢。

7. 曲轴化瓦、烧瓦

现象:轴瓦出现拉痕,合金层熔化 脱落,轴颈表面拉伤严重(图 2-1-20)。

原因:

(1)润滑油方面 使用润滑油牌号与适用温度不正确,或润滑油质量差;油底壳内机油量不足，导致润滑不良；机油脏或机油滤清器失效；机油进水和柴油变稀，造成润滑不良。

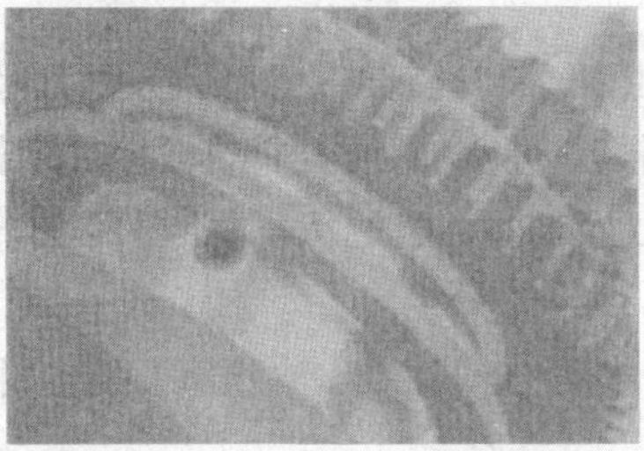

图 2-1-18 大头端凸缘破损

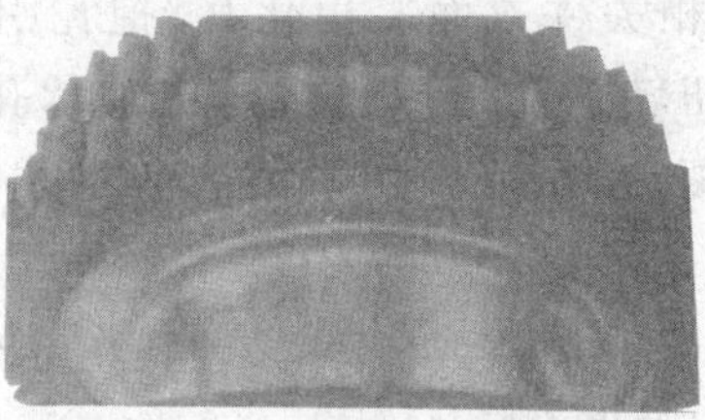

图 2-1-19 止推轴颈侧面异常磨损

(2)润滑油路方面 机油压力过低或润滑油道不畅通。

(3)装配方面 轴颈与轴瓦配合间隙过大或过小，无法形成油膜；轴瓦与轴颈的配合接触面没有达到规定的要求；轴承孔变形；圆度和圆柱度不符合技术标准，选用轴瓦材料有误。

(4)使用方面 内燃机大修竣工后没有经过磨合，或长期超负荷运行，机体内水温过高等。

8. 曲轴异常断裂

现象：断口无疲劳纹(图 2-1-21)。

图 2-1-20 曲轴化瓦、烧瓦

图 2-1-21 曲轴异常断裂

原因：曲轴受外力一次性冲击而致断裂。

9. 曲轴疲劳断裂

现象：曲轴断口在疲劳区，断口表面光亮有摩擦痕迹，出现呈沙滩状的疲劳纹(图 2-1-22)。

原因:

(1)装配方面　选用高强度螺栓有误,增压与不增压使用了相同螺栓;没有按规定的顺序和扭矩扭紧螺栓,螺栓松动。

(2)相关件方面　由化瓦、抱瓦引起。由扭转减震器总成的损坏而引起曲轴自身扭转振动造成。机体主轴承孔不同轴度过大或轴瓦间隙过大。各缸工作不均衡,活塞连杆组的组合质量偏差过大,飞轮偏摆过大等引起的曲轴受力不均。

(3)使用方面　严重超负荷运行,或运行时操作不正确,轴颈磨损超过极限而引起疲劳强度下降。

10. 曲轴异常磨损

现象:目测轴颈表面并无异常,但手感凹凸不平(图 2-1-23)。

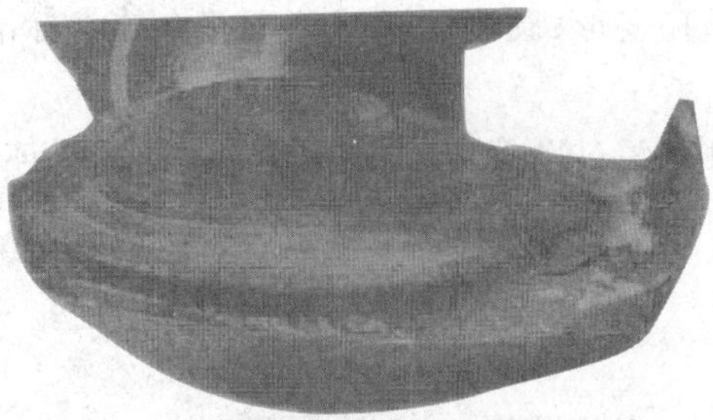

图 2-1-22　曲轴疲劳断裂

图 2-1-23　曲轴异常磨损

原因:机油压力不足;轴颈与轴瓦之间装配间隙不当;润滑不良,机油内杂质太多或机油道内杂质没有清洗干净;相关件异常;机油滤芯、空气滤芯没有及时更换。

11. 烧化瓦引起的曲轴断裂

现象:轴颈烧化瓦严重,致使曲轴运转有阻力而造成断裂;轴颈表面有明显拉痕;轴颈局部变黑,断口疲劳纹理不明显(图 2-1-24)。

原因:烧瓦、化瓦没有及时停车。

(三)轴瓦常见损伤分析

1. 使用注意事项

(1)购买前应注意选择轴瓦的型号、规格。

(2)装配前必须清洁相关部件。

(3)检查相关的孔径、轴颈尺寸,以保证装配间隙。

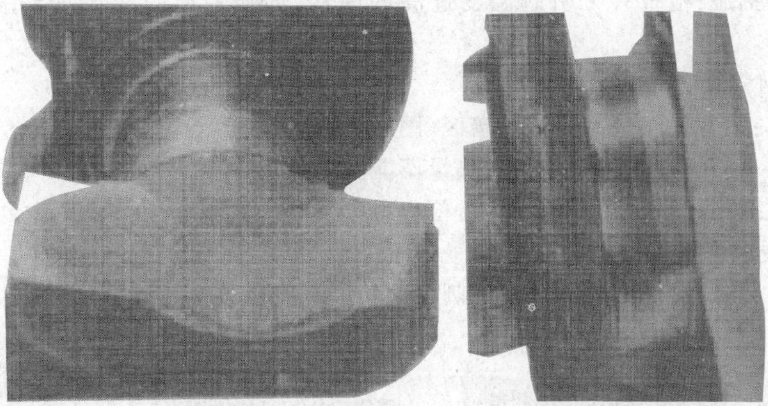

图 2-1-24 烧化瓦引起的曲轴断裂

(4)在检查装配间隙时,瓦背上严禁垫纸片、铜片等;轴瓦内圆合金面严禁刮削。

(5)润滑机油必须符合国家标准。

(6)应防止在任何条件下长时间超负荷行驶。

(7)若遇以下情况,请勿装机使用:自由弹张量较小,以致装入座孔中轴瓦松动;半圆周长高出度低于座孔对接面;压紧状态下其贴合面小于85%时。

2. 划伤

现象:工作表面沿旋转方向出现数根较深的划痕(图 2-1-25)。

原因:在轴瓦润滑间隙中侵入了硬质颗粒,主要是由润滑油带入,或因装配时清洁工作不佳而混入。

改进措施:检查滤清效果,装配时严格进行清洁工作。

3. 龟裂

现象:合金层表面出现网状裂纹(图 2-1-26)。

原因:轴承过载;轴承工作温度太高,轴承工作表面载荷分布不均而产生局部峰值压力等。

图 2-1-25 划伤

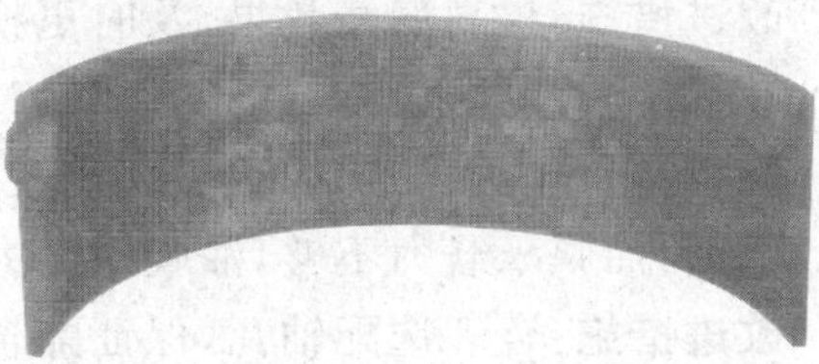

图 2-1-26 龟裂

改进措施:检查有无引起温度过高的因素,加强轴承的冷却效果;检查轴承间隙。

4. 钢背烧伤

现象:钢背表面呈大面积发暗区(图 2-1-27)。

原因:轴瓦与座孔贴合不佳,热量不能及时散出。

改进措施:严格控制贴合质量,检查过盈量和座孔刚度是否足够。

5. 侵蚀磨损

现象:在油孔油槽边缘呈现冲刺状磨痕(图 2-1-28)。

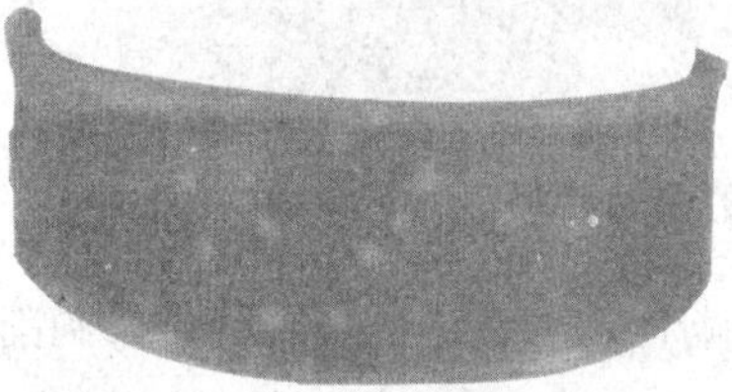

图 2-1-27 钢背烧伤

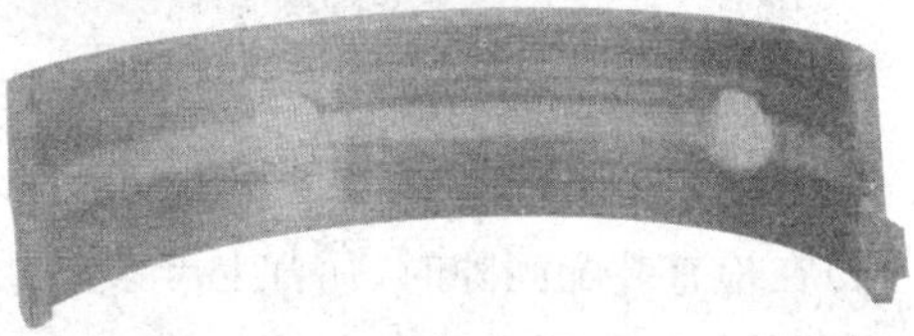

图 2-1-28 侵蚀磨损

原因:润滑油润滑质量不佳。

改进措施:检查滤清效果。

6. 磨粒磨损

现象:工作表面主要承载区呈现大面积沿旋转方向的细微擦痕(图 2-1-29)。

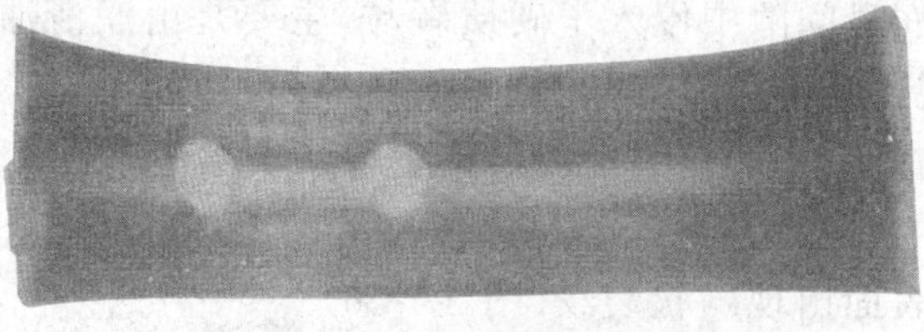

图 2-1-29 磨粒磨损

原因:润滑质量不佳,允许通过异物颗粒度太大或滑润油受到污染。

改进措施:提高滤清效果,及时更换润滑油。

7. 混合摩擦磨损

现象:工作表面局部区域呈现比较光滑的磨痕,轴承间隙加大(图 2-1-30)。

原因:油膜承载力不够,油膜厚度太薄;长时间过载;频繁启动和刹车。

改进措施:合理选配轴瓦,保证配合间隙;避免超载。

8. 气蚀

现象:轴瓦表面有点状、斑状剥落痕迹,边缘清晰(图 2-1-31)。

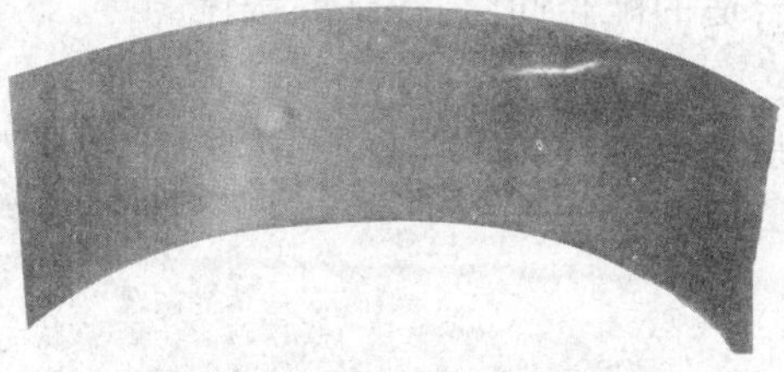

图 2-1-30 混合摩擦磨损

图 2-1-31 气蚀

原因:轴具有激烈的向心运动区域,润滑油不能及时补充增大的润滑间隙,引起瞬时低压,润滑油混入气泡或内部气体析出形成气泡。

改进措施:改善主轴的动平衡;提高润滑油质量,加入防泡沫添加剂或采用防泡沫性能较好的润滑油。

9. 弹张量消失

现象:轴瓦使用后拆下测量,发现自由弹张量减小甚至消失(图 2-1-32)。

原因:轴承过热,配合过盈量太大。

改进措施:检查过盈量是否太大,轴承是否过热。

10. 腐蚀

现象:表面出现大面积麻点,瓦面发黑,严重者大块剥落(图 2-1-33)。

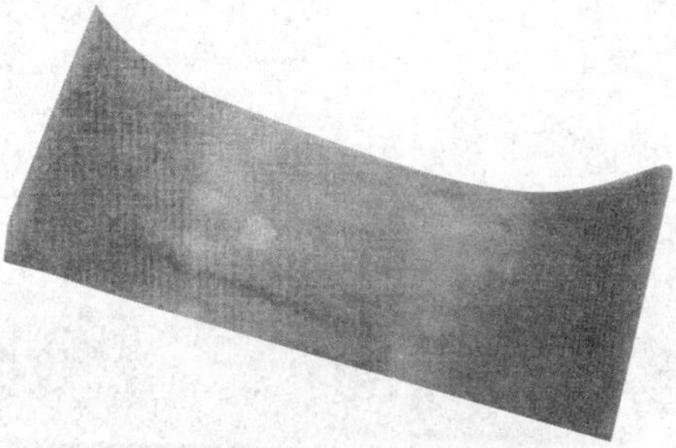

图 2-1-32 弹张量消失

图 2-1-33 腐蚀

原因:机油长期工作后变质;汽缸中燃气泄入曲轴箱,污染了油底壳中润滑油。

改进措施:及时更换润滑油,采用腐蚀添加剂。

11. 咬胶

现象:合金层熔化,工作表面出现大面积沿圆周方向被拖动的沟痕、油孔、油槽,以及瓦背边缘有合金熔化铺开的痕迹,轴颈表面亦黏焊着轴承合金(图 2-1-34)。

原因:轴承过载;断油;剧烈的磨料磨损及发热;间隙过小,轴承发热卡死;润滑油黏度太低;瓦背贴合不好,热量不能及时散出。

改进措施：提高油膜的承载能力，选择合适的配合间隙，保证贴合度。

12. 剥落

现象：合金层呈片状剥落，剥落区底面呈碎粒状(图 2-1-35)。

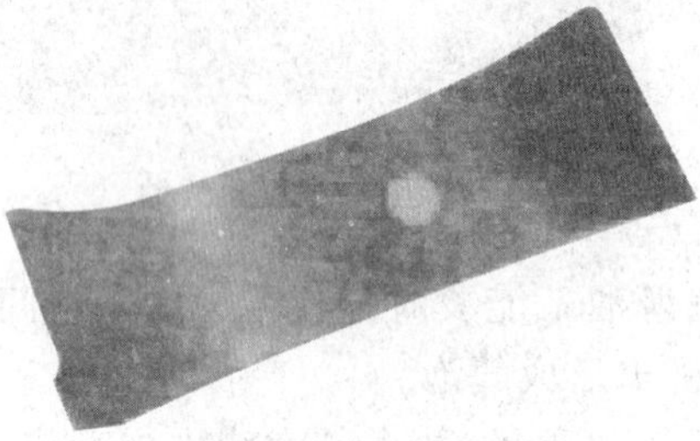

图 2-1-34 咬胶

图 2-1-35 剥落

原因：轴承过载；轴承工作温度太高，由于变形等轴承工作表面载荷分布不均而产生局部峰值压力。

改进措施：加强轴承的冷却效果，检查轴承间隙。

13. 脱壳剥落

现象：合金层呈片状剥落，剥落区底部露出钢背清晰的结合面(图 2-1-36)。

原因：合金层复合质量不佳。

改进措施：提高合金层复合质量。

14. 轴瓦中部偏磨

现象：轴瓦中部出现磨损(图 2-1-37)。

图 2-1-36 脱壳剥落

图 2-1-37 轴瓦中部偏磨

原因：轴颈母线呈现股形突出，轴承座孔边缘刚性不足，负荷主要由轴瓦中部承受。

改进措施：提高轴颈加工精度。

15. 轴瓦一侧偏磨

现象：轴瓦一侧边缘呈现磨损痕迹(图 2-1-38)。

原因:轴颈、轴承座产生倾斜变形或有加工误差。

改进措施:提高轴颈和座孔的加工精度。

16. 轴瓦两侧偏磨

现象:轴瓦两侧边缘呈现磨损痕迹(图 2-1-39)。

图 2-1-38 轴瓦一侧偏磨

图 2-1-39 轴瓦两侧偏磨

原因:轴颈圆柱度不符合要求,负荷集中在轴瓦边缘区。

改进措施:提高轴颈加工精度。

(四)内燃机不能启动或排气管冒黑烟

1. 故障现象

现象一:内燃机不能启动或排气管冒黑烟。

现象二:启动机运转正常,内燃机达不到正常运转。

现象三:机油消耗大,排气冒蓝烟。

2. 故障分析　活塞环无弹力或断裂,导致内燃机不能启动、排气管冒黑烟等故障发生。

3. 故障排除　内燃机出现上述故障时,在简单排除其他故障的前提下,视活塞环卡无弹力或断裂为主要原因进行判断;经判断确定后解体内燃机,拆下活塞环,清洗或更换以排除故障。

(五)缸套的早期磨损

1. 故障现象　内燃机工作不到大修时间,压缩终了时汽缸压力下降至 3 MPa 以下,燃料消耗增加,机油消耗严重。

2. 故障分析

(1)汽缸套严重磨损。

(2)机油变质,润滑不良,机油中含有杂质。

(3)空气滤芯失效,灰尘进入汽缸,导致缸壁磨损加重。

(4)长时间超负荷运行,导致内燃机温度过高,高温气体腐蚀缸壁。

(5)活塞环开口间隙过小,导致活塞环断裂,使汽缸壁出现刮痕。

3. 故障排除

(1)检修或更换节温器，使其作用正常，保持内燃机在最佳的温度工作。

(2)换用优质的机油。

(3)更换空气滤清器滤芯，确保进气清洁。

(4)按规定装载，按要求行驶，避免内燃机过热，减少腐蚀磨损。

(5)更换新的活塞环，活塞环间隙准确。

二、配气机构的故障与检查调整

(一)配气机构的主要故障

1. 气门杆与气门导管配合间隙过大

现象：机油耗量过多，内燃机工作冒蓝烟。

原因：气门杆与导管配合间隙过大，气门油封老化或损坏。

2. 正时齿轮打齿

现象：正时齿轮有异响，柴油机工作声音异常或熄火。

原因：一是螺栓螺母松退，掉入正时齿轮室；二是正时齿轮材质不佳，导致正时齿轮的损坏；三是凸轮轴与轴套配合间隙过大，导致正时齿轮啮合位置变化。

3. 气门间隙变化

现象：气门间隙过大或过小，内燃机工作声音异常，并伴随气门拍击声。

原因：摇臂轴严重磨损，摇臂总成紧固螺栓松动或气门间隙调整螺丝松退。

4. 配气相位失准

现象：着火声音异常，功率不足，油耗增加。

原因：一是气门间隙失准；二是正时齿轮磨损严重；三是凸轮高度磨损严重；四是正时齿轮记号装配失准。

(二)气门座的铰削、研磨、密封性检查和配气机构的调整

1. 气门座的铰削与研磨　更换座圈或气门发生单边磨损导致密封性变差，可用45°铰刀铰修环带的宽度，用75°或15°铰刀修整其环带的位置(图 2-1-40)。

铰修后的气门座与涂有研磨砂的气门配对研磨。气门研磨有两种方法：一是机械研磨，二是手工研磨。其研磨要领是一镦、二蹭、三旋转。研磨好的气门与气门座有一条连续乌色环带。

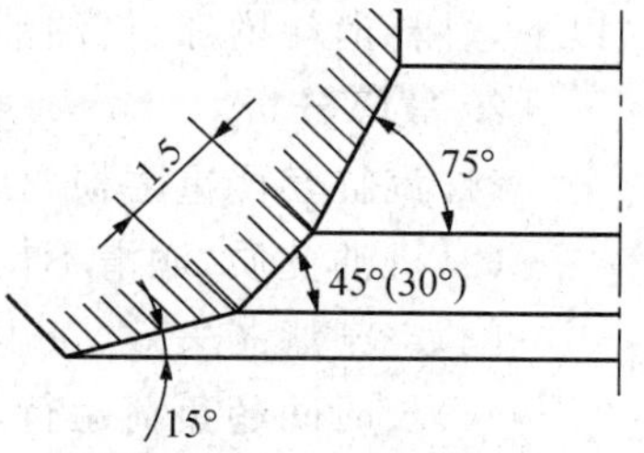

图 2-1-40　气门座的锥角

研磨好的气门，应进行密封性能检查。其检查

方法有两种：一种方法是将贴合面擦净，在气门大端锥面上沿纵向均匀地画上6～8条细铅笔线，用力把气门压在气门座上并旋转1/8圈，然后抽出气门检查，如铅笔线都有被擦掉的痕迹，则证明气门密封良好；另一种方法是将擦净贴面的气门组装在汽缸上，注入煤油，在2 min内不渗漏，则说明气门密封良好，否则就应重新研磨气门。

2. 气门间隙的检查与调整　按规定扭矩紧固汽缸盖、重新组装配气机构或出现气门响声时，均应检查并调整气门间隙。调整气门间隙有两种方法。一种方法是逐缸调整法，此方法较麻烦，调整步骤是：首先上紧摇臂座螺母，然后找出某缸压缩行程上止点，即可检查、调整该缸两只气门；再按内燃机工作顺序，摇转一个做功间隔角，即四缸机180°、六缸机120°，调整下一个工作缸的两只气门，依此类推调完为止。

另一种方法是两次调整法：先找出第一缸压缩行程上止点，根据内燃机的工作顺序，四缸一般为1—3—4—2，调整口诀为"全排空进"；六缸机一般为1—5—3—6—2—4，调整口诀为"全排排空进进"。这样可以不去考虑进、排气门的排序情况。规定有内燃机冷态时气门间隙和内燃机热态时气门间隙、冷态气门间隙为0.35 mm；进气门热态间隙为0.25 mm，排气门热态间隙为0.30 mm。

"全排空进"含义：按内燃机的工作顺序，如1—3—4—2，"全"表示缸1两个气门均可调整，"排"表示缸3排气门可调整，"空"表示缸4的两个气门均不可调整，"进"表示缸2的进气门可调整。

第一次调整完毕后，摇转曲轴360°，再调整剩下的气门。对于有减压机构的柴油机在调整气门前，必须把减压机构手柄放在工作位置上。调完气门间隙后再复查一次，达到规定值后安装气门罩盖。

3. 配气相位的检查和维修　配气相位失准会导致内燃机工作不稳，冒烟和功率下降等。在使用过程中除装配失误外，因配气机构一些零件的磨损也会改变配气相位。因此，内燃机必须定期检查配气相位。

检查方法有两种：一是动态检查法，即内燃机着火运转时测定配气相位，这种检查需要一定设备；二是静态检查法，即内燃机静止时，用百分表和角度盘来检查配气相位。角度盘可以固定在曲轴前端或后端，亦可随曲轴旋转，并在角度盘附近机体上做一固定指针，百分表装在磁力表架上，把表架放在汽缸盖上平面，百分表头抵在进气门弹簧座上。

检查前要把气门间隙、凸轮轴轴向间隙调整到标准值，然后再找出一缸排气上止点，移动指针与刻度盘上的"0"相对；百分表头与进气门弹簧座相抵。

旋转曲轴，观察气门的移动及百分表指针停止时的时刻，此时指针在刻度盘指示的刻度值即是进气门打开的提前角。顺转内燃机曲轴，在下止点后，也是在百分表指针刚停止时，立刻停转内燃机，此时指针在刻度盘上指示的刻度值减去 180°，即是进气门关闭的迟后角。

根据所测数值与该机规定值相比较，通过偏差的大小进行分析，找出原因并加以维修。如进气门开启角提前或迟后，关闭角相应提前或迟后，这种情况的现象主要有正时齿轮装配记号失准，齿轮磨损严重，齿侧间隙过大，凸轮轴与凸轮轴齿轮之间滚键等。进气开启角齿后，关闭角相应提前，出现这种现象的主要原因是凸轮轴磨损严重，凸轮高度不够。此时应更换凸轮轴。

（三）气门下陷量的检查与维修

气门座经多次铰削和研磨，直径会增大，而气门修磨后直径会减小，气门将下沉。这样会使内燃机压缩比下降。因此，在内燃机修理过程中，必须检查气门的下陷量(e)(图 2-1-41)。

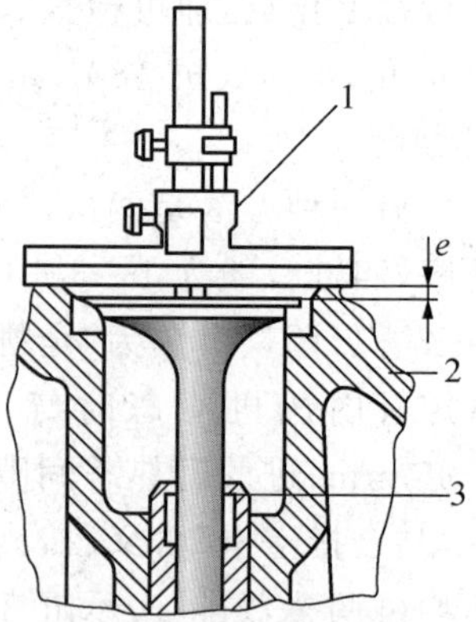

图 2-1-41 气门下限量的检查

1. 深度游标尺 2. 汽缸盖 3. 气门

当下陷量超出规定值时，CA6110A 型柴油机进、排气门超出 2 mm 时，应重新换座圈或镗孔下座圈进行修复。镗孔下座圈时应注意以下几点：其一要选用与母体金属材料相近的金属材料制作镶圈；其二是过盈量要合适，过大会损伤座圈，过小会松动，冷态下一般采用 0.05～0.15 mm 的过盈量，热态下一般采用 0.20～0.25 mm 的过盈量。零件表面加工粗糙度较低时采用过盈量小值，反之采用大值。

三、供给系的常见故障

（一）焦油嘴

焦油嘴有两种情况，一是焦死在开启位置，二是焦死在闭死位置。由此引发的故障现象截然不同。

1. 焦死在开启位置

现象：柴油机着火不稳，冒黑烟，回油管有气体排出，喷油器过热，甚至柴油机自动熄火。

2. 焦死在闭合位置

现象：柴油机，油管胀裂以及功率明显下降，排气歧管温度低等。

3. 故障原因　喷油器喷射压力低，产生后滴，油脏，出油阀磨损严重等。

(二)供油提前角失准

供油提前角失准有两种情况,一是供油提前角过早,二是过晚。两种情况产生的故障现象有很大差别。

1. 供油提前过早

现象:敲缸,有反转趋势甚至反转,功率下降等。

2. 供油提前过晚

现象:着火发闷,过热,冒黑烟,功率下降。

3. 故障原因 定时齿轮记号装错,齿轮磨损严重,柱塞副、出油阀磨损严重,供油提前角调整失误等。

(三)供油量失准

供油量失准有两种情况,一是过大,二是过小。由此产生的故障现象也不相同。

1. 供油量过大

现象:冒黑烟,功率有增无减。

2. 供油量过小

现象:柴油机无力。

3. 故障原因 喷油泵调整失准,三大精密偶件磨损严重,出油阀污垫等。

(四)自动熄火

现象:柴油机突然发出突突声,然后自动熄火。

原因:主要是低压系统各管接头封闭不严,油管裂纹,油路堵塞,输油泵进、出油阀垫住,供油量不足等。

(五)“喘气”

现象:柴油机转速不稳,周期性地忽高忽低称为“喘气”。

原因:喷油泵凸轮轴轴向游动量过大,飞锤销子与孔配合间隙超限,齿条移动卡滞,柱塞转动卡滞等。

(六)飞车

现象:不能控制柴油机转速而狂转。

原因:调速器油面过高,由于污物或齿条变形而卡死在最大供油位置,齿圈、拨块夹紧螺钉松动等。

柴油机飞车应立即采取应急措施加以制止,即切断油路,堵塞进气道。行进间飞车应立即把油门扳至停止供油位置,并用脚踩制动器使之熄火。千万不要停车,否则会产生捣缸等重大机械事故。

四、柴油机共轨系常见故障及可能的故障部位

(一)故障诊断安全提示

(1)没有接通蓄电池时不要启动内燃机。

(2)内燃机运行时,不要从车内电网拆卸蓄电池。

(3)蓄电池的极性和控制单元的极性不能装反。

(4)内燃机不能使用快速启动装置,只能采用蓄电池辅助启动。

(5)给车辆蓄电池充电时,需拆下蓄电池。

(6)控制线路的各种插头只能在断电状态下进行拔插。

(7)应遵循制造商的要求,使用合理的设备进行故障诊断,故障诊断时,诊断设备应与内燃机机体接地。

(8)不能用传统的方法进行新型电控柴油机的故障诊断。

(9)诊断设备与内燃机的控制单元的连接处接插应合适。

(二)故障诊断原则

(1)只有经过该系统专业知识培训的人员方能从事新型电控柴油系统的故障诊断。

(2)应用合适的诊断设备、专用工具进行电控柴油系统的故障诊断。

(3)故障诊断前要详细阅读内燃机制造厂的操作指南和技术说明。

(4)电控柴油机系统故障诊断多采用逆源诊断法,先使用诊断设备找出故障的可能原因,然后从外围设备到控制单元逐步寻找故障所在的部位,最后加以排除。

(三)常见故障及可能的故障部位

1. 内燃机不能启动

(1)防盗系统。

(2)电源电压。

(3)主继电器。

(4)保险丝连接电缆/接口。

(5)内燃机转速传感器。

(6)没有燃油或燃油标号不符。

(7)燃油系统有空气。

(8)低压油路堵塞、漏气或电动泵不工作。

(9)预热电路(冬季)。

(10)高压泵或共轨压力控制装置。
(11)喷油嘴电磁阀。
(12)控制单元。
(13)内燃机机械故障。
2. 内燃机熄火但可再次启动
(1)保险丝/连接电缆/接口连接松动。
(2)点火开关触点。
(3)没有燃油或燃油标号不符。
(4)低压油路堵塞或压力过低(电动输油泵、回油阀)。
(5)燃油系统有空气(重点低压油路)。
(6)高压油路(油泵、压力控制装置)。
(7)高压油泵及喷油嘴控制电路。
3. 启动困难
(1)电瓶电压。
(2)启动马达。
(3)继电器及启动开关。
(4)没有燃油或燃油标号不符。
(5)燃油系统有空气。
(6)预热系统。
(7)冷却液温度传感器(冬季)。
(8)低压油路不畅或压力过低。
(9)高油油路压力过低。
(10)共轨压力调节装置。
(11)喷油器工作不良或控制问题。
(12)内燃机机械系统问题。
4. 发动机工作在高怠速
(1)加速踏板位置传感器。
(2)暖机过程、加速过程敲缸。
(3)冷却液温度传感器。
(4)喷油器连接电路。
(5)喷油器故障。
5. 怠速抖动
(1)没有燃油或燃油标号不符。

(2)燃油系统有空气。

(3)低压油路堵塞或压力过低。

(4)喷油器工作不良。

(5)喷油器电路。

(6)共轨压力传感器、共轨压力调节装置。

(7)高压油泵。

(8)内燃机机械部分。

6. 内燃机在所有范围动力不足

(1)真空系统(真空泵>60 kPa)。

(2)空气滤清器堵塞。

(3)没有燃油或燃油标号不符。

(4)低压油路供油不畅或压力过低。

(5)涡轮增压器失效。

(6)加速踏板位置传感器位置不当或信号问题。

(7)废弃旁通阀。

(8)排气制动。

(9)中冷器堵塞。

(10)增压器泄漏。

(11)冷却液温度、燃油温度、增压压力传感器。

(12)共轨压力传感器。

(13)喷油器、高压泵。

(14)内燃机机械系统。

7. 内燃机冒白烟或蓝烟

(1)冷却液温度传感器。

(2)燃油系统有空气。

(3)低压油路堵塞。

(4)预热系统。

(5)机油平面过高。

(6)内燃机机械系统。

8. 内燃机冒黑烟

(1)空气滤清器堵塞。

(2)冷却液温度传感器。

(3)涡轮增压器。

(4)真空泵。

(5)内燃机机械系统。

9. 内燃机过热

(1)没有燃油或燃油标号不符。

(2)冷却液温度传感器。

(3)冷却风扇。

(4)冷却风扇电路。

(5)内燃机机械系统。

五、冷却系的故障排除方法

(一)冷却系水温过高

(1)冷却水不足。可检查和添加散热器中的冷却水,同时还应检查并添加副水箱中的冷却水,疏通副水箱的通气孔。

(2)仪表故障或水温感应塞损坏(假过热)。当水温表指示过热时,观察散热器中冷却水是否过热或开锅。如果冷却水温度正常,即为水温感应塞或水温表有故障。此时,可以先换水温感应塞,若水温表仍指示温度过高,则为水温表故障;反之,则为水温感应塞故障。

(3)风扇不转。检查风扇皮带是否过松或打滑,若打滑应预调整。

(4)节温器故障。若内燃机温度过高,而散热器温度并不高,或散热器上水室温度较高,下水室温度却较低,说明节温器在开启温度下阀门打不开,或阀门升程太小,此时应更换节温器。

(5)水泵损坏。可打开散热器盖,突然提高和降低内燃机转速,观察冷却水液面是否明显降低或升高;或在怠速工况下观察冷却水的搅动情况,可大致判断水泵的工作性能。

(6)散热器性能下降。散热器内水垢严重,散热片被泥土或絮状物堵塞,散热器水管堵塞,都将影响散热效果。此时应当清洗、疏通散热器。

(7)散热器盖损坏。导致冷却水压力升高,冷却水的"开锅"温度相对提高。因此,目前大多数车型都改进了散热器盖,使冷却水的"开锅"温度可达 378 K(105℃)左右。若散热器盖损坏,则造成系统漏气,不但降低了"开锅"温度,而且当内燃机冷却后,散热器内不能形成一定的真空度,与外界不能形成压力差,无法将副水箱内的冷却水吸入而补充到散热器内。若散热器内冷却水不足,而副水箱内水位正常时,即可判断散热器盖有故障,应进行检修或更换。

(8)护风罩损坏。护风罩大面积缺损或安装不当(远离风扇),将降低风扇与散热器之间的吸风导流作用，减少冷却空气流动量，降低冷却效果。

(9)百叶窗故障。百叶窗打不开或开度不足，将降低散热器的散热效果。

(10)点火时间过迟。点火时间过迟，将使高温气体接触汽缸下部，使冷却水的温度上升加快。此时，应将点火时间适当提前。

(二)冷却系水温过低

(1)节温器故障。节温器主阀门处于常开状态，内燃机冷却系长期处于大循环导致水温过低，可以通过检查散热器内冷却水的循环状况(在内燃机低温时)或拆下散热器进水管检查有无水流进行判断。有些车辆自行拆除节温器，将造成内燃机温度上升缓慢(特别是对冬季或寒冷地区)，导致内燃机短时间功力不足，经济性变坏。

(2)百叶窗故障。百叶窗不能完全关闭，导致冷却系水温过低。

(3)冬季保温装置不良。

(三)冷却水泄漏

(1)散热器泄漏。散热器严重腐蚀或破损，可做水压试验或外观检查，若发现故障可焊补修复。

(2)副水箱漏水。对有副水箱的车辆，应检查副水箱是否完好，连接水管是否泄漏。

(3)进出连接水管泄漏。进出水管老化或碰伤而造成泄漏；接口处夹箍松动，密封不良，也将造成泄漏。可通过外观检查，如不合格，应进行更换或调整。

(4)水泵漏水。主要故障原因为水泵水封圈损坏或水泵密封垫损坏而造成泄漏。可通过外观检查，发现漏水应及时拆检。

(5)汽缸垫漏水。汽缸垫水道口损坏或缸套(湿式)突出量不符合要求，常造成冷却水泄漏，即冷却水流进曲轴箱。此时，可检查内燃机机油，若机油呈乳白色，则可断定冷却水混入机油，应更换汽缸垫或调整汽缸套突出量。

(6)汽缸套(湿式)水封圈漏水。检查方法同上。还可将油底壳机油放出，将内燃机搁置数小时，再旋下油底壳放油螺塞，如此时仍有水放出(内燃机未运转时，油水一般呈分离状态)，可进一步断定汽缸套水封圈漏水。

(7)汽缸体、汽缸盖水道漏水。一般是由于汽缸体、汽缸盖本身有铸造缺陷(如砂眼等)，经腐蚀或加工切削后缺陷暴露、穿通，通常表现为内漏，可以通过机油变色做辅助判断，并用水压法检查漏水部位。

六、润滑系的常见故障

润滑系技术状况变坏的明显标志是机油压力变低和机油变质。机油压力过低会造成润滑不良，甚至会造成严重的机械事故。分析诊断如下：

（一）机油压力过低

1. 主要原因

（1）机油温度过高，使油混入燃油或水，机油黏度标号低造成机油过稀，致使润滑系达不到规定的流量和压力。

（2）机油泵零件磨损，主、从动齿轮磨损严重，致使间隙过大以及转子与泵壳间隙过大；O 形密封圈损坏，旁通阀关闭不严造成输出压力降低。

（3）内燃机主轴承和连杆轴承间隙过大或油路泄漏造成压力降低。

（4）油底壳内机油储量不足或机油集滤器堵塞，机油泵不能正常吸油，造成机油压力过低。

2. 故障诊断

（1）检查油尺，确认机油储量油面是否过低，机油是否变稀。若机油储量不足，刚启动时，机油泵输油具有一定压力，当机油正常循环时，油底壳油量减少，机油泵不能正常吸油，造成润滑系内压力下降，出现刚启动时机油压力正常，然后出现压力下降至低于规定范围的现象。机油质量变劣、变稀、泄漏，机油泵达不到规定的流量压力，致使机油压力偏低。

（2）检查机油压力表和机油感应塞工作是否正常。如果机油压力表良好，可将机油压力感应塞从缸体上拆下来，换用机油压力表进行检查，压力正常，说明感应塞失灵；否则，应检查旁通阀弹簧是否过软或折断。

（3）下油底壳，检查集滤器是否有污物堵塞，检查机油泵是否磨损严重而使机油压力降低。

（二）机油变质

1. 主要原因

（1）机油温度过高，是机油黏度降低，会引起润滑不良，机油消耗量增大并加速氧化变质。

（2）机油混入燃油或冷却液，造成机油黏度降低，使机油过稀，引起润滑不良，并且机油呈增多趋势。

（3）曲轴箱窜气量大，柴油机工作时，会有一些燃烧气体窜入曲轴箱内，泄漏到曲轴箱内的气体中含有二氧化硫，会加速机油氧化变质。

（4）机油杂质增多，保养不当易导致机油杂质增多，黏度增大使得机油变质。

2. 故障诊断

（1）电子仪器诊断　准确检查机油黏度、机械杂质含量、含水量、酸值、炭渣、灰分和含燃油量，按国家标准决定机油是否需要更换。

（2）观察法 取机油少许，慢慢倾倒，观察其流动情况，若油流忽快忽慢且粗细不匀、浑浊发黑，表面机油润滑性能降低，则应更换机油。

（3）手捻法 从柴油机曲轴箱中取少许机油，用手指擦研，如手感有机械杂质较大摩擦感或黏度太差，则应更换机油。

（4）痕迹法 滴数滴油在白色滤纸上，待机油渗漏后，若表面有黑色粉末，用手触摸有阻涩感，则说明润滑油里面杂质已很多，则应更换机油。

七、柴油机综合故障分析

（一）柴油机故障现象和原因概述

1. 柴油机故障现象

（1）声音异常。如有不正常的敲击声、吹嘘声、放炮声等。

（2）速度异常。如飞车、怠速不稳、最高空车转速超标等。

（3）动作异常。如不易启动，带不动负荷，功率达不到，工作时产生剧烈震动等。

（4）外观异常。如冒白烟、黑烟、蓝烟，漏气，漏油漏水和碰坏零件，油漆色泽差和外表生锈，装调质量差，螺栓的长短或零件相对位置不符合要求。

（5）温度异常。如机油、冷却水和排气温度过高，轴承过热。

（6）压力异常。如机油压力过高或过低，汽缸内压力过低，柴油机爆发压力低等。

（7）气味异常。如发生焦味、臭味和烟味。

2. 柴油机故障原因

（1）柴油机装调质量。

①润滑系统零部件装调不当。如粗滤器垫片装反，机油管法兰平面不平及长短不对致使螺栓拧紧后平面密封不良，调压阀橡皮圈切断和闷芯杂质或机体上孔同轴度不对致使闷芯卡滞、油底壳或主油道螺塞未拧紧，细滤器皇冠螺母松动、机油冷却器缩松砂眼，开车前机油未加到油尺规定刻线等，都可能引起漏油、油压过低、无油压甚至咬车等重大故障。

②冷却系统零部件装调不当，配套冷却系统时布置不当，都可能引起水泵、缸头、出水管、节温器漏水，风扇打坏水箱，柴油机过热和水箱开锅等重大事故。如果柴油机断水就会引起拉缸烧瓦，若断水后，立即加入冷水有可能引起座圈脱落，受热零件变形或裂纹。

③燃油系统零部件装调不当。如油泵与空压泵同轴度调整不当（大于

0.2 mm),油泵联轴节螺栓及油泵托架螺栓未拧紧,都可能引起联轴器簧片断裂,供油提前和喷油压力不符合规定而导致功率不足,油耗超标;油泵试验台上未调整好会引起扭矩点不符及怠速不稳、飞车等常见故障。输油泵大六角闷头、三角法兰平面、各油管接头等处漏油是常见故障。

④主轴承与连杆轴承装配位置颠倒或错误。配合间隙及扭紧力矩不符合规定,造成烧瓦或磨损严重等重大事故。

⑤定时齿轮装合关系错误。气道或汽缸掉入异物,造成敲缸。供油时间不正确,使燃烧恶化,功率不足,排气冒烟,启动困难,甚至根本不能启动。

⑥活塞与缸套配合间隙不符合要求。活塞环开口位置没有按120°交错安装,扭曲环装倒,造成活塞环窜气和窜油现象。

⑦气门间隙不符合要求。气门间隙不符合要求易造成气门关闭不严,或加速配气零件的磨损,影响油耗及功率。

(2)柴油机零件质量。

①铸件缩松、砂眼、细小裂纹,装在柴油机上,初期运转时不易暴露,而使用一段时间后,上述缺陷逐渐扩大,引起漏水、漏油、油水混合及零件损坏。

②机体主轴承孔同轴度不合格,个别主轴承孔径小,曲轴同轴度超差,会引起烧瓦事故;安装阻水圈的孔太小或缸套水套间隙太小,会引起拉缸。

③零件精度、部件精度和材质不符合要求是产生故障的最主要原因。如气门弹簧材质有微孔,运转后2 000 h内常发生断裂、敲缸或拉缸事故,凸轮轴金相组织不合格造成凸轮早期磨损。喷油器油针焦死导致雾化不良,引起功率不足冒黑烟。缸套失圆和多棱形引起拉缸。

(3)违章操作。

①新车时油泵上部左面的怠速限位螺钉未松开,致使柴油机刚运转就升至高速,未经磨合而直接高速运转常出现烧瓦、拉缸等严重事故。

②冷车启动后,未经过暖车,而马上带负荷使用,造成零部件严重磨损或损坏。

③长时间超负荷、超速运行及发生飞车事故,造成零件严重磨损或损坏。

④带负荷停车,受热零件因冷却过快造成骤冷裂纹。

⑤运转中机油和冷却水温度维持过低或机油温度过高,油压过低,从而加快零件磨损。

⑥6110增压柴油机长期不用或新车刚使用时必须拆掉增压器进油管,对增压器加注清洁润滑油,装复后再启动,否则易使增压器轴承磨损,从而引起增压器转速下降,柴油机功率不足。

(4)使用维护保养不良。

①不及时添加机油和定期更换机油,造成机油量不足或机油污染变质而丧失润滑性能。不按时清洗机油粗滤器造成机油流通阻力增加,甚至堵塞,使润滑条件恶化而引起零件严重磨损。不按时清洗机油精滤器会使胶状杂质结聚在转子内,从而使精滤失效。吸油网上的细微杂质不及时清理,清洗干净,会引起油压过低,甚至无油压,而造成烧瓦报废曲轴的重大故障。

②不按时清洗柴油滤清器和柴油箱,会使大量杂质进入各精密偶件内,引起早期磨损或喷油器油针焦死,油泵进油接头空心螺钉的粗滤网堵塞而引起供油量不足,柴油机工作无力。

③未按时清洗空滤器或更换滤芯,会使滤清效果降低,空气流通阻力增大,进气量小,柴油机工作无力,排气冒黑烟和引起汽缸套等零件严重磨损。若空滤器及进气系统的密封垫破损或安装不当,会造成短路,有灰尘杂质的空气直接进入汽缸,引起缸套早期磨损,甚至拉缸等重大故障。

④未按时检查和调整气门间隙,因间隙过大造成配气机构加速磨损和气门弹簧断裂等事故。

⑤未按规定调整离合器压脚高度,会引起离合器脱不开或打滑等重大故障。

(二)柴油机异响判别

1. 主轴承敲击声　响声是一种音调低闷而沉重有力的"噌、噌"声。柴油机转速越快越响,突然升速时响声更大,有负荷或重负荷时更为显著。

2. 连杆轴承敲击声　响声比主轴承敲击声轻而响,为音调清脆而清晰的"当、当"声。猛提转速或骤增负荷时,响声最明显。

3. 活塞撞击汽缸声　响声是猛烈清晰的"当、当"声。转速突变或低速运转及大负荷时声音更为显著,一般低温状态时响声明显,温度升高后响声减弱或消失,这是与主轴承和连杆轴承响声显著不同的区别。

判断是哪一缸响,可逐缸停止喷油,如响声显著减弱或消失说明该缸有故障。

4. 活塞销敲击声　是一种非常尖锐、音调甚高而明显的敲击声,其声音如同用小锤打钻子的声音。当柴油机转速变化时,特别是由高速突然降到低速时,汽缸上部可听到尖锐的"当、当"金属冲击声响。在柴油机低速时,响声缓慢而明显,猛提转速时,则响声也随之加大、加快;柴油机温度升高后,响声不减弱,喷油提前角加大时响声加剧。这与活塞撞缸明显不同。

5. 凸轮轴轴承敲击声　是一种沉闷的敲击声,比主轴承间隙过大的敲击声稍尖锐。

6. 活塞环敲击声　当停止喷油时响声会减轻,但不能消失;如果活塞环折断,会发出一种“唰、唰”响声；活塞环与环槽间隙过大，会发出一种比较钝哑的“啪、啪”锤击声，随着转速增高也随之加大。活塞环碰撞缸套磨损凸肩，会产生金属碰撞声。

7. 活塞环漏气声　活塞环漏气声通常是一种空洞的“渴、渴”声。当响声出现时，曲轴箱的通气口会有大量烟气冒出。

8. 飞轮敲击声　这主要是由于飞轮螺栓松动、飞轮偏摆等造成的，是一种沉闷的敲击声。

9. 气门敲击声　在低速运转时，发出连续不断、有节奏、较轻微的“嗒、嗒”敲击声，转速提高时，响声也随着提高，但因有数只气门响，是“滴答、滴答”的响声，很杂乱。

10. 气门烧损的响声　当气门烧损时，由于封闭不严，在空气滤清器处有“嗤、嗤”的响声。严重时，触摸进气支管有烫手的感觉。

11. 气门弹簧断裂的碰击声　它是一种“嚓、嚓”的声音。严重时气门不起作用(落下)，这时活塞碰击气门发出“当、当”的碰击声，同时进气或排气管中冒出大量黑烟、转速显著下降，震动加剧。

12. 气门与活塞碰撞声　汽缸盖处发出沉重而均匀、有节奏的碰撞声。

13. 摇臂轴断油的响声　这是一种干摩擦而发出有节奏、连续、不沉重、清晰的“切、切”声。低速时声音清晰，高速时声音减弱。

14. 气门座松动的响声　松动后会发出一种“嚓、嚓”的声音。伴随这种响声的还有一半气流声。严重时，活塞在上止点时碰击而发出“当、当”的响声，柴油机转速显著下降。

15. 齿轮撞击声　柴油机高速运转时，在齿轮室处可听到较尖锐而连续的“镳、镳”声或“咔啦、咔啦”声。柴油机降低转速时，可听到“喋、喋”的敲击声，此响声由凸轮轴传到齿轮室外壳。

16. 机油泵内敲击声　机油过稀会发出“嗡、嗡”的声音。

17. 喷油时间过早的敲击声　喷油时间过早会造成汽缸内发出有节奏、清脆的“当、当”声。

18. 喷油嘴滴油的敲击声　无一定节奏的清脆响声的金属敲击声(有时出现相隔很近的两下响声)，与此同时，排气管也有放炮声和冒灰白烟，运转不稳定。可用断油法检查，当松开某一高压油管接头螺母时，响声消除，说明该缸的喷油器或喷油泵有故障。

19. 喷油泵的响声　如果工作中有“砰、砰”的响声，而且响声总是在排油开始时发出，则表明压力过高。如果喷油泵柱塞下端的凸块折断，会使汽缸发出猛烈的金属敲击声。

20. 紧固连接件松脱的响声　紧固连接件松脱后与各运动件碰撞、发出刺耳的金属摩擦声或敲击声，应立即停车检查处理。

(三)柴油机典型故障分析

1. 柴油机窜气的主要原因

①柴油机拉缸。

②柴油机烧瓦咬轴。

③柴油机油水混合。

④活塞环开口走至同一轴线上，或环结胶后失去弹力。

⑤活塞与缸套磨损严重。

⑥柴油机严重超负荷运转。

2. 柴油机拉缸的主要原因

①汽缸套材质不好，内孔表面网纹太浅，储油状况不良，造成拉缸。拉缸的部位在360°范围内有大面积拉伤痕迹。

②汽缸套内孔呈菱形，但手感摸不出来，运转压负荷后呈多条宽10～20 mm拉伤痕迹。

③柴油机断水过热及汽车上坡时长期超负荷过热，水箱开锅引起拉缸，甚至咬缸。拉缸的部位常常是360°范围内大面积拉伤，甚至咬死。

④油环弹力超差过高，致使刮油干净，造成干摩擦而引起拉缸。6110/125柴油机的油环弹力是65～90 N与68.6～98 N。油环内的撑簧必须与原环成对使用，不允许互换，否则容易使油环弹力超差或偏高而引起拉缸。

⑤第一道气环形状不正确，手摸不能低于活塞外圆表面，因环不能灵活运转卡住，引起拉缸。

⑥油环或气环断裂，活塞表面碰伤，活塞销挡圈断裂或跳出，引起拉缸。

⑦活塞环开口间隙太小而引起拉缸。300系列柴油机的活塞环开口间隙均由装试工修配达到。

⑧试车及柴油机大修后未经磨合运转就升高转速或带负荷运转而引起拉缸。

⑨润滑油质量太差、机油太黏、燃烧不良等造成活塞环胶结，导致润滑不良引起拉缸。因此装后必须检测缸径尺寸。

3. 拉瓦的原因

①机体主油道、润滑油管内管接头、板翘式机油冷却器芯子、曲轴油孔、连杆油孔、机油粗滤器内腔部位的杂质和毛刺直接进入轴瓦，引起拉瓦。因此，提高这些关键部分的清洁度是防止拉瓦的最重要途径和最细致的任务与措施。

②曲轴油孔的圆角及表面粗糙度不合格，有振纹或磕碰伤，曲轴同轴度超差、跳动过大也是引起拉瓦的主要原因。

③轴瓦材质不好，弹力不够，贴合度不好，引起传热、散热不良，常引起拉瓦和穴蚀。

④机油压力太低或断油，不仅引起拉瓦，甚至引起咬轴。

⑤机油粗滤器滤网破裂或清洗保养机油粗滤器时杂质进入干净油腔，这些杂质直接进入主油道引起拉瓦。

⑥出厂试车时，柴油机与测功器同轴度未校一致，常常引起第六、第七道轴瓦拉毛及后油封座磨损，严重时造成报废曲轴及机体的重大质量事故。

⑦中速柴油机开车前未对主油道压油，6110 增压柴油机长期不用，启动时未对增压器轴承加注润滑油，常引起拉瓦及增压器轴瓦烧损。

⑧出厂试车及大修后的柴油机未经磨合就高速行驶，常引起拉瓦。

⑨6110 柴油机满负荷试车时未用冲水冷却油底壳，致使机油温度过高而引起拉瓦。

4. 燃油消耗率达不到规定指标的原因

①喷油提前角不正确。

②喷油器喷油压力不正确，漏油或不雾化。

③进排气门冷态间隙不正确。

④进气阻力太大，应小于 3.333 kPa。

⑤高压油泵总油量太大。

⑥排气背压太大。

⑦出水温度太低。

⑧水力测功器太重。

5. 柴油机工作时排气冒黑烟、青烟、白烟的故障原因

(1)排气冒黑烟的故障原因。

①柴油机超负荷。

②喷油不良，喷雾太粗或滴油。

③燃油质量差。

④供油提前不正确。

⑤空气不足。

(2)排气冒青烟的故障原因。

①活塞环磨损卡住。

②油底壳内润滑油面过高。

(3)排气冒白烟的故障原因。

①喷油器雾化不良,滴油、喷油压力过低。

②燃油中有水。

③刚启动,个别汽缸不燃烧(特别是冬天)。

6. 柴油机调速不稳定的主要原因

①各缸油量不一致。

②喷油嘴堵塞。

③柱塞弹簧断裂。

④各配合间隙过大。

⑤喷油提前角过大或过小。

⑥柴油滤清器堵塞。

⑦输油泵进油管空心螺栓内滤网堵塞。

7. 柴油机油水混合的主要原因

①机体挺柱孔处砂眼漏水引起油水混合。

②汽缸盖气道内缩松漏水引起油水混合。

③汽缸盖防冻堵盖未敲好及松动后漏水,引起油水混合。

④机体水封槽内杂质等造成阻水圈密封不好,漏水,引起油水混合。

⑤因机体封水孔毛刺锐边擦伤或切掉一块橡胶阻水圈造成漏水而引起油水混合。

⑥总装汽缸套敲击或气压压装时,因缸套歪斜造成缸套、缸缘断裂,致使漏水引起油水混合。

⑦活塞销卡簧未装敲击缸套,造成缸套裂缝,致使油水引起油水混合。

⑧机油冷却器芯子震裂造成机油进入水道及水箱中,引起油水混合。

⑨机油冷却器芯子与盖板间垫圈未垫好,密封胶未涂均匀,螺栓未紧好,造成机油进入水道及水箱中,引起油水混合。

8. 后油封漏油的原因

①1993 年 10 月份前生产的 6110 柴油机因设计上安装位置不太正确,无 2 mm 宽的回油间隙,容易引起漏油。

②1994 年 3 月份前生产的 6110 柴油机密封的下方只有一只回油孔,这样运转时来不及回油,易引起漏油。现在已改为下方有 3 只回油孔。

③柴油机倒装至立装翻身吊具因设计操作不当。吊运翻身时把后油封压歪,单面高低不一致,引起漏油。

④后油封唇口划伤及材料不合格,容易引起漏油。

⑤总装后油封时未去除曲轴轴头上的毛刺，装配时划伤油封唇口，容易引起漏油。

⑥总装后曲轴头未涂机油致使新车刚运行时油封唇口干摩擦，引起漏油。

⑦出厂试车时柴油机与测功器同轴度未校精确而引起后油封座回油齿隙磨平而漏油。

⑧飞轮壳缩松后及结合碰伤后，油从螺孔中溢出来，常误判为后油封漏油，实际上是飞轮壳报废或不合格。

⑨飞轮壳止口与曲轴同轴度大于0.27 mm，引起后油封漏油。

9. 出水温度过高

①皮带是否过松，一般以3～5 kg的力在皮带中段能按下10～20 mm的距离为宜。

②水管中有空气。一般积聚在汽缸盖上部造成气囊，出水管不出水或水量很少，水温不断上升。此时应松开出水管上的温度传感器，放出空气，直到出水畅通为止，再拧紧水管各接头。

③水泵漏水，应及时更换水封。平时应按规定周期从水泵上的黄油嘴对水泵轴承腔加注钙基润滑脂。一般汽车每行驶2 000～2 500 km应加注一次润滑脂。

④柴油机水腔及水箱内腔积垢过多，水垢的主要成分是碳酸钙、硫酸钙、二氧化硅，尤其是硬水、污水的车辆，积垢严重，从而减少冷却水流量并影响散热，出水温度过高。为此可按如下方法清洗：将烧碱(苛性钠)750～800 g配煤油150 g置于桶内加水一起制成混合液，晚上加入水箱内，保存一个晚上。第二天早上启动柴油机运转10～15 min，然后将水放出。再加清水清洗水箱。当水中有钙和镁等盐类时，水便有硬性，这种水叫硬水。含盐量愈多，水质愈硬。反之，不含此种盐类或者是很少的水叫软水。

⑤节温器失灵，污物堵塞，应及时清理或更换。

⑥水温表、水温感应器失灵，应及时更换。

⑦风扇不匹配或误装反向。

⑧柴油机长期超负荷运行。

⑨汽车上后置式柴油机安装位置不当，通风系统气流不畅，排气管辐射热没有隔离，从而引起水温过高，水箱开锅。因此，必须重视汽车上通风系统气流的畅通，及时清理机器表面的灰尘污垢。

⑩使用硅油风扇离合器时，该装置失效导致风扇转速不够，可用锁块锁死，暂时解决。

⑪寒冷冬天应放尽冷却系统中的水，以免结冰时涨坏机体、汽缸盖、冷却器等

零件。

10. 气门漏气的原因

①气门凡尔线角度与气门锥面角度不吻合，铰凡尔线后容易引起气门漏气。凡尔线铰刀的锥角以 90°26′±2′为宜。陶瓷单刃铰刀刃口支撑面以 0.02 mm 为宜。

②气门凡尔线同心度差及震纹将引起气门漏气。

③气门杆及气门导管碰撞弯曲、变形引起气门漏气。

④气门导管内孔超差，尺寸偏小，导致配合间隙过小，运转受热膨胀卡死气门。

⑤气门间隙过小，运转时受热膨胀，摇臂顶开气门，致使关闭不严，引起漏气。

⑥旧机气门凡尔线积碳、磨损为凹槽或烧蚀，以及磨损后气门杆与气门导管间隙过大，气门上下运动时歪斜，引起漏气。

⑦气门锥面磕碰损伤引起气门漏气。

项目二　底盘常见故障现象分析

一、离合器的故障诊断与排除

离合器在使用过程中经常出现的故障有离合器打滑、离合器分离不彻底、离合器抖动、离合器异响等。

(一)离合器打滑

1. 故障现象　拖拉机起步时，离合器踏板完全放松后，内燃机的动力不能全部输出，造成起步困难。有时由于摩擦片长期打滑而产生高温烧损，可嗅到焦臭味。

2. 可能的原因　导致离合器产生打滑的根本原因是离合器压紧力下降或摩擦片表面质量恶化，使摩擦系数降低，从而导致摩擦力矩变小。故障具体原因如下：

(1)离合器自由行程(或自由间隙)过小；

(2)压紧弹簧因高温退火、疲劳、折断等原因使弹力减弱，致使压盘上的压力降低；

(3)离合器从动盘、压盘或飞轮磨损翘曲；

(4)摩擦片上粘有机油或黄油。

3. 排除方法

(1)检查并调整离合器自由行程；

(2)更换离合器压紧弹簧或更换离合器总成；

(3)校正从动盘，磨修压盘和飞轮表面，必要时更换离合器总成；

(4)修复离合器壳体漏油，彻底清洗摩擦片表面。

(二)离合器分离不彻底

1. 故障现象　内燃机在怠速运转时，离合器踏板完全踏到底，挂挡困难，并有变速器齿轮撞击声。若勉强挂上挡，不等抬起离合器踏板，拖拉机有前冲起步或立即熄火现象。

2. 可能的原因

(1)离合器自由行程过大;

(2)液压系统中有空气或油量不足,油液泄漏;

(3)分离杠杆高度不一致或内端面磨损严重;

(4)离合器从动盘在离合器轴上滑动阻力过大。

3. 排除方法

(1)检查调整离合器自由行程;

(2)排放液压系统中的空气,在必要时更换主泵或分泵;

(3)调整分离杠杆高度,必要时更换分离杠杆或膜片弹簧;

(4)重新装配或更换从动盘。

(三)离合器抖动

1. 故障现象　拖拉机起步时,离合器接合不平稳产生抖动,严重时会使整个车身发生抖动。

2. 可能的原因

(1)分离杠杆高度不一致。

(2)压紧弹簧弹力不均、衰损、破裂或折断,扭转减振弹簧弹力衰损或折断。

(3)离合器从动盘摩擦表面不平、硬化或粘上胶状物,铆钉松动、露头或折断。

(4)飞轮、压盘或从动盘钢片翘曲变形。

(5)摩擦片上沾有油污。

3. 排除方法

(1)调整分离杠杆高度。

(2)更换压紧弹簧或离合器从动盘。

(3)修整离合器从动盘,必要时更换离合器从动盘。

(4)磨修飞轮、压盘,校正离合器从动盘,必要时更换离合器从动盘。

(5)彻底清洗摩擦片表面。

(四)离合器异响

1. 故障现象　离合器在接合或分离时,出现不正常的响声。

2. 可能的原因

(1)离合器从动盘翘曲;

(2)离合器减震弹簧折断;

(3)离合器从动盘与轮毂啮合花键之间的背隙过大;

(4)离合器踏板回位弹簧过软、折断或脱落;

(5)分离轴承或导向轴承润滑不良、磨损松旷或烧毁卡滞。

3. 排除方法

(1)校正离合器从动盘;

(2)更换离合器减振弹簧;

(3)更换离合器从动盘,必要时要更换离合器从动盘或离合器轴;

(4)更换回位弹簧;

(5)更换分离轴承和分离轴承座。

二、变速器的故障诊断与排除

常见的变速器故障有换挡困难、跳挡、乱挡、异响及漏油等。

(一)换挡困难

1. 故障现象　在进行正常变速操作时、可听见齿轮的撞击声、变速杆难以挂入挡位,或勉强挂入挡后又很难摘下来。

2. 可能的原因

(1)主离合器分离不彻底;

(2)同步器磨损或破碎;

(3)变速器拨叉轴或拨叉磨损;

(4)外部操纵杆件调整不当或有卡滞;

(5)锁定机构弹簧过硬、钢球损坏。

3. 排除方法

(1)检查调整离合器自由行程;

(2)更换同步器;

(3)更换拨叉轴或拨叉;

(4)调整、更换弹簧或钢球。

(二)跳挡

1. 故障现象　拖拉机在加速、减速或增大负荷时,变速杆自动跳回空挡位置。

2. 可能的原因

(1)变速器拨叉轴凹槽磨损;

(2)自锁钢球磨损或破裂,自锁弹簧弹力不足或折断;

(3)齿轮或接合套严重磨损,缘齿长方形磨成锥形;

(4)同步器磨损或损坏;

(5)外部操作杆件调整不当。

(三)乱挡

1. 故障现象　在离合器技术状况正常的情况下,变速器同时挂上两个挡,或虽能挂上挡,却不能挂入所需要的挡位。

2. 可能的原因

(1)变速杆球头定位销磨损、折断或球孔与球头磨损、松旷;

(2)拨叉槽互锁销、互锁球磨损严重或漏装;

(3)变速杆下端工作面或拨叉轴上导块的导槽磨损过度。

3. 排除方法

(1)更换定位销或变速杆;

(2)更换拨叉轴或互锁销、互锁球;

(3)更换换挡拨叉或拨头。

(四)挂入某个挡位有异响

1. 故障现象　当挂入某个挡位时,变速器发出不正常响声,如金属的干摩擦声、不均匀的撞击声等。

2. 可能的原因　该挡位传递路线上的某一对齿轮副轮齿损坏。

3. 排除方法　更换该对轮齿。

(五)各挡都有异响

1. 故障现象　变速器在任何挡位均有异响。

2. 可能的原因

(1)润滑油不足;

(2)中间轴(从动轴)轴承磨损或调整不当;

(3)变速器齿轮磨损严重或损坏;

(4)变速器壳体裂纹。

3. 排除方法

(1)加注润滑油至正确的油面高度;

(2)按规定间隙调整轴承,必要时更换轴承;

(3)更换齿轮。

(六)空挡有异响

1. 故障现象　当变速杆置于空挡时,变速器有异响。

2. 可能的原因

(1)润滑油不足;

(2)输入轴轴承磨损或损坏;

(3)中间轴轴承磨损。

3. 排除方法

(1)加注润滑油至正确的油面高度;

(2)更换输入轴轴承;

(3)更换中间轴轴承。

(七)变速器漏油

1. 故障现象 变速器壳体外围有油泄漏,变速器的齿轮油减少。

2. 可能的原因

(1)变速器盖与壳体之间的配合松动或密封垫损坏;

(2)油封磨损、变形或损伤,通气口堵塞,放油螺塞松动;

(3)齿轮油过多或齿轮油选用不当,产生过多泡沫;

(4)变速器壳体裂纹。

3. 排除方法

(1)更换密封垫,涂上密封胶,按规定力矩紧固;

(2)更换油封,疏通通气口,紧固放油螺塞;

(3)选用合适的齿轮油,放油至规定的油面高度;

(4)裂纹较小时,可用胶补或焊修方式修理;否则箱体需报废更换。

三、驱动桥的故障诊断与排除

常见的驱动桥故障现象有噪声、过热及漏油等。其故障诊断及排除方法如下。

(一)噪声和振动

1. 故障现象 运行时驱动桥发出不正常的响声。可分为空挡、驱动、滑行、转弯和加载时异响。

2. 可能的原因

(1)齿轮油不足、油质变差,特别是油内有较大金属颗粒;

(2)大、小锥齿轮与半轴花键轴或车轮半轴与最终传动花键轴间隙过大;

(3)差速器半轴齿轮与半轴花键轴或车轮半轴与最终传动花键轴间隙过大。

3. 排除方法

(1)检查驱动桥油位,加注规定的润滑油;

(2)拆卸驱动桥,正确调整大、小锥齿轮轴承;

(3)更换损坏零件。

（二）泄漏

1. 故障现象　加油口、放油口螺塞处或油封、各结合面处或壳体上有明显的漏油痕迹。

2. 可能的原因

(1)齿轮油变质、测量不足或牌号不符合要求；

(2)油封磨损、硬化，油封装反，油封与轴颈磨成沟槽；

(3)接合面紧固螺钉松动，平面变形，漏装密封垫或密封胶；

(4)驱动桥壳体有缺陷或裂纹。

3. 排除方法

(1)紧固加油口、放油口螺塞，疏通通气孔，更换损坏零件；

(2)更换油封或轴；

(3)加装密封垫，涂抹密封胶，按规定扭矩拧紧紧固螺钉。观察壳体外表或用磁力探伤方法找到缺陷或裂纹，用胶补或焊补修复，严重时更换箱体。

（三）过热

1. 故障现象　当工作一段时间后，用手探试驱动桥壳体，有烫手感觉，有时伴随噪声。

2. 可能的原因

(1)齿轮油变质、测量不足或牌号不符合要求；

(2)轴承预紧度过大；

(3)大、小锥齿轮啮合间隙过小。

3. 排除方法

(1)加注规定牌号的润滑油至规定油面高度；

(2)正确调整轴承预紧度；

(3)正确调整大、小锥齿轮啮合间隙。

（四）液压差速锁不工作

1. 故障现象　将差速锁开关置于接合或分离状态时，差速锁不工作。

2. 可能的原因

(1)驱动桥油面过低；

(2)油滤器堵塞；

(3)液压泵故障；

(4)差速锁开关损坏；

(5)电磁阀未供电：接头断开或损坏，遥控开关损坏；

(6)差速锁控制电磁阀卡滞在未工作位置;

(7)密封圈漏油,至压力下降。

3. 排除方法

(1)加油至正确油位;

(2)更换滤清器;

(3)大修或更换油泵;

(4)更换开关;

(5)恢复电路连接并修理或更换;

(6)修理或更换电磁阀;

(7)更换损坏的密封圈。

四、制动系的故障诊断与排除

拖拉机制动系故障的诊断及排除方法如下。

(一)机械式制动系失灵

1. 故障现象 踩下制动器踏板后,不能将拖拉机刹住,且路面无刹车印痕。

2. 可能的原因

(1)摩擦片磨损严重;

(2)制动器内部进入油或泥水,从而降低了摩擦系数;

(3)制动踏板自由行程过大;

(4)制动压盘内回位弹簧失效或钢球卡死;

(5)制动器摩擦片的装配是有方向的,若装反,将降低制动效果。

3. 排除方法

(1)用制动器盖上的垫片调整制动压盘与摩擦片、摩擦片与制动器盖及制动器壳体之间的间隙;

(2)应更换油封和橡胶密封圈,并用汽油清洗制动器内各零件,晾干后装复;

(3)松开制动器踏板联锁片,分别调整左、右制动踏板的自由行程;

(4)拆开制动器,更换回位弹簧,用砂布磨光制动压盘凹槽及钢球,用油布擦净再装复制动器;

(5)应拆卸重新进行安装。

(二)液压式制动系统失灵

1. 故障现象 踩下制动踏板时,拖拉机不能明显减速,制动距离长。

2. 可能的原因

(1)制动总泵顶杆调整过短,使总泵工作行程减小,造成供油量不足;

(2)由于制动频繁,制动器温度过高,使油液蒸发成气体;

(3)分泵皮碗翻边,使分泵漏油;

(4)快速接头的密封面密封不严或密封圈损坏而漏油;

(5)压盘与制动盘磨损严重,使制动间隙变大;

(6)制动器液压管路中有空气。

3. 排除方法

(1)调整制动总泵顶杆,使总泵顶杆与活塞被顶处有1.5~2 mm的间隙;

(2)稍停使用制动,使制动器降温;

(3)处理分泵皮碗,将其调整为正常状态;

(4)检查密封,必要时更换密封圈;

(5)检查其磨损情况,必要时更换或调解制动间隙;

(6)排除制动系中的空气。

(三)制动复位不灵,刹车卡死

1. 故障现象　松开制动时造成忽然自动刹车,在路面上可能出现侧滑痕,引起制动器发热,严重时摩擦片烧毁。

2. 可能的原因

(1)制动踏板自由行程过小,导致制动间隙过小;

(2)制动压盘回位弹簧失效(太软、脱落或失效),钢球锈蚀,使制动压盘不能复位;

(3)轮毂花键孔与花键轴配合太紧;

(4)球面斜槽磨损变形以及摩擦面间有杂物堵塞;

(5)液压制动活塞卡死。

3. 排除方法

(1)调整制动踏板自由行程;

(2)更换回位弹簧或用砂布磨光钢球,必要时更换钢球;

(3)修锉花键,使两者配合松动,直到摩擦盘能在花键上自由地轴向移动为止;

(4)修复斜槽,清除杂物;

(5)清除油缸中卡滞物,必要时换活塞或油缸。

(四)制动器发出响声

1. 故障现象　制动时发出响声。

2. 可能的原因

(1)摩擦衬片松脱或铆钉头外露；

(2)制动鼓或压盘变形、破裂；

(3)回位弹簧折断或脱落；

(4)盘式制动器压盘的凸耳与制动壳体内的凸肩之间的间隙过大。

3. 排除方法　酌情修复或更换，注意正确操纵。

(五)制动跑偏(一)

1. 故障现象　非单边制动时，拖拉机跑偏。

2. 可能的原因

(1)左右踏板自由行程不一致；

(2)某一侧制动器打滑；

(3)田间作业使用单边制动后，制动器内摩擦片磨损严重或有油污；

(4)两驱动轮轮胎气压不一致。

3. 排除方法

(1)应重新调整，使左、右制动踏板自由行程基本一致；

(2)应查明原因，清洗制动器内各零件或更换油封；

(3)可更换摩擦片或去除摩擦片上的油污；

(4)应按规定对轮胎充气。

(六)制动跑偏(二)

1. 故障现象　拖拉机液压制动装置慢踩制动踏板时有制动效果，而快速踩下时无制动效果，非单边制动时，拖拉机跑偏。

2. 可能的原因　液压制动装置快速接头具有方向性，如果装反或两个压簧压力调整不当，紧急制动时，油压作用会使接头顶珠产生油路自锁，结果使快速踩下时无制动效果。而慢踩下制动踏板时却有制动作用。

3. 排除方法　将快速接头拆下，确认正确放下以后再行装上，调整两顶珠的弹簧压力，使前方(来油方)顶珠的弹簧压力小于后方顶珠的弹簧压力。

项目三　拖拉机电器常见故障现象分析

一、常见电路故障

（一）对地线短路

对地线短路是一个电路的正极与地线侧之间的意外导通。当发生这种情况时电流绕过工作负载流动，因为电流总是试图通过电阻最小的通路。

由于负载所产生的电阻降低了电路中的电流量，而短路可能会使大量的电流流过。通常，过量的电流会熔断保险。短路绕过断开的开关和负载，然后直接流至地线。

（二）对电源短路

对电源短路也是一个电路的意外导通。电流绕过开关直接流至负载。这就出现了即使开关处于断开状态灯泡也会点亮的情况。

（三）断路电路

拆下电源或地线侧的导体将断开一个电路。由于其不再是一个完整的回路，因此电流不会流通，且电路“断开”。开关断开电路，并切断了电流。某些电路断开是有意而为的，但某些是意外的。

（四）症状与系统、部件、原因的诊断

诊断工作要求掌握全面的系统工作原理。对于所有的诊断工作来说，修理人员必须利用症状和出现的迹象，以确定车辆故障的原因。为帮助修理人员进行车辆诊断，实践中总结出了一个诊断的步骤，并在维修中广泛应用。

下面为使用和维修提供了一个逻辑的方法，以修理车辆的故障：根据车辆运转的“症状”，确定车辆的哪一个“系统”与该症状有关。

找到故障所在的系统后再确定该系统内的哪个部件与该故障有关。在确定发生故障的部件后，一定要尽力找到产生故障的原因。在有些情况下，仅是部件发生磨损。但是，在其他情况下，故障原因可能是由该发生故障部件以外的原因造成的。

二、启动电路的故障分析

（一）启动机不转

启动机不转的故障原因如下（以有启动继电器启动系统为例）：

1. 蓄电池严重亏电或极板硫化、短路等，蓄电池极桩与线夹接触不良，启动电路导线连接处松动而接触不良等。

2. 启动机的换向器与电刷接触不良，磁场绕组或电枢绕组有断路或短路，绝缘电刷搭铁，电磁开关线圈断路、短路、搭铁或其触点接触点不良。

3. 启动继电器线圈断路、短路、搭铁或其接触点接触不良等。

4. 点火开关接线松动或内部接触不良。

5. 启动线路中有断路、导线接触不良或松脱、熔断丝烧断等故障。故障诊断方法如下：

（1）检查电源（蓄电池）：按喇叭或开大灯，如果喇叭声音小或嘶哑，灯光比平时暗淡，说明电源有问题。应先检查蓄电池极桩与线夹及启动电路导线接头处是否有松动，触摸导线连接处是否发热。若某连接处松动或发热则说明该处接触不良。如果线路连接无问题，则应对蓄电池进行检查。

（2）检查启动机：如果判断电源无问题，用起子将启动机电磁开关上连接蓄电池和电动机导电片的接线柱短接。如果启动机不转，则说明是电动机内部有故障，应拆检启动机；如果启动机空转正常，则进行以下步骤检查。

（3）检查电磁开关：用起子将电磁开关上的连接启动继电器的接线柱与连接蓄电池的接线柱短接，若启动机不转，则说明启动机电磁开关有故障，应拆检电磁开关；如果启动机运转正常，则说明故障在启动继电器或有关的线路上。

（4）检查启动继电器：用起子将启动继电器上的“电池”和“启动机”两接线柱短接。若启动机转动，则说明启动继电器内部有故障，否则应再作下一步检查。

（5）将启动继电器的“电池”与点火开关用导线直接相连，若启动机能正常运转，则说明故障在启动继电器至点火开关的线路中，可对其进行检查。

（二）启动机运转无力

启动时，启动机转速明显偏低甚至于停转。原因如下：

（1）电池亏电或极板硫化短路，启动电源导线连接处接触不良等。

（2）启动机的换向器与电刷接触不良，电磁开关接触盘和触点接触不良，电动机磁场绕组或电枢绕组有局部短路等。

启动机运转无力应首先检查启动机电源，如果启动电源无问题，再拆检启动机，检查排除故障。

（三）启动机空转

启动机启动时，启动机转动，但内燃机不转。故障原因如下：

（1）为单向离合器打滑。

（2）飞轮齿环某一部分严重缺损，有时也会造成启动机空转。若将内燃机飞轮转一个角度，故障会随之消失，但以后还会再出现，即为飞轮齿环缺损引起的启动机空转，应焊修或更换飞轮齿圈。

（四）驱动齿轮与飞轮齿环撞击

启动时，听到驱动齿轮与飞轮齿环的金属碰击声，有打齿现象。原因如下：

（1）电磁开关触桥接通的时间过早，在驱动齿轮啮入以前就已高速旋转起来。

（2）飞轮齿圈齿轮磨损严重或驱动齿轮磨损严重。

先适当调整电磁开关触桥的接通时间，若打齿现象仍不能消失，则应拆检启动机驱动齿轮和飞轮齿圈进行检查。

（五）电磁开关吸合不牢

启动时内燃机不转，只听到驱动齿轮轴向来回窜动的“啦、啦”声。原因如下：

（1）蓄电池亏电或启动机电源线路有接触不良之处。

（2）启动继电器的断开电压过高。

（3）电磁开关保持线圈断路、短路或搭铁。

先检查启动电源线路连接是否良好，若无问题，可将启动继电器的“电池”接柱和“启动机”接线柱短接。如果启动机能够正常转动，则为启动继电器断开电压过高，应进行调整；如果故障仍然存在，则应对蓄电池进行补充充电。如果蓄电池充足电后故障仍不能消除，则应拆检启动机的电磁开关。

三、灯光系统、电喇叭及仪表常见故障诊断

（一）灯光系统常见故障诊断

（1）接通车灯开关时，所有的灯均不亮。说明车灯开关前电路中发生断路。按喇叭，若喇叭不响，说明喇叭前电路中有断路或接线不良；若喇叭响，则说明保险器前电路良好，而是保险→电流表→车灯开关电源接线柱这一段电路中有故障，可用试灯法、电压法或刮火法进行检查，找出断路处。

（2）接通灯开关时，保险立即跳开或保险丝立即熔断。如将车灯开关某一挡接通时，保险立即跳开或保险丝立即熔断，说明该挡线路某处搭铁，可用逐段拆线法找出搭铁处。

(3)接通大灯远光或近光时,其中一只大灯明显发暗。当大灯使用双丝灯泡时,如其中一只大灯搭铁不良,就会出现一只灯亮、另一只灯暗淡的情况。诊断时,可用一根导线使一端接车架,另一端与亮度暗淡的大灯搭铁处相接,如灯恢复正常,则说明该灯搭铁不良。

(4)转向灯不闪烁。检查闪光器电源接线柱是否有电。若有电,再用起子将闪光器的两接线柱短接,使其隔出。如这时转向灯亮,表明闪光器有故障;如转向灯不亮,可用电源短接法,直接从蓄电池引一导线到转向信号灯接线柱。如灯亮,则为闪光器引出接线柱至转向开关间某处断路或转向开关损坏。当用螺丝刀将闪光器的两接线柱短接并拨动转向开关时,出现一边转向灯亮,而另一边不但不亮,且起子短接上述两接线柱时,出现强烈火花。这说明不亮的一边转向灯的线路中某处搭铁,使闪光器烧坏。必须先排除转向灯搭铁故障,然后再换上新闪光器;否则新闪光器仍会很快烧坏。

(5)右转向时,转向灯闪烁正常,但左转时两边转向均微弱发光。转向灯与前小灯采用的双丝灯泡的车辆,当其中一只灯泡搭铁不良时,就会出现转向灯一边闪光正常而转向开关拨到另一边时两边转向灯均微弱发光的现象。如右转向时,转向灯闪烁正常,左转时两边转向灯均微弱发光,则说明左小灯搭铁不良。诊断时可用一根线将左小灯直接搭铁,如转向灯恢复正常工作,则说明诊断正确。

(二)电喇叭的故障、判断与排除

1. 按下按钮,喇叭不响

(1)检查火线是否有电。方法是用起子将喇叭继电器“电池”接线柱与搭铁刮头。若无火花,则说明火线中有断路,应检查蓄电池、保险(或保险丝)、喇叭继电器“电池”接线柱之间有无断路。如接头是否松脱、保险盒是否跳开(保险丝是否烧断)等。

(2)如火线有电,再用起子将喇叭继电器的“电池”与“喇叭”两接线柱短接。若喇叭仍不响,说明是喇叭有故障;若喇叭响,说明是喇叭继电器或按钮有故障。

(3)按下按钮,倾听继电器内有无声响。若有“咯咯”声(即触点闭合),但喇叭不响,说明继电器触点氧化烧蚀;若继电器内无反应,再用起子将“按钮”接线柱与搭铁短路;若继电器触点闭合,喇叭响,则说明按钮氧化,锈蚀而接触不良;若触点仍不闭合,说明继电器线圈中有断路。

2. 喇叭声音沙哑

(1)内燃机未启动前,喇叭声沙哑,但当启动机发动后在中速运转时,喇叭声音恢复正常,则为蓄电池亏电;若声音仍沙哑则可能是喇叭或继电器有问题。

(2)用起子将继电器的电池与喇叭两接线柱短接。若喇叭声音正常,则故障在继电器,应检查继电器触点是否烧蚀或有污物而接触不良;若喇叭声音仍沙哑,则故障在喇叭内部,应拆下检查。

(3)按下按钮,喇叭不响,只发“嗒”一声,但耗电量过大。故障在喇叭内部,可拆下喇叭盖再按下按钮,观察喇叭触点是否打开。若不能打开应重新调整;若能打开则应检查触点间以及电容电器是否短路。

四、蓄电池的常见故障及排除方法

蓄电池在使用中所出现的故障,除材料和制造工艺方面的原因之外,在很多情况下是由于维护和使用不当而造成的。蓄电池常见的故障分外部故障和内部故障。外部故障有壳体或盖裂纹、封口胶开裂、联条烧断、接触不良、极柱腐蚀、蓄电池爆炸等。蓄电池的内部故障有极板硫化、活性物质脱落、极板短路、自行放电和极板拱曲等。

(一)蓄电池常见内部故障

1. 极板硫化

现象:蓄电池长期充电不足或放电后长时间未充电,极板上会逐渐生成一层白色粗晶粒的硫酸铅在正常充电时不能转化为二氧化铅和海绵状铅,这种现象称为“硫酸铅硬化”,简称“硫化”。

危害:这种粗而坚硬的硫酸铅晶体导电性差、体积大,会堵塞活性物质的细孔,阻碍电解液的渗透和扩散,使蓄电池的内阻增加,启动时不能供给大的启动电流,以致不能启动发动机。硫化的极板表面上有较厚的白霜,充、放电时会有异常现象,放电时蓄电池容量明显下降,用高率放电计检查时,单格电压急剧降低;充电时单格电压上升快,电解液温度迅速升高,但密度却增加很慢,且过早出现“沸腾”现象。

原因:

①蓄电池长期充电不足,或放电后未及时充电,当温度变化时,硫酸铅发生再结晶的结果;

②电池内液面太低,使极板上部与空气接触而强烈氧化(主要是负极板);

③电解液相对密度过高,电解液不纯、外部气温剧烈变化时也将促进硫化。

故障检查与排除:为了避免极板硫化,蓄电池应经常处于充足电状态,放完电的蓄电池应及时送去充电,电解液相对密度要恰当,液面高度应符合规定。

对于轻度硫化的蓄电池,可用小电流充电的办法去除硫化现象。具体步骤是:

①硫化蓄电池以 10 h 放电率进行放电。

②倒出电解液，重新注入密度为1 040 kg/m³ 的电液。

③以蓄电池容量的1/30作为充电电流进行充电。

④当电解液密度上升至1 150 kg/m³ 时停止充电，倒出电解液，再加入密度为1 040 kg/m³ 的电解液，继续以相同的电流进行充电。如此反复直到电解液的密度不再上升为止。

⑤换用正常密度的电解液，进行补充充电和充放电循环，最后充足电即可使用。

对于严重硫化的蓄电池，采用加盐充电的方法。具体步骤是：

①蓄电池以10 h放电率进行放电。

②拆开电瓶，用蒸馏水清洗内部，用洁净水清洗极板组和外壳，更换损坏的隔板。

③重新装复电瓶，注入密度为1 100 kg/m³ 的电解液，并以每升电解液2～5 g的比例加入硫酸钠或硫酸钾等。

④以电瓶容量的1/16作为充电电流进行充电。

⑤以10 h放电率再次放电以检查蓄电池容量。若容量达不到额定容量的80%以上，则应反复进行直到合乎标准为止。

⑥充电结束后，根据使用环境调整电解液的密度和液面高度。

2. 自行放电

现象：充足电的蓄电池，放置不用会逐渐失去电量，这种现象称为蓄电池的“自行放电”。一般规定：对于充足电的蓄电池，如果每存放1天，自行放电率不超过容量的2%时，就是正常的自行放电。超过2%时就是有故障了。

原因：

①电解液杂质含量过多，这些杂质在极板周围形成局部电池而产生自行放电；

②蓄电池内部短路引起的自行放电；

③蓄电池盖上洒有电解液时，会造成自行放电（同时，还会使极柱或联条腐蚀）。

故障检查与排除：首先清除蓄电池外部堆积物，然后关掉各用电设备，拆下蓄电池的一个接线柱的导线，将线端与接线柱划火，如有火花，应逐步检查有关导线，找出搭铁短路之处。如无火说明故障在蓄电池内部，可用电解液密度计抽出部分电解液，检查密度并观察电解液是否混浊，混浊说明活性物质脱粒严重。必要时可用高率放电计检查电压情况，等几小时后再检查一次，如果电压值有所下降，说明蓄电池内部有短路，应拆检。拆检后，电解液的配制应符合要求，并使液面不致过高，使用中还应经常保持蓄电池表面的清洁。自行放电严重的蓄电池，可将它完全放电或过度放电，使极板上的杂质进入电解液，然后将电解液倾出，用蒸馏水将电池仔细清洗干净，最后灌入新电解液重新充电。

3．极板短路

蓄电池正、负极板直接接触或被其他导电物质搭接称为极板短路。

现象：极板短路的外部特征是开路电压较低，大电流放电时端电压迅速下降，甚至到零；充电过程中，电压与电解液相对密度上升缓慢，甚至保持很低的数值就不再上升了，充电末期气泡很少，但电解液温度却迅速升高。

原因：隔板损坏、极板拱曲或活性物质脱落都会造成极板短路。隔板质量不高或损坏使正负极板相接触而短路；活性物质在蓄电池底部沉积过多、金属导电物落入正负极板之间也将造成蓄电池内部极板短路。

故障检查与排除：对于短路的蓄电池必须拆开，更换破损的隔板，消除沉积的活性物质，校正或更换弯曲的极板组等。

（二）蓄电池常见外部故障

1．外壳破裂

现象：外壳破裂严重时，可以直接观察出来，但细纹小，不易看出，可用打气法检查。

原因：蓄电池的固定螺母旋得过紧、行车剧烈震动，外物击伤、蓄电池温度过高和电解液结冰等。

故障检查与排除：根据蓄电池电解液液面以及蓄电池底部的潮湿情况来判断蓄电池容器是否有裂纹存在，容器的裂纹一般在其上口近四角处。

蓄电池容器裂纹轻者可以修补，重者需要更换。

2．封口胶破裂

原因：封口胶中沥青百分比太高，在低温或受到强烈振动、撞击时极易出现裂缝，溢出电解液，引起自行放电、硫化等故障。

故障检查与排除：对封口胶破裂的修补，可按下列方法进行：若是裂缝较小，可用热的小铁铲或电烙铁烫合；如果裂缝较多或裂口过大，应铲除原封口胶，并重新浇注封口胶。

封口胶的配置：沥青67%，润滑机油14%，石棉粉19%。将沥青化成稀稠状，加润滑机油，边加边搅拌，至均匀后，去火。再加入石棉粉，充分搅拌，趁热烧封封口即妥。

3．联条烧断

现象：全车无力。

原因：多为联条有缺陷，电启动机连线搭铁以及蓄电池正、负极短路。

故障检查与排除：对外装联条式蓄电池可以直接看出，对穿壁跨接联条式蓄电池，则可用电压测试法测出。发现联条烧断，对外装联条式蓄电池，可重新浇制联条，对穿壁跨接联条式蓄电池，只能报废处理。

4. 极桩腐蚀

正确处理的方法是拆下桩头，以碱性除污清洁剂来喷洗铅桩头及电线接头，等到擦拭干净后，在上面涂上一层薄黄油或凡士林油，最后用扳手将电线接头在桩头上接紧。为了避免冒出火花，在拆电瓶桩头之前，要将所有车内电器及点火关闭，而且必须先拆负极桩头，再拆正极桩头。

5. 蓄电池爆炸

原因：蓄电池充电后期，电解液中会分解为氢气和氧气。由于氧气可以助燃，如果气体不及时逸出，与明火接触会立即燃烧，从而引起爆炸。

故障检查与排除：为了防止蓄电池发生爆炸事故，蓄电池加液孔螺塞的通气孔应经常保持畅通，禁止蓄电池周围有明火，蓄电池内部连接处的焊接要可靠、以免松动引起火花。

五、启动机的常见故障检查与排除

(一)电启动机接通电路不运转

现象：将启动开关旋钮扳到启动位置，电启动机不转。

原因：

(1)蓄电池存电量不足或接线柱氧化锈蚀、接头松动、搭铁线松脱，因无电源或电路不通。

(2)炭刷磨损过度，炭刷弹簧压力减弱，炭刷在炭架内卡住及搭铁不良；电启动机整流子有油污，烧损或偏磨失圆，导致炭刷与整流子接触不良，导电性能变差。

(3)启动开关触点烧损，电磁开关线圈与接线柱脱焊或线圈烧坏，影响大电流通过。

(4)电启动机线圈绝缘被破坏，造成匝间短路或搭铁，使电启动机不能工作。启动时间太长，烧毁并联线圈，或启动时电磁开关主触点不闭合，串联线圈仍通电，不能被短路隔开，而电动机又不转，这时若不及时松开启动按钮，常使串联线圈也在短时间内烧毁。

故障排除：

(1)在接合启动开关，电启动机不转的情况下，接通大灯开关，若灯不亮，说明蓄电池无电流输出。蓄电池存电不足，应补充；若接线柱与接头松动或氧化，应清除氧化物，牢固连接。

(2)接通大灯开关,若灯亮,说明蓄电池有电流输出。再用旋具搭接电磁开关接线柱与蓄电池接线柱。若电磁开关铁芯不动,说明电磁开关两线圈与接线柱脱焊或线圈烧坏,应检修;若电磁开关铁芯立即动作,说明电磁开关线圈完好,而是启动开关内部接触不良或电磁开关连接断路,应重新连接牢靠。

(3)接合启动开关,电动机不转,但电流表指针指值为－18～－20 A,说明电磁开关中吸力线圈电路中断;再用旋具搭接蓄电池接线柱和磁场接线柱,若电启动机不转,很可能是整流子因沾油污、烧蚀、偏磨失圆或炭刷弹簧弹力不足,磨损过度,引起接触不良,使电流不能经过电枢线圈与吸力线圈相通。整流子与炭刷接触不良的修复与直流发电机基本相同。

(4)接合启动开关,电流表指针向"－"摆到头,电启动机不转而发出"咔"的响声;此时可摇一下曲轴再启动,如仍不能启动,再用旋具搭接开关上蓄电池接线柱与磁场接线柱。搭接后,如电启动机高速空转,说明开关接触盘与接触点严重烧损,不能接通主电路。当电磁开关接盘、触点表面有轻微烧斑时,用"00"号细砂纸磨光;当烧蚀较严重时,接盘可调面使用;当接盘局部熔化不能继续使用时,应换新品。为了保护电磁开关线圈不被烧坏,启动时应将启动按钮按到底,每次启动时间不超过 5 s;若一次启动不了,应间隔 15 s 以上再启动。非紧急情况,不准用旋具搭火启动。

(二)启动机转动无力

现象:启动机转动缓慢无力,带动发电机困难。

原因:

(1)蓄电池存电不足或启动电路导线接头松动接触不良;

(2)启动机串联辅助线圈断路或短路;

(3)电枢或励磁绕组有短路处,电枢轴弯曲有时碰到磁极,换向器和电枢见脏污或电刷磨损过短;

(4)启动机轴承过紧或过松。

故障排除:

(1)蓄电池充电;

(2)检查辅助线圈;

(3)检查启动机,修复或更换。

(三)启动机空转

现象:接通启动开关,启动机只空转,不能带动主机运转。

原因:

(1)飞轮齿圈磨损过快或损坏;

(2)单向离合器失效打滑;

(3)电磁开关铁芯行程太短;

(4)拨叉连接处脱开。

故障排除:

(1)更换飞轮;

(2)修复或更换离合器;

(3)修复或更换电磁开关;

(4)重新连接拨叉。

(四)启动机有异响

现象:接通启动开关,听到"嘎嘎"的齿轮撞击声,发动机曲轴不能随着转动。

原因:

(1)电磁线圈短路或接线接触不良,产生的磁力太弱;

(2)启动机齿圈或飞轮齿圈损坏;

(3)启动机固定螺栓或离合器壳松动;

(4)电磁开关行程调整不当。

故障排除:

(1)查启动机固定螺栓或离合器外壳,如果松动应予以调整;

(2)检查啮合的齿轮副,如果磨损严重应予以修理或更换;

(3)检查电磁开关保持线圈是否短路、断路或接触不良,从而使活动铁芯反复地吸入或退出,发生抖动,产生响声;

(4)拨叉拨动离合器不断来回动也会发出响声,可修理或更换电磁开关线圈。

启动系统常见故障部位如图 2-3-1 所示。

六、整流发电机常见故障及排除

硅整流发电机(一般简称为交流发电机)中的主要元件有励磁线圈、电枢线圈和整流二极管。在正常工作情况下,电枢线圈产生三相正弦交流电,经桥式整流电路整流成稍有脉动的直流电,这可在示波器上看到。线圈和二极管的故障有断路和短路两种情况。各种元件断路和短路以后将使发电机不能正常工作甚至不能工作。其总的表现是发电机能否发电和电压是否正常,这可从电压表上反映出来,也可用示波器显示出来。各种元器件出现断路或短路故障后发电的波形与正常波形明显不同且各有特点,需注意总结和归纳。

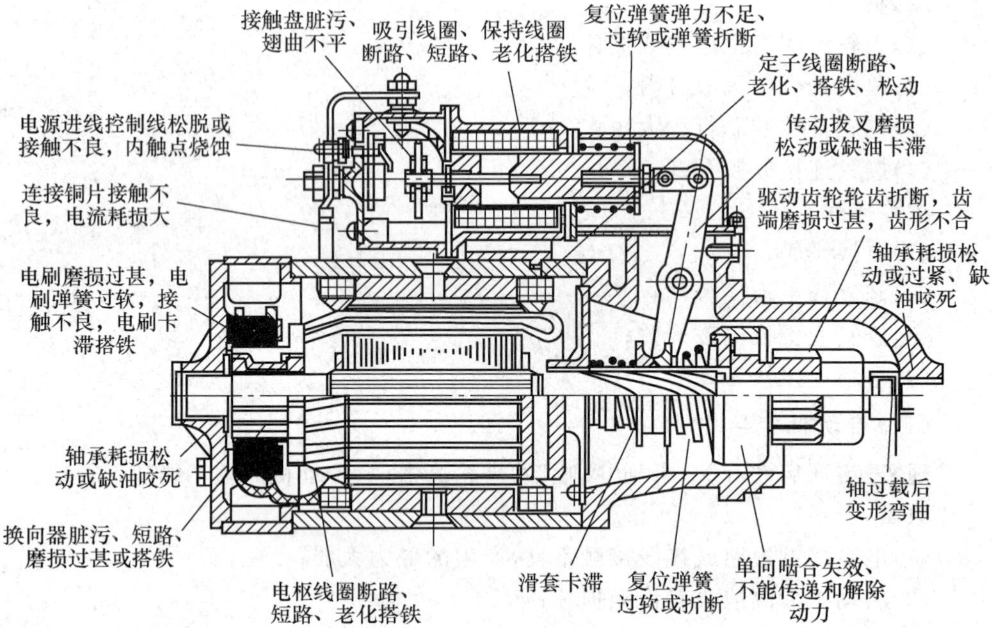

图 2-3-1 启动系统常见故障部位

(一)运转的发电机有异响

原因有轴承损坏、电机扫膛、整流管击穿后内部环流声。

检查传动皮带是否过紧，发电机调整套是否有调整余量并与发动机安装支架贴实，电机振动是否正常。

(二)不发电

1. 空载时发电，大负载时不发电　检查传动皮带是否过松，空载电压是否正常(≥13 V或26 V)，如调整皮带后电压还不正常，则发电机内部整流组件或定子组件损坏。

2. 发电机空载无电压　检查与发电机激磁端连接引线是否有电压，如有且指示灯亮，断开接点后指示灯应熄灭，则转子无问题。如引线有电压但指示灯不亮，对地短接指示灯亮，则应检查转子及电压调节器，特别是调节器外壳与各引线、引片及发电机壳体间是否短路(有烧蚀点)，如有则调节器损坏。

3. 检查发电机内是否有铁屑并尽可能清理干净　转子滑环间是否为规定阻值，对地是否短路，电刷是否过度磨损，滑环是否磨穿等。断开B+输出螺栓等所有引线测量其对地阻值是否正常，如不正常则可能是定子或整流组件问题。打开发电机后挡盖检查各引线连接是否正常，各焊点锡表面是否正常，根据上述检查结果更换相应零件，然后将发电机复原。以数字万用表测量正常的发电机：转子两滑环间电阻 3～5 Ω(12 V)或 6～12 Ω，B+点对地应呈现 2 个二极管特性，一边为开路，反过来为 1.1～1.6 V。

(三)发电量小

一般发电机内部整流器或定子线圈出现局部故障时，才会表现出发电量小，例如开路或短路，若短路可以通过触摸定子外表是否异常发热或听感有嗡嗡声来判断，但准确的方法要用到直流钳形表，或者解体发电机。

(四)发电量过大

以下请在发电机轻载时检查。

1. 加油门后 B+端电压略有升高(15～16 V 或 30～32 V)，但 D+(L)正常，表明线路电阻过大，需要检查充电线路有无接触不良情况；

2. 加油门后 B+端电压异常持续升高(≥16 V 或 32 V)，但 D+(L)正常，表明发电机内部整流或激磁管有开路情况；

3. 加油门后 B+端和 D+(L)电压都异常升高(≥16 V 或 32 V)，表明调节器已经短路失效。

七、电源电路的故障诊断与排除

(一)电源充电指示灯不亮故障

现象：闭合点火开关和发动机正常运转时，充电指示灯一直不亮。

原因：充电指示灯灯丝断路；熔断丝烧断使指示灯线路不通；指示灯或调节器电源线路导线断路或接头松动；蓄电池极柱上的电缆线头松动；点火开关故障；发电机电刷与滑环接触不良；调节器内部电路故障，如调节器内部电子元件损坏而使大功率三极管不能导通。

故障排除：首先启动发动机并怠速运转，然后检查发电机充电系统能否充电。将充电指示灯不亮分为充电系统能充电和不能充电两种情况分别进行排除。接通点火开关时充电指示灯不亮，启动发动机后发电机又能发电，说明发电机充电系统正常；检查仪表盘上的充电指示灯是否正常，若灯丝断路，则需更换。当接通点火开关充电指示灯不亮，启动发动机后发电机且不能发电时，故障排除方法如下：首先断开点火开关，检查仪表熔断丝。如该熔断丝断路，更换相同规格的熔断丝；如熔断丝良好，继续检查。接通点火开关，用万用表检测熔断丝上的电压值，如电压为零，说明点火开关以及点火开关与熔断丝之间线路有故障，应予检修或更换。

（二）电源系统不充电故障

现象：发动机启动后，仪表盘上的充电指示灯始终亮着，这说明发电机出现了不充电故障。

原因：发电机磁场绕组短路、断路或搭铁而导致磁场电流减小或不通；定子绕组短路、断路或搭铁故障；整流器故障；电刷与滑环接触不良；调节器故障；发电机的传动带过松而打滑，发电机不转或转速过低而不发电。

故障诊断：当充电指示灯常亮时，说明点火开关、熔断丝以及充电指示灯技术状态良好，启动发动机并将其转速逐渐升高，此时用万用表检测发电机"B"端子与发电机壳体间电压，如万用表指示的电压高于蓄电池电压，说明发电机发电，可能发电机"B"端子与蓄电池正极的线路断路；如电压为零或过低，说明充电系统有故障，应按如下方法继续检查。断开点火开关，检查发电机传动带的挠度是否符合规定（5～7 mm），挠度过大应调整；如传动带的挠度正常，则继续检查，拆下调节器接线端子上的导线，接通点火开关，用万用表检测调节器接线柱上的导线电压，如电压为零，充电指示灯亮，说明仪表盘与调节器之间的线路搭铁，应予检修。

（三）充电指示灯时亮时灭故障

现象：接通点火开关和发动机正常运转时，充电指示灯不稳定，时亮时灭。

原因：发电机传动带挠度过大而出现打滑现象；发电机整流二极管断路、定子绕组连接不良或断路而导致发电机输出功率降低；发电机电刷磨损过多；调节器调节电压过低；相关线路接触不良。

故障排除：检查传动带的挠度是否符合规定；检查相关线路连接情况，如不正常，则需检修；拆下调节器和电刷组件总成，并按前述方法检查调节器和电刷，如不正常，则需检修或更换；检修发电机总成。

（四）蓄电池充电不足故障

现象：闭合点火开关发动机启动时充电指示灯会亮，发动机启动后充电指示灯也熄灭，但是蓄电池很快出现亏电现象，并且启动发动机时，启动机运转无力、夜间行车前照明灯灯光暗淡。

原因：发动机转动皮带过松或损坏；发电机"B"端子与蓄电池正极柱线路短路或导线端子接触不良；发电机电刷与滑环接触不良；调节器的调节电压过低或其内部电路有故障；发电机转子绕组短路使磁场变弱而导致发电机输出功率降低；发电机整流器故障或定子绕组有短路、缺相故障而导致发电机输出功率降低；蓄电池使用时间过长、极板硫化、损坏或活性物质脱落；全车线路中有导线搭铁而漏电。

故障诊断与排除：出现蓄电池充电不足现象时，具体诊断方法如下：检查蓄电池的技术状态是否良好，如使用时间过长或负载电压低于 9.6 V，则需要更换蓄电池。检查传动带的挠度是否符合规定（5～7 mm）。检查发电机“B”端子至蓄电池正极的线路是否断路或导线端子是否接触不良。拆下发电机总成，检查电刷组件，如电刷高度过低，则更换电刷；如电刷弹簧卡滞或弹力不足，应更换弹簧。试验检测调节器的调节电压，如调节电压过低（低于 14.2 V）或调节器损坏，应予更换。如上述检测均良好，则分析检测发电机总成。断开所有电器开关，拆下蓄电池正极电缆端子，并且该端子与蓄电池正极柱之间串联一个电流表，检测全车电路有无漏电现象。如有漏电，可将驾驶室内和发动机罩下的熔断器上的熔断丝逐一拔下，检查漏电发生在哪一条线路，然后进行排除。

（五）发电机充电电流过大故障

现象：汽车灯泡易烧。蓄电池温度过高且其电解液消耗过快。这说明发电机充电电流过大。

原因：发电机充电电流过大的原因往往是由于电压调节器调节电压过高或者是由于调节器失效造成的。

故障诊断：确认灯泡易烧、蓄电池电解液温度过高或电解液消耗过快而无其他原因时，应予更换调节器。

综上所述，农机电源系统常见的故障有不充电、充电电流过大、充电电流不稳、调节器故障等。电源系统各电器元件的结构简单、维修方便，但由于使用不当可能引起很多故障发生。

参 考 文 献

[1]李平、杨祖孝. 新编小型拖拉机使用维修. 北京:机械工业出版社，2002.
[2]王勇. 汽车电气设备构造与维修. 北京:机械工业出版社 ，2004.
[3]范利仁. 汽车电气系统检修. 北京:北京交通大学出版社，2009.
[4]杜长征. 拖拉机构造与维修. 北京:中国农业出版社，2011.